高温热浪的
人文因素研究

A Study on Human Dimension
of Heatwaves

祁新华　程煜　程顺祺

林荣平　叶士琳　金星星　等 / 著

社会科学文献出版社
SOCIAL SCIENCES ACADEMIC PRESS (CHINA)

第一作者简介

祁新华，福建林学院园林学士，福建农林大学生态学硕士，中山大学人文地理学博士，福建师范大学地理科学学院教授，美国奥本大学（Auburn University）访问学者（2012 年 7 月至 2013 年 7 月）。1998 年由福建省委组织部选调到宁德市柘荣县，1998 ~ 2003 年先后在乡政府、县建设委员会与县政府办公室工作。目前主要从事人文地理学与生态学交叉领域教学与科研工作。主持国家社会科学基金一般项目、国家重点研发计划项目子课题、教育部人文社科基金、教育部留学回国人员科研基金、民政部重点课题等纵向课题 10 多项；主持国家部委、省厅（局）及地方委托项目 30 多项。以第一作者或通讯作者身份在 *CLEAN – Soil，Air，Water* 和 *Urban Forestry & Urban Greening* 等 SCI/SSCI 源刊，《地理科学》《地理研究》《生态学报》等权威刊物上发表论文 50 多篇。两次获得福建省社会科学优秀成果一等奖，一次获得教育部高校科研优秀人文社科成果三等奖。

序

大量科学证据表明，主要由人为因素引发的气候变暖已经成为不可逆转的严峻事实，高温热浪作为一种极端气候是其突出的表征之一。尽管存在显著的区域差异性与一定的不确定性，这一结论仍然得到了绝大多数学者的认同。高温热浪可能在21世纪末成为一种常态化气象灾害与生态安全事件，不仅会给自然生态系统造成不可逆转的冲击，也会对人类经济社会与健康产生巨大的负面影响。中国是高温热浪现象最为突出的国家之一，高温热浪对国民经济，民众生活、工作与健康是一种严峻的挑战。近年来，受全球气候变暖和盆地地形影响，加上城镇化的快速推进，福州市已成为"中国新四大火炉"之首，受到了高温热浪的强烈影响与严重侵害，引起了广大民众、各级部门与学界的高度关注。

早在1990年，在全球变化领域，国际科学联盟理事会就曾发起"人文因素计划"（Human Dimensions Programme，简称HDP），1996年改为"国际全球环境变化人文因素计划"（International Human Dimensions Programme on Global Environmental Change，简称IHDP）。高温热浪是气候变化的重要表征之一，其人文因素同样不能被忽略。事实上，国内高温热浪研究历来比较关注人文因素，并在2010年前后表现出显著的人文"转向"（turning）特征，包括在机理研究中纳入城镇化因素、人为适应成为主要应对策略、风险感知成为研究热点、人文学科交叉渗透等，主动性适应、脆弱性评估、社区与农村、脆弱性群体也成为关注焦点。

本书主要从人文地理学角度出发，跟踪国际上高温热浪研究中显著的人文"转向"，围绕"感知、影响、适应"三个方面，重点探讨高温热浪的人文因素问题，具体包括以下内容。第一章为绪论部分，首先，介绍研究背景、目的意义、特色与创新点、区域概况等；其次，在简要辨析极端高温、高温热浪、脆弱性等核心概念的基础上，系统地梳理了国内外高温热浪的研究进展，为下文做铺垫。第二章主要分析近60年来福建省以及福州市的平均气温、（极端）高温、高温热浪的时间演变过程、特点与规律。第三章与第四章主要分析福州市中心城区地面亮温的空间格局，并揭示高温对城镇化的响应以及高温环境的驱动机制。第五章则通过大量的问卷调查数据，分析城市居民、流动人口、大学生对高温热浪及其影响的感知与适应。第六章首先分析福建省高温热浪风险的时空格局并对高温热浪风险类型进行划分；其次探讨高温热浪脆弱性评估，包括暴露—敏感—适应性三维脆弱性评估与胁迫—脆弱性评估。第七章主要探讨居民在应对高温热浪时的支付意愿及其影响因素。第八章分别探讨高温热浪背景下避暑旅游偏好与健身行为及其影响因素。第九章主要探讨高温热浪的应对，首先，从规划调控角度提出高温热浪的应对举措，包括医疗设施等公共服务设施配置、纳凉点设置等；其次，尝试构建高温热浪的预警机制、协同联动与应急预案的框架体系。第十章在上述研究的基础上，提出应对高温热浪的政策启示，希望为相关部门制定政策提供科学依据与决策参考。

各个章节的主要撰写人员如下：第一章，祁新华、程煜；第二章，祁新华、林荣平、叶士琳、金星星、高丽娟；第三章，林荣平、祁新华；第四章，林荣平、祁新华；第五章，叶士琳、祁新华、金星星、陈晔倩；第六章，金星星、祁新华、郑雪梅、靳姝豫；第七章，王怡、祁新华；第八章，祁新华、谢婉莹、金星星、张陈文；第九章，程煜、祁新华、程顺祺、金星星、陈琨、林玥希、林荣平；第十章，程煜。祁新华与程煜负责全书的统筹。

本书获以下项目联合资助：国家重点研发计划（2016YFC0502900）、中国清洁发展机制基金赠款项目"福建省'十三五'应对气候变化规划思路研究"、教育部人文社会科学项目（14YJCZH112）、教育部留学回国人员科研启动基金（教外司留〔2014〕1685号）、福建省科技厅公益类项目（K3-360）。本书部分章节来源于叶士琳、林荣平、金星星的硕士毕业论文，部分章节发表于《生态学报》、《地理科学进展》、《气候变化研究进展》、《福建师范大学学报》（自然科学版）、《亚热带资源与环境学报》、《海南师范大学学报》（自然科学版）、《云南地理环境研究》等刊物，编辑部与审稿专家曾提出宝贵修改意见，特此说明并致谢。

限于作者水平和时间，本书还存在许多缺憾与不足，敬请专家与读者批评指正，在此一并感谢。

目　录

第一章　绪论

本章摘要　第一，交代了研究背景，即全球变暖趋势明显与负面影响日益加剧，中国快速城镇化进程中城市高温热浪形势日益严峻；第二，梳理了研究的理论价值与实践意义，并且归纳了研究特色与创新，即构建了高温热浪人文因素研究框架以及研究视角的多学科融合与尺度转换等；第三，梳理了研究思路与技术路线；第四，介绍了福建省与福州市的区域概况；第五，辨析了本书的核心概念，并且从国内、国外两个层面系统地回顾与展望了高温热浪相关研究。

1.1　研究背景

1.1.1　全球变暖趋势明显与负面影响日益加剧

人类经济活动，尤其是工业革命以来矿物燃料消耗的急剧增加以及大尺度土地利用和植被的变化，增加了大气中 CO_2 等温室气体的浓度，破坏了地球表面的辐射平衡，影响了全球大气结构，使气候逐渐变暖。全球气候突变发生的时间尺度已经由千年缩小到十年之内（Cheng，2004；张强等，2005），全球地表持续升温、极端气候频发（沈永平等，2013），高温事件也发生了大范围变化（史军等，2009；陈少勇等，2012），其发生频率、影响范围、持续时间屡屡打破地区观测纪录（陆琛莉等，2012）。2013 年联合国政府间气候变化专门委员会（Intergovernmental Panel on Climate Change，简称 IPCC）在瑞典首都斯德哥尔摩发布的第五次评估报告指出：气候变暖毋庸置疑，过去的 30 年里，每十年的全球温度都高于 1850 年以来的任意一个十年，北半球 1983~2012 年的 30 年甚至是过去 1400 年以来的最暖时期。

基于温室气体排放情景对全球平均地表气温进行模拟预估，相对于1986～2005年，未来的2046～2065年、2081～2100年全球地表均温增幅将分别达到1.4～2.6℃与2.6～4.8℃（RCP 8.5），对应海平面将分别升高22mm～38mm与45mm～82mm（IPCC，2013）。

目前，全球变暖问题已成为各国政府、社会公众以及科学界共同关心的重大问题（于淑秋，2006）。除引发极端天气事件、海平面上升外，全球变暖还通过生物多样性丧失、环境退化、诱发疾病与死亡率上升等方式对人类社会做出了多种反馈，对人类生存、社会经济的可持续与健康发展构成了严重威胁。欧美国家研究表明，法国、德国和意大利等在2003年高温热浪天气中相继出现了大量异常因高温死亡的人口（Luterbacher等，2004）。据不完全统计，这些国家因高温热浪直接死亡的人数均在1000～5000人（刘建军等，2008；Bouchama，2004）。美国每年因极端高温死亡的人数有600～1800人，高于其他天气灾害造成的死亡人数（Uejio等，2011）。为了应对气候变暖，包括欧美国家在内的一些国家的州政府和地方政府纷纷制订、参与相应的行动计划，以减少温室气体排放，应对并减缓气候变暖。

1.1.2 中国快速城镇化进程中城市高温热浪形势严峻

改革开放以来，中国进入了快速城镇化轨道，城镇化水平从1978年的17.92%增加到2016年的57.35%，平均每年增幅超过1个百分点（国家统计局，2017）。与此同时，高温热浪现象席卷中国的大部分地区，中国已成为世界上受高温热浪影响最为严重的国家之一（见表1-1）（黄崇福，2001；谈建国等，2004；Gosling等，2009）。

据中国气候变化监测公报（2016），1901～2016年，中国地表年平均气温上升了1.17℃，且最后的20年是20世纪初以来的最暖时期。1951～2016年，中国地表年平均气温呈显著上升趋势，增温速率为0.23℃/10年（中国气象局气候变化中心，2017）。2007年8月国务院办公厅印发了《国家综合减灾"十一五"规划》，将高温热浪列为影响中国的十三种主要自然灾害之一（新华网，2007）。中央气象台监测数据表明，2013年8月8日17时，全国共有112个国家气象观测站日最高气温突破历史极值，8月6日至7日，高温影响范围180万～190万平方千米，影响人口约7亿（新华网，2013）。

表 1 - 1　近年来中国部分重大高温热浪事件

时间 （年）	地区	日最高 气温（℃）	影　响
1994	江南、长江中下游和淮河流域	35～42	加重旱情，全国受旱面积超过 1730 万公顷，2740 万人、1660 多万头牲畜饮水困难；不少城镇水、电供应紧张，酷热时心脏病、脑血管病、中暑等疾病发病率上升，各大医院收治的中暑人数和肛道门诊量剧增
1997	北　方	35～41.2	北京各大医院就诊人数急增，老年心脑血管疾病患者及因此死亡的人数有所增加；7 月上旬，北京市有 180 多名交警中暑；7 月 13 日，天津市有 50 多名 60 岁以上老人因高温而死亡，因进食大量冷饮导致肠炎、胃炎、痢疾的患儿数量大增
1999	华　北	35～42.2	用电量猛增导致供电设备故障频发，7 月下旬一周内就发生各类供电故障 1000 多起；北京多家医院中暑就诊病人明显增多，其中儿童医院门诊量高于 3000 人；120 急救中心平均每天收治高温引起的并发症患者 30 多例，且以老年人为主
2000	全国大部分地区	35～43.7	加快了旱情的发展，使全国最大受旱面积一度大于 2000 万公顷，一些地区作物被高温逼熟或枯萎死苗。医院收治中暑和感冒发烧病人数量急剧增加，6 月上旬广州市各大医院急诊科收治病人比平时增加 2 成以上；武汉市儿童医院日门诊量 2200～2600 人，较非炎热季节增加 15%～20%
2003	南　方	35～43	持续高温给各行业生产及人们正常生活等造成不同程度的影响。南方地区的高温天气范围之广、持续时间之长、温度之高为历史同期罕见
2010	21 个省份	35～42.9	上海市各大医院高峰时段门诊、急诊量陡升，平均每天都在 8000 人次左右，最高突破 1 万人次。各大医院急诊室爆满，每天晚上急诊量都在 700～800 人次
2013	南方多地	35～44.1	导致部分地区旱情发展迅速，部分早稻遭受"高温逼熟"，千粒重降低；造成部分地区高温中暑人数和用电负荷剧增；森林火险等级偏高，多地先后发生森林火灾；8 月上旬鄱阳湖、洞庭湖水体面积分别较 1989 年以来同期平均值减少约 2% 和 26%，比 2012 年分别减少 25% 和 29%
2016	全国中、东部地区	35～41.2	22 个省份的 1300 余个县市出现超过 35℃的高温天气。重庆、湖北、湖南、上海、浙江、江西、陕西、云南等省份的 40 个县市超过 40℃，68 个县市 7 月最高气温突破历史极值。其中，湖南衡阳（40.8℃）、沅江（39.7℃）、江苏如东（39.1℃）、阜宁（37.7℃）、广东普宁（38.1℃）日最高气温突破历史极值；重庆万州（41.2℃）、开县（41.2℃）最高气温超过 41℃

资料来源：新华网，http：//news. xinhuanet. com/local/2010 - 03/26/c_ 124547. htm，2010 - 03 - 26；全球气候变化信息中心，2013 年夏季我国南方持续高温天气特点及成因分析 ［EB/OL］，http：//www. globalchange. ac. cn/view. jsp？ id = 52cdc05440aa386e0140b9b592b20000，2013 - 08 - 26。

福建省会福州位于亚热带季风气候区域，夏季的炎热高温经常成为困扰人们生活的重要天气因素。据气象部门统计，福州城区 2003 年从 6 月 29 日起连续 24 天最高气温超过 36℃，创下 1957 年以来持续高温时间最长的纪录（王朝春，2006）。2007 年福州市出现的持续高温天数创百年纪录（林雅茹，2008）。根据 1981～2010 年年均高温日数，福州市以年均 32.6 天超过重庆的 29.6 天成为"内地大城市最热城市"（新华网，2013）。

尤其值得注意的是，随着全球气候变暖愈演愈烈和中国城镇化快速发展而导致的城市热岛效应不断增强，高温热浪对中国城市的影响也将持续增强。城市中心区作为区域生产生活资料以及能源消耗的集中区，人口与经济活动高度集聚，大量化石燃料燃烧、温室气体排放、混凝土建筑及不透水路面等进一步加快了城市热环境的形成，致使下垫面温度升高，城乡温度差异扩大，城市热岛效应也将进一步加剧（麦健华等，2011）。研究表明，伴随着中国改革开放以来城镇化水平的快速提升，城市热岛强度也出现了跃变式的增加，且随着硬化下垫面与城市建筑群扩大，城市热岛范围显著扩大（于淑秋等，2006）。

1.2 价值意义与研究特色

1.2.1 价值意义

1.2.1.1 理论价值

遵循国内外高温热浪研究领域的人文"转向"，基于人文地理学视角，结合地理学、气象学、生态学、社会学、心理学等多学科研究视角与方法，构建快速城镇化背景下高温热浪的时空格局演变序列，并在高温热浪影响与适应过程中导入感知环节，统筹考虑不同人群的感知及其差异，实现宏观的高温热浪、城镇化与微观个体的感知、适应问题的尺度转换，通过定性与定量相结合，揭示高温热浪的影响程度与机制，以及居民尤其是脆弱性人群将影响、感知转化为适应性行动的内在机制，为研究高温热浪及其影响与适应提供多学科交叉与尺度转换的分析框架，验证与深化对高温热浪及其对人类社会影响与适应的科学认识。

1.2.1.2 实践意义

探讨快速城镇化进程中典型区域的高温热浪时空效应，揭示高温热浪对居民生产、生活的影响程度、影响机理与居民的适应机制，有助于全面评估快速城镇化对高温热浪效应的贡献程度，提出应对高温热浪的规划调控方案，尝试构建应对高温热浪的预警机制、协同联动与应急预案的框架体系，帮助居民采取恰当措施应对高温热浪的冲击与危害，增进专家、决策人员及公众之间的沟通，为福州市及同类城市制定应对高温热浪的公共政策，建立综合风险管理体系提供科学依据与决策参考。

1.2.2 研究特色

1.2.2.1 构建了高温热浪人文因素研究框架

本研究遵循国内外高温热浪研究领域的人文转向，构建了高温热浪人文因素的研究框架，包括高温热浪对快速城镇化的响应，不同人群对高温热浪及其影响的感知与适应，高温热浪的规划调控，应对高温热浪的预警机制、协同联动与应急预案的框架体系等，拓展高温热浪研究的范畴，为后续相关研究奠定了一定的基础。

1.2.2.2 多学科研究视角融合与研究尺度转换

从人文地理学角度，结合地理学、气象学、生态学、社会学、心理学等研究视角与方法，关注快速城镇化的高温热浪时空效应，探讨居民尤其是脆弱性群体对高温热浪感知与适应的影响因素与结构性差异。同时，在快速城镇化的背景中将高温热浪这一宏观尺度的气候问题转化为微观个体尺度的影响与适应问题，并将感知环节引入高温热浪影响与适应过程，实现尺度转换与逻辑关联。

1.3　思路框架与技术路线

1.3.1　关键科学问题

快速城镇化进程中，高温热浪频发，影响日益加剧，城乡居民的生产、生活与健康受到巨大的影响，其中脆弱性人群受冲击最大，适应能力最弱。本研究以人文因素为核心，结合地理学、气象学、生态学、社会学、心理学等研究方法与视角，并将感知环节引入高温热浪影响与适应过程，在城镇化的背景中将高温热浪这一宏观尺度的气候变化问题转化为微观个体尺度的影响与适应问题，并试图回答三个依次递进的科学问题。

高温热浪在不同历史阶段的演变过程有何特征与规律，在不同区域有何差异，快速城镇化的影响机制如何？

高温热浪对居民的影响程度有多大，产生机制如何，对不同人群尤其是脆弱性群体的影响是否存在结构性差异？

居民的个体感知如何转化为高温热浪适应行动，快速城镇化背景下政府如何制定保护居民尤其是脆弱性人群的公共政策？

1.3.2　研究思路

针对上述关键科学问题，围绕"感知、影响、适应"三个方面，本研究的思路如下。

第一，高温热浪研究呈现显著的人文"转向"，尝试构建高温热浪人文因素的研究框架。考虑到高温热浪主要是由人为因素引起的，并已成为一种常态化气象灾害与生态安全事件，是人地关系失衡的一种体现，需要从人文地理学角度出发，结合地理学、气象学、生态学、社会学、流行病学、心理学等研究方法与视角，寻找解决方法。

第二，高温热浪与城镇化均属于宏观尺度的问题，而影响与适应则是微观个体尺度的问题，如何实现二者之间的尺度转换是关键。本研究尝试将高温热浪、城镇化及其影响与个体适应置于同一研究框架内，并将感知纳入其中，通过问卷调查、遥感、GIS手段及数理统计方法实现尺度转换。

第三，高温热浪感知及其转化为适应策略的过程与机理比较复杂，除了通过问卷访谈等手段反映基本特征、实现主观基础上的客观综合外，还需引入心理学与行为地理学等相关学科的方法，并通过数理模型探讨其影响因素与内在机制的结构性差异。

1.3.3 技术路线

本研究的框架与技术路线如图1-1所示。

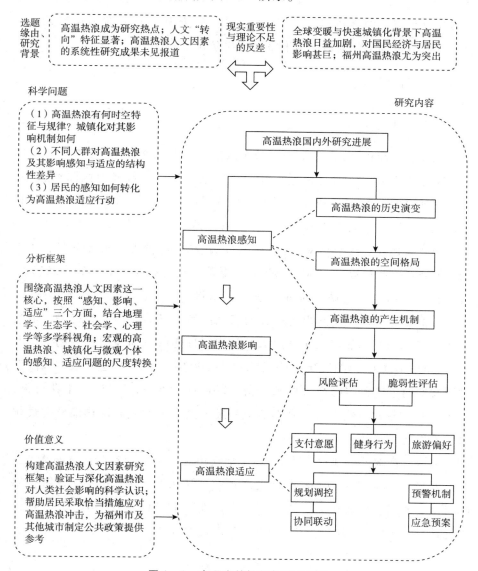

图1-1 本研究的框架与技术路线

1.4 研究区概况与资料来源

本研究目标区域主要集中于福州市市域，尤其是高温热浪突出的中心城区，风险评估与脆弱性评估则拓展至福建省全省。除了国内外相关文献、IPCC 历次气候变化评估报告、中国政府应对气候变化（包括高温热浪）相关政策文件以及网络数据外，本研究的参考数据还包括问卷调查数据、经济社会统计数据、气象数据与卫星遥感数据等。

1.4.1 研究区概况

1.4.1.1 福建省概况

福建省，简称"闽"，位于中国东南沿海（北纬 23°33′~28°20′、东经 115°50′~120°40′），毗邻浙江、江西、广东三省，与台湾地区隔海相望，全省陆地总面积为 124000 平方千米。境内丘陵、河谷、盆地相间分布，其中山地、丘陵占总面积的 80% 以上，素有"八山一水一分田"之称。

福建省地处亚热带季风气候区，气候温暖湿润，光照、热量充足，70% 的省域≥10℃的积温在 5000~7600℃，夏季长且气温高。据 1954~2015 年福建省 8 个标准气象站（福州、厦门、漳州、惠安、永安、南平、龙岩、福鼎）数据分析，这期间福建省日最高气温呈明显的波动上升趋势，最高温达 41.8℃，高温热浪频次和总天数呈先缓慢递减后加速增长的趋势，尤其是 2000 年以来，增长趋势更为明显，与 2000 年以后中国进入极端高温事件频发期的态势大体吻合（叶殿秀等，2013；王艳姣，2013）。由此可见，2000 年以来福建省经常遭受高温热浪侵袭，是中国发生高温热浪事件最频繁的省份之一。

福建省现辖 1 个副省级城市、8 个地级市和 1 个综合实验区（见图 1-2），2016 年常住人口为 3874 万人，其中城镇人口 2464 万人，城镇化率 63.6%，地区生产总值 2.85 万亿元，人均地区生产总值为 73617 元（福建省统计局，2017），属于经济较为发达的沿海地区。

图 1-2 福建省行政区划示意

1.4.1.2 福州市概况

福州市，又称"榕城"，是福建省省会城市，位于中国东南沿海（北纬25°15′~26°39′、东经118°08′~120°31′），坐落于戴云山山脉东翼、闽江下游，东濒东海，与台湾地区隔海相望，西靠三明、南平两市，南邻莆田市、平潭综合实验区，北接宁德市，陆地总面积为12251平方千米。福州市辖六区（鼓楼区、台江区、仓山区、晋安区、马尾区及长乐区）、五县（连江县、闽侯县、永泰县、罗源县与闽清县）及一个县级市（福清市）。福州市中心城区包括福州市5区（晋安区除寿山、鼓岭、甘溪、宦溪外），以及闽侯县的荆溪镇、琯头镇、南屿镇、南通镇、尚干镇、祥谦镇、青口镇以及上街镇等，面积1443平方千米。下文中的晋安区、闽侯县等均指中心城区所涉区域。上述研究范围根据《福州市城市总体规划（2008~2020）》进行划分（福州市城乡规划局，2009）。

福州市属于典型亚热带海洋性季风气候，常年温暖湿润，雨量充沛，四季常青。全年无霜期达 326 天，年平均气温 20 ~ 25℃，年均日照时长 1700 ~ 1980h，年均降水量达 900mm ~ 2100mm。福州市属于典型的河口盆地，主城区位于闽江河口盆地中央，地形相对封闭，三面环山，一面环海，东有鼓山、西有旗山、南有五虎山、北有莲花峰，山地海拔多在 600m ~ 1000m，地势由西北向东南倾斜，总体为向东南开口的簸箕状地形，闽江穿城而过流入东海（张文开，1998；余永江等，2009）。

自 1978 年改革开放以来，福州市进入持续的高速发展期，2016 年地区生产总值达 6197.64 亿元，人均地区生产总值 82251 元，常住人口 757 万人，城镇化率 68.5%，综合经济实力位于全国省会城市前列，拥有电子信息、机械装备、冶金建材、纺织服装等支柱产业（福建省统计局，2017）。

受全球气候变暖和盆地地形影响，加上快速城镇化所引起的绿化面积与水域面积减少、城市下垫面变化、人为热源增加等原因，福州市夏季各县（市）均出现日最高气温≥35℃的高温天气，高温热浪频率总体呈上升趋势，中心城区热岛效应不断加剧，给福州市社会经济发展，居民生产、生活、健康和人居环境等造成极大负面影响。与国内外其他地区相比，2003年福州市连续 24 天最高气温超过 35℃，7 月 26 日更是达到破 60 年纪录的 41.7℃（人民网，2013），甚至超过了 2003 年欧洲热浪袭击中瑞士 41.1℃的日最高气温（Beniston 等，2004）。2013 年 8 月 5 日，福州市局部地区最高气温达 40.9℃，气象台发布了福州市有气象预警信号以来首个高温红色预警信号（温海龙，2013）。2013 年，福州市更是以 32.6 天的年均（1981 ~ 2010 年）高温日数超越重庆的 29.6 天被评为"中国新四大火炉"之首（天气网，2013；谭红建等，2015）。因此，福州市的重要性与代表性较为突出，是进行快速城镇化背景下高温热浪人文因素研究的理想区域。

1.4.2 资料来源

1.4.2.1 问卷调查数据

本研究的问卷调查数据主要来源于 5 套 2312 份问卷调查表（见附录 1

至附录5），分别是民众对高温热浪的感知与适应问卷调查表（962份）、大学生对高温热浪的感知与适应问卷调查表（297份）、城市公共纳凉点满意度问卷调查表（248份）、避暑旅游偏好问卷调查表（242份）以及高温热浪对城市居民体育锻炼的影响及健康效应问卷调查表（563份）。

1.4.2.2 经济社会统计与矢量数据

本研究中所使用的地区生产总值、人口数量、城镇化水平等社会经济统计数据均来源于历年《福建省统计年鉴》、《福州市统计年鉴》、《福建社会与科技统计年鉴》、《中国县域统计年鉴》（县市卷）等。矢量数据（行政边界）来源于国家地理信息中心，部分道路矢量数据根据电子地图进行数字化，土地利用相关数据由 Landsat 遥感影像提取。

1.4.2.3 气象数据

本研究所用的气象数据资料为中国气象局的数据国家气象信息中心的1953～2015年福州市气象站（58847，东经119°28′、北纬26°08′）逐年实测地面逐日最高气温资料，以及中国气象科学数据共享服务网、中国天气网和福建省气象局的数据。福建省高温及高温热浪特征主要依据8个典型标准气象站1954～2015年日最高气温数据进行统计分析。8个气象站分别为福州（58847）、厦门（59134）、漳州（59126）、惠安（59133）、永安（58921）、南平（58834）、龙岩（58927）、福鼎（58754）。8个气象站的选定主要基于闽东、闽北、闽中、闽西、闽南等几个区域均匀分布原则以及气象站数据的连续性原则。上述数据来源经过严格的质量把关，完整且具有代表性。全球气温资料来源于美国国家航空航天局（National Aeronautics and Space Administration，简称 NASA）官网。

1.4.2.4 遥感影像数据

本研究用于地面亮温反演的遥感影像 Landsat TM/OLI 均来源于中国科学院计算机网络信息中心科学数据中心地理空间数据云平台，DMSP 夜间灯光资料来源于美国国家地理数据中心（National Geophysical Data Center，简称 NGDC），数字地面高程（DEM）来源于国际农业研究磋商小组空间信息协会（CGIAR – CSI）。

1.5 基本概念与研究进展

本节内容辨析了极端高温、高温热浪与脆弱性等核心概念，着重从国内、外两个层面系统地回顾与展望高温热浪相关研究。在国际层面，首先，梳理了西方高温热浪研究的脉络，即从对比模拟角度分析其产生的机理，从空间格局上总结其分布规律，从复合系统层面探讨其影响，从流行病学角度解析其对健康的危害；其次，指出了趋势判断、机理解析、影响评估、脆弱性评估、风险感知、适应分析等未来关注的矛盾与焦点。在此基础上，提出了西方高温热浪研究对中国的启示，包括：拓展典型区域的实证研究，关注脆弱性群体与欠发达地区；重视对健康，尤其是心理健康的影响；注重研究领域的拓展；尝试多学科视角融合等。在国内层面，首先，梳理了高温热浪的事实与趋势、影响、原因与机理等；其次，归纳了近年来国内高温热浪的人文"转向"，包括在机理研究中纳入城镇化因素，人为适应成为主要应对策略，风险感知成为研究热点，人文学科交叉渗透等，并展望了主动性适应、脆弱性评估、社区与农村、脆弱性群体等未来研究热点。

1.5.1 基本概念界定

1.5.1.1 极端高温

从统计学的角度来看，天气的极端事件指在天气状态与其平均状态发生严重偏离的情况下，在特定地区和时间内发生的概率极小或存在明显异常的事件。在气候研究中将大于某个温度阈值的极端事件称为极端气温事件，而阈值指标包括极值、绝对阈值和相对阈值。极值挑选某个长期序列的极端最大值、最小值及其出现的时间。绝对阈值指标一般按照国家标准、行业标准、现行观测规范或经验，定义某一要素超过或小于特定阈值的日数或量值为特定指标（张天宇等，2005）。但不同地区存在显著差异，并不完全适用这两类标准，有关研究多采用百分位阈值的相对阈值指标，即选取某个长期序列的固定百分位值（通常取第 90 或 95 个百分位数等）作为阈值，超过这个阈值的值被认为是极端值，该事件被称为极端事件。本研究选取以第 95 个百分位数作为阈值的相对阈值指标定义极端高温。

1.5.1.2　高温热浪

高温热浪主要是指空气温度高且持续时间较长，引起人、动物以及植物不能适应的一种天气过程（谈建国，2009）。由于地理环境与经济社会条件的差异，高温热浪门槛值差别很大。关于高温热浪的内涵与测度尚无统一的标准，直到 21 世纪初，学界仍然缺乏足够准确、统一的定义（Robinson，2001）。多数国际组织与发达国家采用最高温与持续时间来定义高温热浪，如世界气象组织（Word Meteorological Organnization，简称 WMO）的标准为：日最高气温高于 32℃，且持续 3 天以上。荷兰皇家气象研究所（Royal Netherlands Meteorological Institute，简称 KNMI）的最高温标准稍低，持续时间却更长（Huynen 等，2001）。对高温热浪的内涵与测度的研究越来越全面，包括综合考虑温度与湿度这两个体现人体热反映指标的热指数（也称显温，heat index）（Kalkstein 等，1996）、基于人体热量平衡模型的人体生理等效温度（Physiological Equivalent Temperature，简称 PET）（Höppe，1993；Matzarakis 等，1997）等。近年来，另一些替代性指标也开始出现，如夜间最低温与白天最高温（IPCC，2001；Karl 等，2003）、97.5% 与 81% 门槛值（Meehl 等，2004）等。

西方部分国家/组织对高温热浪的定义与界定标准如表 1-2 所示。

表 1-2　西方部分国家/组织对高温热浪的定义与界定标准

国家/组织	测度指标	标　准	备　注
世界气象组织（WMO）	日最高气温与持续天数	日最高气温高于 32℃，持续 3 天以上	主要考虑温度
荷兰皇家气象研究所（KNMI）	日最高气温与持续天数	日最高气温高于 25℃，持续 5 天以上（期间 3 天以上高于 30℃）	主要考虑温度
美国、加拿大、以色列等	热指数（显温）	连续 2 天有 3 小时超过 40.5℃ 或在任一时间超过 46.5℃	综合考虑温度和相对湿度
德国	人体生理等效温度（PET）	将 PET > 41℃ 作为高温热浪的监测预警标准	基于人体热量平衡模型

资料来源：根据文献（Kalkstein 等，1996；Huynen 等，2001；Höppe，1993；Matzarakis 等，1997；等等）整理。

国内机构与学者一般用日最高温度、持续天数、温度阈值等指标来表征高温热浪，并在此基础上衍生了一些相关分类与定义。如中国气象局将高温热浪列为灾害天气，主要依据对人体产生影响或危害的量值制定标准，于 2009 年规定日最高气温 ≥35℃ 为高温日，连续 3 天以上称为高温热浪，并制定了分级预警信号（杨红龙等，2010；张尚印等，2005）。国内学者总体上认同这一界定（谈建国等，2004；张尚印等，2004），本研究即采用这种定义。为便于深入分析，国内还相应地将其细分为高温、危害性高温与强危害性高温三级，分别对应 ≥35℃、≥38℃ 与 ≥40℃（张尚印等，2005）。本研究将依据此标准对所研究区域历年高温热浪特征进行分级统计分析。

近年来，有些学者发现单一的界限温度值不能完全反映区域的具体情况。为兼顾不同地区特有的气候背景，他们提出了统筹考虑发生频次和强度、影响面积、持续时间等综合强度指标（侯威等，2012），以及综合表征炎热程度与过程累积效应的热浪指数与分级标准（张天宇等，2011；黄卓等，2011）。

1.5.1.3 脆弱性

"脆弱性"这一概念起源于对自然灾害的研究（Janssena 等，2006），在地理学领域，Timmeman 首先提出了脆弱性的概念。目前，脆弱性这一概念已被应用到灾害管理、地质学、生态学、公共健康、贫困和发展、生存和饥荒、气候变化、土地利用、可持续性科学等领域。据 Birkmann 统计，文献著作中大约有 25 种对脆弱性的定义，不同研究领域对脆弱性概念的理解有所不同（李鹤等，2008）。

在气候变化领域，IPCC（2001）第 3 次评估报告将脆弱性界定为："一个自然或社会系统容易遭受或没有能力应对气候变化（包括气候变率和极端气候事件）不利影响的程度，是某一系统气候的变率特征、幅度、变化速率及其敏感性和适应能力的函数。"参照 IPCC 对脆弱性的定义和解释，目前很多研究认为脆弱性的概念包含三个方面，即暴露性、敏感性和适应性（史培军，2006；Füssel 等，2006；Füssel，2007；Wolf 等，2013；Zhu 等，2014；El - Zein 等，2015）。由于敏感程度与适应能力通常与社会个体紧密相关，所以一般用社会经济指标表达，已有学者将二者统一用"社会脆弱性"来表述（Cutter 等，2003），社会性质是脆弱性的维度之一。

高温热浪的脆弱性一般被定义为高温热浪的危害程度（暴露性）、对气候或天气变化的敏感程度和适应能力的函数（杨红龙等，2010）。暴露性反映的是某区域的复杂系统所遭受高温热浪的特征、强度、频率或危险程度，当这种程度达到系统所能承受的特定界限时，便会对系统产生影响，通常是不利影响大于有利影响。暴露性被理解为人或系统与灾害的接近程度（Turner 等，2003），高暴露性即高胁迫，"高温胁迫"一词强调了区域环境与高温热浪灾害接近程度的表征（Heaton 等，2014）。敏感性则表征为受灾群体所能承受的灾害最大程度（谢盼等，2015），高温热浪敏感性是指系统受到高温热浪胁迫后，其内部结构、功能发生改变的程度，取决于系统的稳定性。适应性指的是系统对高温热浪的响应与应对能力，以及从高温热浪损失中恢复的能力，反映了系统缓解、降低灾害损失的程度，主要取决于社会财富、技术、教育、信息、技能、基础设施、稳定能力和管理能力等（Eakin 等，2006）。

1.5.2　西方高温热浪研究进展

西方学术界历来重视对高温热浪的相关研究，尤其是 1995 年芝加哥与 2003 年欧洲的高温热浪事件导致的超额死亡（Kalkstein 等，1996；Hajat 等，2002；Schär 等，2004；Bouchama，2004），在欧美国家掀起了研究热潮，并催生了丰硕的研究成果。然而，迄今为止鲜有对西方高温热浪研究进行系统述评的报道。因此，有必要梳理西方对高温热浪的研究脉络，分析未来关注的焦点与矛盾，希望能为国内相关研究提供一些有益启示。

1.5.2.1　高温热浪研究领域与脉络

（1）从时间跨度上分析高温热浪的事实与趋势

IPCC 历次评估报告，尤其是第五次评估报告用海量的事实（数百万条观测记录、200 多万 G 模拟资料、9200 份科技出版物）证明气候在逐渐变暖（IPCC，2013）。20 世纪 80 年代以来每十年的地球表面温度都高于 1850 年以来的任意一个十年。IPCC 第四次评估报告指出，1906～2005 年的 100

年间温度线性趋势为 0.74℃（IPCC，2007）。第五次评估报告的预测趋势更加明显，除了最低情景外，21 世纪末其他情景下的全球表面温度变化有可能超过 1.5℃，在两个高情景下，甚至超过 2℃（IPCC，2013）。气候变暖最突出的表现之一是高温热浪。轻微的温度变动与平均温度变化都有可能大幅提升高温热浪的发生频率（McGeehin 等，2001）。

（2）从对比模拟角度分析高温热浪产生的机理

学者们通过分析是否在模型中纳入人为因素所产生的不同结果来判断人类对气候变化的影响。研究发现，2003 年欧洲创纪录的高温热浪事件与纳入人为因素的气候变化模型模拟结果一致，且此次气候变暖最终能够归结为人类引发，人为因素使热浪发生的风险增加了至少一倍（可信度超过90%），未来 40 年将增加 100 倍（Stott 等，2004）。尽管高温热浪事件不能单纯地归因于气候变化，且很难将任一因素所引发的高温热浪事件的概率定量（McMichael 等，2004），但是多数学者认为高温热浪与大气环流密切相关，通常表现为 500hPa 高度场的正距平（Xoplaki 等，2003；Fischer 等，2007）。温室效应导致高温热浪加剧也经常被报道（Oke，1997），并在伦敦、得克萨斯州和俄克拉荷马州等案例中得以验证（Graves 等，2001）。

（3）从空间格局上总结高温热浪的分布与规律

观察数据与模型预测均显示，持续增加的温室气体将使未来欧洲与北美的高温热浪更剧烈，更频繁，持续时间更长（Robinson，2001；IPCC，2013；Meehl 等，2004）。当然，最经常被报道的是 1995 年的芝加哥热浪与 2003 年的巴黎热浪（Kalkstein 等，1996；Schär 等，2004）。不过，高温热浪在不同空间维度上表现出巨大的差异性，在全球层面，高温热浪的影响在中、高纬度更为强烈；在城市内部，相对于近郊区与远郊区，高温热浪在中心城区的发生更为频繁，影响更为显著（IPCC，2007）。

（4）从复合系统层面探讨高温热浪的影响

定量评估任何具体的经济、社会与生态影响都要求能够模拟当地气候条件，以及说明二者之间的关系（Stott 等，2004）。总体上，高温热浪将对复合生态系统产生巨大的负面影响，给可持续发展造成巨大的、全方位的冲击（Parmesan 等，2000；Easterling 等，2000）。高温热浪通过干扰森林和海洋生态系统的结构与演变过程，影响其生态服务功能。高温热浪期间的持续高温、少雨，会使土壤保水功能受损，导致农业减产，甚至引发社会稳定问题。高温热浪容易引发病、虫害与森林火灾，造成生态灾难（Poumadère 等，2005）。高温热浪期间，河水断流，水库干涸，工农业生产和居民生活用水、用电急剧增加，供水和电力系统不堪重负。持续的高温热浪还会破坏建成区道路材料结构，影响道路等基础设施的稳定性，同时使建筑材料变得更加脆弱（Blakely 等，2007）。

（5）从流行病学角度解析高温热浪对健康的危害

作为决定人类演化方向的因素之一，气候变化对健康的影响伴随人类发展的整段历史。至少从希波克拉底时期（time of Hippocrates）开始，人类已经意识到气候变化会影响健康。对气候变化健康后果的验证与修正假说都需要长期跟踪与监测，近几十年来的健康监测数据为此提供了可能（Haines 等，2006）。当前，在全球气候变暖的大背景下，有"突出表现"的高温热浪俨然成为与天气相关的死亡的主要原因之一，进而演变成公共健康问题（Luber 等，2008）。高温热浪对人体健康的影响主要表现在中暑、热疾病发病率与超额死亡率方面（Curriero 等，2002；WHO，2003；Luber 等，2008），尤其会导致呼吸系统和心脑血管系统疾病的发病率和死亡率升高（Basu 等，2002）。目前，关于高温热浪的流行病学研究大多集中于欧洲与北美（McMichael 等，2006）。2003 年 8 月，发生在欧洲的热浪引发了超过 30000 人死亡（Ledrans 等，2004；McMichael 等，2004）。1995 年，芝加哥的高温热浪事件导致约 800 人死亡和至少 3300 例急诊病例（Hayhoe 等，2010）。

1.5.2.2 高温热浪研究的矛盾与焦点

（1）高温热浪趋势判断

尽管仍有较大的弹性空间，绝大多数西方学者还是认同气候变暖的总体趋势。IPCC 第四次评估报告预测，至 2100 年世界平均温度会上升 $1.4 \sim 5.8℃$（IPCC，2007）；第五次评估报告预测的最低数据则是 $1.5℃$，甚至超过 $2℃$（IPCC，2013）。这固然考虑到不同气候变化情景与气候变化自身的不确定性有关，当然也与数据、案例不足以及人们对其科学认识不明朗有一定的关系。气候变化预测模型本身不是一门精确的科学，其描述性多于预测性。1.4～5.8℃的预测范围说明了模型预测仍存在不确定性。值得注意的是，不确定性是对称的，低估与高估的范围可能性一样大（IPCC，2007）。除了增温预测的幅度范围过大以外，另一个主要争论是区域差异问题。目前多数区域总体呈变暖趋势，但仍有一些证据显示局部气候在变冷，如 2014 年 1 月 3 日美国中西部至东北部遭受暴风雪袭击，部分区域创下有纪录以来的最低温。还有些人认为现在的高温热浪并未比之前强烈，这只是居住环境变迁与人体感觉的差别而已。另外，从长远看，越过关键门槛值导致的气候、环境与相关效应的跳跃性变化（step-changes）的概率将增加（IPCC，2001），而高温热浪在各区域的门槛值尚未明确。

（2）高温热浪机理解析

2003 年欧洲发生大量的超额死亡以后，高温热浪事件被认为是后工业社会所谓的头号"自然风险"（Easterling 等，2000）。人类活动引发的二氧化碳浓度增加会导致地表温度上升已经成为世界公认的科学事实（McMichael 等，2006）。无论是 20 世纪中叶以来的观测数据还是模型预测，人类因素均被视为气候变暖的主要原因（IPCC，2007，2013）。研究发现，2003 年欧洲创纪录的高温热浪事件符合气候变化模型预期，同时最终能够归结为人类引发的气候变暖（Stott 等，2003）。尽管没有一个极端高温事件能够单纯地归因于气候变暖，定量计算任何一个因素所引发事件的概率也是困难重重（McMichael 等，2006），但是气候变化背景下特别事件的概率还是可以估计的（Schär 等，2004；Meehl 等，2004）。高温热浪将变得更剧烈，这一点得到多数专家的认同，然而人类因素已经或即将在多大程度上影响其发生仍然缺乏足够的实证分析。除了 2003 年对欧洲热浪的定量分析外（Stott 等，2003），多数研究在这方面含糊其词，缺乏令人信服的证据。

（3）高温热浪影响评估

高温热浪的影响仍存在不确定性，包括影响后果、高温热浪与健康的关系以及经济社会适应的不确定性等（Haines 等，2006）。在影响后果方面，高温热浪存在巨大的区域差异，其对不同区域产生差异悬殊的正面或负面影响。尽管多数专家认同负面影响总体上高于正面影响（Haines 等，2006），但对某些特定区域，很难定量比较其后果。另外，高温热浪的直接后果相对易于判断，其间接后果，包括粮食产量变化、渔业生产中断、生计损失与人口流迁等则不易于研究，它们相互之间的因果关系与效应也很难定量（McMichael 等，2006）。例如，在超额死亡率方面，一般研究往往局限于在特定时间跨度内导致的超额死亡率，事实上，在更长的时间内还有一个"死亡率补偿"问题（McMichael 等，2006），也就是说，如果将时间跨度延伸，死亡率很可能会下降。类似这些方面的研究显然是未来需要关注的焦点。

（4）高温热浪脆弱性评估

高温热浪不仅是一个气象过程，更是一个社会过程与心理过程。"脆弱性"（vulnerability）这一确切概念最早出现在 2003 年对次都市区层面的高温脆弱性研究分析（Sheridan 等，2003）。IPCC 的第三次评估报告将脆弱性定义为：一个自然的或社会的系统容易遭受来自气候变化（包括气候变率和极端天气事件）的持续危害的范围或程度（IPCC，2001）。这个定义在气候变化研究领域中被广泛认同和采用，且很多学者认为系统对外界干扰的暴露性、敏感性及其适应能力是脆弱性的关键构成要素。换句话说，高温热浪脆弱性是高温热浪的危害程度、对高温热浪变化的敏感程度（个人或群体的响应，包括有利和不利影响）和适应能力（高温热浪来临时个人或群体通过调整行动或创造条件减缓或消除不利影响的能力）的函数，即脆弱性 =f（危害程度，敏感程度，适应能力）（IPCC，2007）。

（5）高温热浪风险感知

感知在个体采取适应行为及支持政府政策中的重要性受到广泛认可（Eriksen 等，2004；Huang 等，2011）。高温热浪感知源于风险感知研究，兴起于 20 世纪 80 年代末，该时期美国中西部和东南部经历了炎热夏天，对此，大众传媒开始采用简单的问卷调查进行感知研究，近年来主要集中于对脆弱性人群（如老年人）的定性访谈研究（Abrahamson 等，2009；Wolf 等，2010）。研究发现，尽管民众对高温热浪的感知度逐步提升，高温热浪事件（如 1995 年美国芝加哥与 2003 年欧洲的高温热浪事件）仍然能够提高人群的感知度（Weber 等，2011），但公众对热浪的风险总体感知度不高（Sheridan，2007），风险感知呈现社会衰减性特征，人们容易"遗忘"、"原谅"或忍受高温热浪带来的影响（Poumadère 等，2005）。另外，不同区域高温热浪感知的门槛值也有很大差异（Robinson，2001）。

（6）高温热浪适应分析

高温热浪的应对大致可以分为减缓与适应两个不可或缺、同等重要的方面。然而，前者的周期更长，投入更大，并且与经济社会发展结合在一起，很难在短期内见效（Sheridan，2007），因而主动性适应与被动性适应的重要性频频被强调（Sheridan 等，2003；Davis 等，2003），其中包括热适应规划、遥感与 GIS 方法应用以及社区战略等（Luber 等，2008）。1999 年美国中西部的高温热浪，强度堪比 1995 年中部导致 1000 多人死亡的高温热浪，死亡率却只有后者的四分之一左右，这在某种程度上证明了适应的重要性（Palecki 等，2001）。诸多研究特别强调低收入国家与脆弱性人群的低适应能力（Haines 等，2006；Paavola 等，2006）。然而，即便是发达国家的适应能力也有待加强。2003 年，欧洲高温热浪致数万人死亡，说明欧洲各国应对高温热浪的能力不足（Poumadère 等，2005）；Bernard（2004）对美国 18 个城市的分析也显示了其适应规划的缺失。需要指出的是，尽管多数专家认同生理与行为适应以及公共预案、社会管理与资源共享的有效性（McGeehin 等，2001），但他们对某些特定方式尤其是空调的态度是矛盾的。空调大量减少了因高温热浪死亡的人数（Kilbourne 等，1982；Rogot 等，1992；Smoyer，1998），却因增加能源消耗、加剧热岛效应、违背可持续能源模式而被环保组织极力反对（Chappells 等，2009）。

1.5.2.3 西方高温热浪研究对中国的启示

（1）开展典型区域的实证研究

国外研究大都集中于欧洲与北美，国内也涵盖宏观与中观层面的多数区域与部分大城市。然而，无论是高温热浪本身还是其影响与适应，均为受多种因素制约的复杂过程且存在巨大的区域差异，相关理论与假说需要更多的检验，研究结论同样需要更多案例佐证，对类似福州、重庆、杭州和海口等所谓"新四大火炉"的实证研究会更具标签意义。

（2）关注脆弱性群体与欠发达地区

西方研究非常关注高温热浪对脆弱性群体（老人、儿童、穷人或长期卧床的人）的影响（Lye 等，1977；Martinez 等，1989；Díaz 等，2002；O'Neill 等，2003），而国内研究较少区分人群的差异性，针对脆弱性人群的相关研究基本无人涉及。在高温热浪频发、影响加剧的背景下，脆弱性人群所受影响最大，适应能力最弱（Kilbourne 等，1982；Smoyer，1998）。同样，相对于其他地区，欠发达地区经济基础薄弱，适应能力差，受高温热浪的冲击更大（Haines 等，2006；Skoufias 等，2011）。关注脆弱性群体受典型区域高温热浪的影响及其感知与适应，有助于帮助脆弱性人群采取恰当措施应对高温热浪的冲击，增进脆弱性人群与专家和决策人员的沟通，为欠发达区域相关部门制定应对高温热浪的政策提供参考。

（3）重视对健康，尤其是心理健康的影响

现实中，高温热浪是发生在全球变化的背景之下，包括人口增长、城镇化、土地利用变化，淡水资源枯竭，而这些变化本身便会影响人类健康。一方面，西方研究通过剥离其他因素的影响来体现高温热浪对人类健康的潜在影响，高温热浪正是与这些因素相互作用，而放大了影响（Smoyer 等，2000；Haines 等，2006），着重研究高温热浪对健康的影响与这些变化的耦合关系非常有价值。另一方面，西方学者对高温热浪的研究大多集中于生理健康领域，对心理健康的关注度相对不足，而这些恰恰也是中国未来探索的热点。

（4）注重研究内容拓展

西方发达国家起步较早，研究重点已从高温热浪的内涵与特征、机理等方面转移至影响（尤其是健康方面）与适应机制方面。受起步较晚以及经济社会发展水平的限制，国内研究多侧重于对高温热浪的特征、发生原因等进行探讨，从医学角度分析其健康影响的成果相对较多，对生计与生活的影响与适应的研究相对不足，对高温热浪感知的研究更为薄弱，鲜有在问卷调查基础上的定性与定量相结合的探索，而这些也正是未来在高温热浪研究领域需要拓展的重要内容。

（5）尝试多学科视角融合

已有研究多从气象学与大气物理学等角度分析高温热浪特征与产生机制，国外侧重于从生态学、医学、社会学等多学科角度探讨高温热浪的影响与适应。从自然科学与社会科学耦合视角探索其影响与适应的成果鲜见于报道。除了使用传统的模型预测高温热浪的特征与趋势外，对高温热浪的影响与感知方面可以采用新的视角与方法。例如，通过数理统计方法，在控制其他自变量的基础上，探讨高温热浪对因变量的影响程度；高温热浪感知及其转化为适应策略的过程与机理比较复杂，除了通过 Logistic 二元回归模型探讨其结构性影响因素外，还可以引入社会学、心理学与行为地理学等相关学科的方法。

1.5.3 国内高温热浪研究进展及其人文转向

国内学术界直至 21 世纪初才开始针对高温热浪及其人文因素进行系统研究（谈建国等，2002，2004；张尚印等，2004；张德二等，2004）。近年来，相关研究呈井喷之势，对高温热浪的事实、产生机理、影响与适应机制等相关理论问题的认识更加清晰，当然仍有许多有待进一步探讨的科学问题。因此，有必要梳理下 21 世纪以来国内高温热浪的研究进展，厘清概念，呈现事实，分析原因，预测未来，归纳特征并展望未来研究热点，为后续相关研究以及有效应对高温热浪提供有益借鉴。

1.5.3.1 研究领域与内容

国内高温热浪的研究领域大体上与国际主流脉络相一致，主要集中于测度与分类、时空特征、模型预测、影响、原因与机理等内容。

（1）高温热浪的事实与趋势

相关成果多从高温日数、频次、极端高温、发生面积等反映时空特征的指标分析高温热浪的事实与趋势，主要包括两个方面。一是对历史事件的回溯，以期在更长的时间序列内重现高温热浪的事实与规律，如根据中国历史气候记载和在欧洲发现的北京早期器测气象资料，回顾 1743 年夏季华北高温极端气候事件（张德二等，2004）和青岛历史上两次极端高温过程（颜梅等，2004）。二是对当前高温热浪时空特征的归纳并预测未来趋势。研究发现，在全国层面，高温热浪发生的趋势与全球气候变暖趋势总体一致但更为剧烈。近 50 年来，中国地表平均气温上升 1.1℃，增温速率为 0.22℃/10 年（丁一汇等，2009），远高于全球（IPCC 第四次评估报告中 1906～2005 年的温度线性趋势为 0.74℃）及北半球同期平均水平（IPCC，2007），尤其是自 20 世纪 90 年代以来，高温热浪的范围明显增大（叶殿秀等，2013），绝大多数区域与城市呈现增温趋势。在区域层面，包括华中

（任永建等，2012）、华北（施洪波，2012）、华东（史军等，2009）、河西走廊等地区（孟秀敬等，2012）；在省份层面，有广东（纪忠萍等，2005）、河北（张可慧等，2011）、江苏（郑有飞等，2012）、宁夏（张明军等，2012）、广州（许燕君等，2012）、上海（陈敏等，2013）、重庆（张天宇等，2011）等。研究结果均表明近50年来高温热浪的频次、日数和强度总体呈增多、增强趋势。

值得一提的是，近年来，国内学者突破了主要依赖事实描述的传统，开始尝试通过模型预测高温热浪趋势。他们除少量运用自主研发的模型外（张明军等，2012），大多采用国外的模型（许吟隆等，2006），如：利用世界气象组织与国际科学联合会共同主持的世界气候研究计划（World Climate Research Programme，简称 WCRP）多模式数据，较好地模拟 A1、A1B、B1 排放情景下华中区域 2011～2100 年平均气温的线性趋势（任永建等，2012）；参考 IPCC 的 7 个全球海气耦合模式的输出信息（年霜冻日数、生物生长季、温度年较差、暖夜指数、热浪指数等），检测了 1961～2000 年中国极端气温观测资料（王冀等，2008）；应用欧洲中期天气预报中心的模型分析 2003 年中国高温热浪事件，结果显示其对高度扰动的预报具有提前 1～7 天的预示能力（丁婷等，2012）。

（2）高温热浪的影响

我国是受高温热浪影响最为严重的国家之一（谈建国等，2004；张尚印等，2005）。高温热浪对农林牧渔业的影响最为直接，持续高温加快了土壤水分蒸发，加剧了大气和土壤的干旱程度，致使农作物产量和品质下降（徐金芳，2009；孙智辉等，2010）。高温热浪极易引发森林或草原火灾，还可能引发大面积蓝藻，影响海水养殖（邓振镛等，2007；张书余，2008）。另外，高温热浪会加重供水负担和电力系统负荷，影响工业系统正常运行（张可慧等，2011）。

高温热浪不仅干扰了居民日常生活，更造成了严重的健康后果。高温热浪导致中暑、热衰竭、热痉挛等一系列疾病发生，并可诱发呼吸系统、消化系统、神经系统和心脑血管系统疾病，使发病率和死亡率升高（李永红等，2005；谈建国等，2009；郭玉明等，2009；余兰英等，2009）。南京市的案例表明，高温热浪造成的人群超额死亡率在 20% 以上，对冠心病和脑血管病患者的影响较大且无滞后性（许遐祯，2011）。高温热浪还会影响生态系统和媒介生物，为虫媒和病原体的生存、繁殖与传播创造有利条件，提高病原体致病率，引起疟疾、登革热、丝虫病、黄热病和腹泻等虫媒传染病的流行。此外，持续高温天气还会使人容易得热中风、冷过敏、红眼病等疾病（王敏珍等，2012）。高温热浪危害程度不仅与受众及高温热浪强度有关，还与持续时间和发生时间有密切联系（杨红龙等，2010）。高温热浪持续时间越长，温度越高，呼吸系统疾病死亡率就越高（刘玲等，2010b）。此外，人体对高温热浪的适应是个渐进的过程，若高温热浪发生于夏季初期，其对人群的危害和对死亡率的影响将更显著（刘建军等，2008）。不同区域的温度阈值也存在差异（杨红龙等，2010）。低纬度地区人群适应高温，阈值较高；高纬度地区人群适应低温，阈值较低。研究数据显示，广州循环系统疾病和呼吸系统疾病的阈值温度均为36℃，而上海循环系统疾病的阈值温度为33℃，呼吸系统疾病的阈值温度为35℃（王丽荣等，1997）。

（3）高温热浪的原因与机理

目前，引起高温热浪的物理机制尚不清楚（张井勇等，2011），它与全球变暖的大背景有关（邓自旺，2000），太阳活动、厄尔尼诺现象、地形及生态环境恶化等也是不可忽视的因素（王志英等，2007）。多数学者认同高温热浪是多种因素综合作用的结果，目前研究主要聚焦于大气环流、台风等。大气环流异常被认为是我国高温热浪发生的最主要原因，尤其是夏季西太平洋副热带高压的活动与华北、长江中下游、华南等地区的高温天气有密切关系（连志鸾等，2002；廉毅等，2005；万仕全等，2010；陈磊等，2011；孙建奇等，2011；薛红喜等，2012；丁婷等，2012；钱维宏等，2012）。2003年夏季江南持续高温，正是太平洋副热带高压异常偏高且持续控制江南地区，导致空气下沉增温和辐射加热而产生的（杨辉等，2005）。当然，大气环流本身也受到其他因素的影响，区域气候模式模拟结果表明陆－气耦合的贡献率达30%～70%（张井勇，2011）。另外，海表温度通过影响大气环流，进而影响高温热浪的形成（丁华君等，2007）。在东部沿海地区，台风也被认为是导致高温热浪的重要因素。台风作为一种暖性低压系统，外围气流下沉的增温与对外围水汽的抽吸效应，形成大范围晴空少云区，增加太阳辐射，致使地面气温显著升高（杨辉等，2005；李海鹰等，2005）。数据显示，1960～2005 年，我国东南地区每年高温日数与登陆的台风个数显著正相关（史军等，2009）。与此同时，台风与西太平洋副热带高压相互作用，影响西太平洋副热带高压的西伸与东退，进而影响极端高温天气的形成（任素玲等，2007）。

1.5.3.2 高温热浪研究的人文转向

国内高温热浪研究历来比较关注人文因素，并在 2010 年前后表现出显著的人文"转向"特征。

（1）机理研究中纳入城镇化因素

关于高温热浪产生的机理，除了自然因素外，城镇化及其所引发的"热岛效应"也是影响高温热浪的重要因素（杨续超等，2015）。快速城镇化导致城市扩张和下垫面变化，产生了大量的人为热源（杨旺明等，2014），造成城市中热量吸收与释放失衡，从而影响近地层温度，使中心城区及近郊区气温升高 0.5～2℃（季崇萍等，2006；郑祚芳等，2012），大大增加了发生热日和暖夜的概率（任春艳等，2006；高红燕等，2009；崔林丽，2009）。这不仅影响高温热浪的剧烈程度，还在一定程度上影响高温热浪的空间分布与变化（谈建国等，2013）。北京、上海等大城市的热岛效应更为显著（谈建国等，2009；郑祚芳等，2012）。

（2）人为适应成为主要应对策略

应对高温热浪不仅是政府的重要议程，也是企业与个人的职责与义务，而以往研究中政府的作用被过度强调，个人与企业的作用经常被忽略。在主动应对高温热浪的过程中，亟须从企业角度探讨如何通过改进生产工艺、调整能源结构减少热源，以及如何加强防范、落实高温补贴与调整工作时间以维护职工身心健康。从个人角度，则应探讨如何提高居民尤其是脆弱性人群的防范意识，强化人体对高温的适应性和耐热性，如何防范高温中暑和提高对相关疾病的自我救助能力，以及如何合理使用空调、采用公共交通出行、最大限度减少人为热源等（谈建国等，2002，2004；刘建军等，2008）。

（3）风险感知成为研究热点

对高温热浪的风险感知水平是适应的前提，风险感知水平越高，采取适应行为的可能性越大（严青华等，2011）。然而，目前国内针对高温热浪感知与适应的研究成果并不多，仅对山东、广东、海南省的大学生与居民的感知，尤其是健康风险的感知与适应进行了探索性分析。其结果显示，民众对高温热浪的感知程度并不高（严青华等，2011；王金娜等，2012；许燕君等，2012；陈平等，2013），有78.6%的大学生认为我国热浪频次不断增加，但仅有39.7%的了解高温天气中保持健康的相关对策（王金娜等，2012）。海南省问卷调查研究显示，认为高温天气对自己健康危害较大和很大者分别占25.30%和4.23%，居民高温健康风险感知度较高者占29.53%（陈平等，2013）。另一项研究结果大体相似，仅有27.58%的居民认为高温天气对自己的健康危害较大（李旭东等，2013）。在广东省，只有38.11%的调查对象听说过高温热浪，其中农村地区仅为27.35%，从事农林牧渔业者仅为15.19%（许燕君等，2012）。

（4）人文学科交叉渗透

高温热浪不仅是一种极端气候现象，也是一种广义上的灾害，更是一个社会过程，需要从多学科的综合视角，尤其是自然科学与社会科学的交叉融合视角来研究。气候气象学当然是最基础的学科依托，擅长于分析高温热浪的事实、特征与机理，这方面成果也最为丰硕（史军等，2009；叶殿秀等，2013）。与之密切相关的是大气物理学，一般用于分析高温热浪产生的机理，如通过对对流层至平流层大气变量的物理分解来预警高温热浪事件（钱维宏等，2012），或通过陆－气耦合分析高温热浪发生的物理机制（张井勇等，2011）。地理学则在高温热浪的空间分布以及对城镇化等人文因素的响应方面有独特的优势，如中国区域温度变化的时空特征（王艳姣等，2013）与杭州湾北岸持续高温热浪对城镇化的响应等（崔林丽，2009；叶殿秀等，2013）。公共卫生学专注于健康影响，在研究高温热浪对死亡率及发病率的影响方面有不可替代的作用。社会学与人口学主要从社会公平角度探讨高温热浪的影响，并运用社会脆弱性评估关注脆弱性群体，且通常采用问卷调查方法（许燕君等，2012）。心理学擅长于对高温热浪的感知分析，如热带海岛地区居民对高温天气健康风险的感知分析（陈平等，2013），大学生对高温热浪风险的感知分析等（许燕君等，2012）。需要指出的是，上述各学科不是孤立的，而是在研究过程中相互补充、相互融合

（谈建国等，2008b），从多视角共同探究高温热浪。

1.5.3.3　未来研究热点展望

结合国际上研究热点以及参考"国际全球环境变化人文因素计划"的经验，未来以下若干领域将成为高温热浪的研究热点。

（1）主动性适应

居民有效的适应可以大大降低高温热浪的负面影响，然而与高温热浪的事实、特征与机理分析相比，高温热浪的人为适应研究相对不足，往往只是作为上述内容的补充，鲜有学者从政府或个人的角度进行系统研究。事实上，适应高温热浪本身的涵盖面很广，包括高温热浪立法（如高温补贴等）、高温热浪应急体系（如预警监测系统、评估报告制度、应急协同预案等）、基础设施与公共服务设施（如供水、供电和通信系统等）、规划调控（如城市风道、绿道与林荫道、纳凉点、屋顶绿化与垂直绿化等）、建筑设计和技术等。值得注意的是，空调能够有效减少高温热浪的影响，同时也是人为热源，会增加能源消耗，加剧城市热岛效应，违背可持续发展的原则。如何科学使用空调是将来人为适应研究的一个重要课题。

（2）脆弱性评估

从 IPCC 的第三次评估报告出炉时起，脆弱性定义已被广泛认同和采纳：一个自然的或社会的系统容易遭受来自气候变化（包括气候变率和极端气候事件）的持续危害的范围或程度，是系统内的气候变率特征、幅度和变化速率及其敏感性和适应能力的函数（IPCC，2001）。在此框架内，国内学者尝试从脆弱性评估视角探讨高温热浪（杨红龙等，2010），提出未来需要将城市居民健康作为承灾体（谢盼等，2015），纳入人口、产业、基础设施与公共服务设施等人文指标，借此丰富相关理论体系，全面准确评估高温热浪对人类社会的影响与危害，制定有效应对高温热浪的措施，减少高温热浪的负面影响。

（3）社区与农村

传统高温热浪研究多从全国、区域层面分析其时空特征与机理，尤其关注大城市，对中小城市的案例鲜有报道，对社区与农村的实证研究则基本无人涉及。作为基层的组织单位，社区受高温热浪影响最为直接，更易形成与落实应对高温热浪的措施，应当成为未来关注的对象。与此同时，农村往往被忽略。事实上，相对于城市，农村的经济社会发展相对滞后，农民的受教育程度相对不足，高温热浪暴露性更高，因而敏感性更大，适应性更弱，受到的健康影响更显著，尤其是高温热浪频发时间集中于农忙季节，给农业收成与农民身心健康造成很大的危害。因此，关注重点有必要从宏观区域转向微观的社区居民与农民，探讨高温热浪背景下的生计过程与策略，以微观农民生计视角丰富与验证宏观气候变化。

（4）脆弱性群体

高温热浪对老人、儿童、患病人群、贫困人群、户外工作者等脆弱性群体的威胁更严重（王丽荣等，1997；李永红等，2008；李芙蓉等，2009；谈建国等，2004）。在探讨高温热浪的影响时，现有文献一般将民众当作一个整体，忽略了人群内部的结构性差异，尤其是缺乏对老人、儿童、妇女、农民、流动人口、患病人群等脆弱性人群的人文关注。相对而言，这部分群体在生理机能、受教育程度、经济水平、职业特点等方面受高温热浪影响更大、适应能力更弱。关注高温热浪对脆弱性群体影响及其感知与适应，有助于帮助脆弱性人群采取恰当措施应对高温热浪的冲击，增进脆弱性人群与专家和决策人员的沟通，并为相关部门制定政策提供参考。

第二章　高温热浪的历史演变

本章摘要　基于历年逐日气温序列资料，本章采用气温倾向率、距平、高温相对变率等指标分析了近 60 年来福建省与福州市年平均气温、高温、极端气温以及高温热浪的时间变化特征与规律，并将福州市与全球气温变化进行关联分析，发现福建省尤其是福州市的上述指标均呈现显著上升趋势与全国、全球的变暖趋势基本一致。

气候变暖主要体现在平均气温升高、极端高温与高温热浪加剧等方面，事实上国际气候变暖的趋势已经被大量的科学证据所证实（IPCC，2013）。2003 年欧洲高温热浪事件后，对亚太地区、欧洲的研究成果更是呈井喷之势（Brabson，2002；Tank 等，2003；Luterbacher 等，2004；Stott 等，2004；Griffiths 等，2005；Nogaj 等，2006）。中国气候变暖的趋势总体与世界一致，局部区域，如西北、东北、华东、华中的研究成果基本上证实了本地区的平均气温、极端高温与高温热浪强度的提升与广度的拓展（任福民等，1998；冯妍等，2006；王鹏祥等，2007；孙凤华等，2008；张勇等，2008；史军等，2009；陈磊等，2011；王晓莉等，2012）。因此，有必要梳理下福建省与福州市的平均气温、极端高温与高温热浪变化趋势，并探讨其与全国乃至全球趋势的异同。

2.1　平均气温年际变化特征

2.1.1　平均气温总体变化

基于福州市历年逐日气温序列资料，发现 1953 ~ 2012 年福州市年平均气温增高趋势明显，其中 1998 年为年平均气温最高年份，达到 21.1℃，最低年份为 1976 年，为 19.1℃（见图 2 - 1）。福州市 1953～2012 年近 60 年间平均气温为 19.92℃，总体呈波动上升趋势。

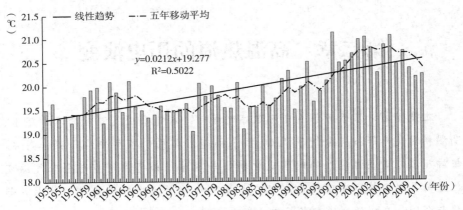

图 2 - 1　福州市年平均气温变动情况（1953～2012 年）

福州市气温以 0.21℃/10 年的平均升温速度，从 1953 年的 19.50℃增至 2012 年的 20.22℃。从年代际上说，20 世纪 50 年代福州市年平均气温为 19.47℃；60 年代平均气温上升 0.24℃，达到 19.71℃；70 年代出现研究期间的首次下降，较前 10 年减小了 0.11℃，达到 19.60℃；而后在 80 年代福州市平均气温再次上升，达到 19.65℃；90 年代起，福州市年平均气温上升幅度明显增大，比 80 年代末增加了 0.52℃，达到 20.17℃，并在 21 世纪最初 10 年继续上升了 0.55℃，增至 20.72℃。这较 20 世纪 50 年代平年均气温增加了 6.42%，是 1953 年以来最热的年代。整体上，除 20 世纪七八十年代相对于上一年代的增幅较小外，其余年代的增幅明显，特别是 20 世纪 90 年代及 21 世纪以来。

2.1.2　平均气温阶段性变化特征

结合五年移动平均曲线，1953～2012 年可划分为四个明显的气温变化阶段。其中第一阶段（1953～1971 年）与第二阶段（1972～1986 年）年平均气温出现周期性运动变化，阶段前后温差小（见图 2 - 1）；第三阶段为 1987～1996 年，气温开始出现明显上升趋势；第四阶段则为 1997～2012 年，福州市开始进入暖期，年平均气温升高趋势显著且每年均出现年平均气温正距平现象，与 1997 年之前的负距平时期形成鲜明的对比（1997 年之前以负距平为主，只出现 12 次正距平，见图 2 - 2）。

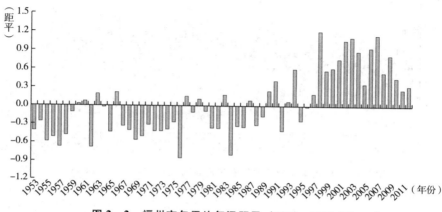

图 2 - 2　福州市年平均气温距平（1953 ~ 2012 年）

2.2　高温变化趋势与阶段特征

2.2.1　福建省高温变化趋势

据 1954 ~ 2014 年福建省 8 个标准气象站日最高气温资料（见图2 - 3），近 60 年，福建省日最高气温变化明显且呈现波动上升趋势；峰值集中于 2003 年，其中南平市的最高温达到强危害性高温水平的 41.8℃；87.7% 的日最高气温高于高温值（35℃），其中接近一半（42.5%）的日最高气温达到危害性高温水平（38℃）及以上，极少数（3%）甚至超过强危害性高温（40℃）。

2.2.2　福州市高温变化趋势

2.2.2.1　高温日数年际变化

福州市高温日数也表现出明显的波动上升趋势，从 1953 年的 16 天逐渐增加至 2012 年的 25 天，其中 1991 年与 2003 年的高温日数分别高达 60 天与 63 天，而 1965 年、1973 年及 1997 年分别为 6 天、5 天及 9 天，远低于 60 年间 28.13 天的平均高温日数（见图 2 - 4）。

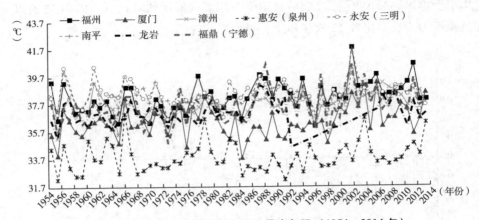

图 2 - 3　福建省 8 个标准气象站日最高气温（1954～2014 年）

资料来源：根据福建省 8 个标准气象站 1954～2014 年日最高气温统计资料绘制。

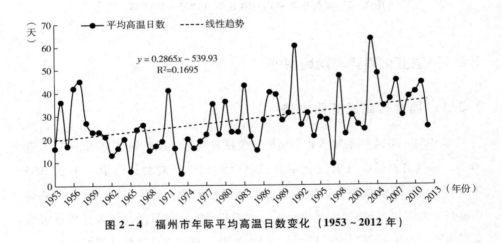

图 2 - 4　福州市年际平均高温日数变化（1953～2012 年）

2.2.2.2　平均高温日数阶段变化

从年代际来看（见表 2 - 1），在经历 20 世纪 60 年代常年高温日数低值（18.1 天）之后，福州市年代际平均高温日数呈逐年上升趋势，从 20 世纪 70 年代的 21.7 天增至 21 世纪最初 10 年的 37.5 天。

通常用每 10 年内逐年高温频数与平均频数的加权平均值作为相对变率，来表征高温频率的稳定性。由 1953～2012 年福州市年代际高温相对变率（见图 2 - 5）分析可得，福州市年代际平均高温日数与年代际平均高温日相对变率总体上呈负相关关系，即当年平均高温日数较大时，平均高温日数相对变率较小。同时，根据相对变率计算结果，福州市在 20 世纪 70 年代与 90 年代的高温日数变化相对明显，地区出现高温酷暑现象的频率相对较高，其余年代的高温日数相对变率变化不大，如 20 世纪 50 年代与 21 世纪最初 10 年。然而，21 世纪最初 10 年平均高温日数已达到 37.5 天，明显高于 20 世纪 50 年代（29.4 天），这表明 21 世纪初高温现象已进入常态化。

表 2 - 1　福州市年代际平均高温日数变化

年　代	高温日数均值（天）	相对变率（%）
20 世纪 50 年代	29.4	29.50
20 世纪 60 年代	18.1	32.46
20 世纪 70 年代	21.7	38.25
20 世纪 80 年代	29.6	33.45
20 世纪 90 年代	30.4	38.98
21 世纪最初 10 年	37.5	29.33

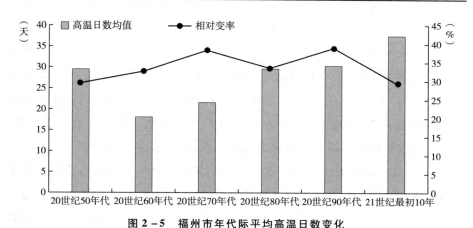

图 2 - 5　福州市年代际平均高温日数变化

2.3　极端高温变化

在剔除错误值的基础上，从低到高升序排列 1953～2011 年福州市逐日最高温度，选取第 95 个百分位值定义福州站该年的极端高温阈值，由此统计出福州站近 60 年来的历年极端高温阈值，再以 60 年极端高温阈值时间序列的平均值作为福州站的极端高温阈值。如果某日最高气温超过极端高温阈值，则认为该日发生极端高温事件。

如果某气象要素有 n 个值，将这 n 个值按升序排列，得到 X_1，X_2，$\cdots$，X_m，$\cdots$，X_n，则某个值小于序号为 m 对应的事件出现的概率。

$$P = （m - 0.31）/ （n + 0.38） \qquad (2-1)$$

式 2 - 1 中 m 为排列序号，n 为气象要素的个数。第 95 个百分位即 $P =$ 95% 时对应的 X_m 值。

在确定福州站极端高温事件阈值的基础上，统计福州市 1953 ~ 2011 年逐年极端高温日数和强度并建立时间序列，运用线性趋势、相关系数、累积距平和 9 年滑动平均检验等方法对极端高温天气的时间变化进行分析。

2.3.1 极端高温阈值年际变化

1953 ~ 2011 年福州市极端高温阈值的年际变化情况如图 2 - 6 所示，福州市极端高温阈值变动介于 34 ~ 38℃，最低极端高温阈值出现在 1965 年与 1997 年，最高极端高温阈值出现在 2003 年。多年极端高温阈值平均值是 35.6℃，比国家高温标准高 0.6℃。显著性检验表明福州市极端高温阈值在整个变化过程中，虽有波动，但总体呈现极显著的上升趋势，增幅为 0.228℃/10 年 （$R^2 = 0.2214$）。9 年滑动平均值变化曲线表明，福州市的极端高温阈值在 20 世纪 60 年代初至 70 年代中期有所下降，此后气温上升，在 20 世纪 90 年代有短暂降温过程出现，2000 年后增温趋势显著。1953 ~ 1977 年极端高温阈值年均值为 35.12℃；1978 ~ 1999 年极端高温阈值年平均值为 35.74℃，比 1953 ~ 1977 年增加 0.62℃；2000 ~ 2011 年极端高温阈值平均值为 36.33℃，比 1978 ~ 1999 年增加 0.59℃，阈值强度增强；2003 年历年最高阈值出现，达到 38℃。

2.3.2 极端高温阈值发生日期变化

以近 60 年的 9 年极端高温阈值时间序列的平均值作为福州站的极端高温阈值，如果某日最高气温超过极端高温阈值，则认为该日发生极端高温。图 2 - 7 为 1953 ~ 2011 年福州市历年极端高温事件最早发生日期和最晚发生日期的变化情况，近 60 年来福州市极端高温事件最早发生日期提前，且提前趋势愈发显著，增幅高于 5.7 天/10 年，1963 年极端高温最早发生日期为 8 月 23 日，到了 2011 年极端高温最早发生日期则为 4 月 27 日，两者相差 118 天。同时，极端高温最晚发生日期不断推后，幅度为 3.4 天/10 年，推后的幅度小于最早发生日期。极端高温最晚发生日期在 7 月 21 日，在 1983 年推迟到 10 月 5 日。此外，极端高温事件最早发生日期与最晚发生日期之间呈较强负相关关系（Pearson 相关系数为 −0.9153），通过 a = 0.05 显著性水平检验。最早最晚日期间的时间跨度以大于 9 天/10 年的增幅显著上升，福州市极端高温事件发生的年内时间跨度越来越大。

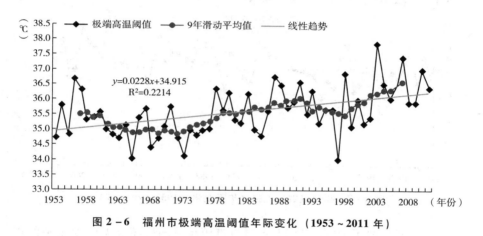

图 2−6 福州市极端高温阈值年际变化（1953~2011 年）

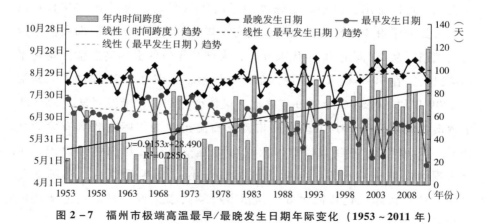

图 2−7 福州市极端高温最早/最晚发生日期年际变化（1953~2011 年）

2.3.3 极端高温强度年际变化

以超过阈值的极端高温的平均值来表示极端高温的强度，均值越大，强度越强。图 2 - 8 为 1953～2011 年历年平均极端高温强度年际变化，极端高温强度范围在 35.9℃～37.77℃，总体上极端高温强度呈波动上升趋势，增幅为 0.084℃/10 年（$R^2 = 0.1547$）。强度最小的极端高温为 1970 年的 35.9℃，2003 年出现了近 60 年来最严重的高温热浪，强度最强，高达 37.77℃。

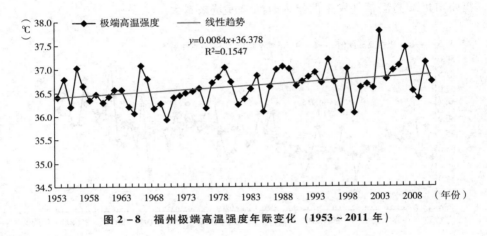

图 2 - 8 福州极端高温强度年际变化（1953～2011 年）

图 2 - 9 反映了 1953～2011 年福州市历年平均极端高温强度距平的逐年变化，可以看出，极端高温强度距平的年际变化较为明显。1978 年以前，大部分年份均在平均值以下，仅有 5 年为平均值以上，极端高温强度表现较弱。从 20 世纪 70 年代末开始，大部分年份的极端高温强度均在平均值以上；在 90 年代末又有两次低于平均值，分别是 1997 年的 -0.54℃ 与 1999 年的 -0.58℃；2000 年之后，极值变化加大，增温明显，2003 年出现最大的距平值 1.13℃。福州市夏季高温出现的年际变化具有阶段性特征，即 20 世纪 80 年代以前，低（高）值一般在几年内连续出现，主要表现为低值连续出现，年际数值相差较小；80 年代以后，年际变化明显。就年代际变化特征而言，福州市极端高温强度与极端高温阈值的变化基本一致。

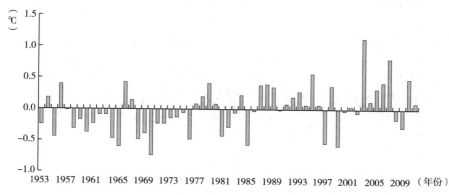

图 2 - 9　福州市极端高温强度距平（1953 ~ 2011 年）

2.3.4　极端高温年际变化阶段性特征

图 2 - 10 给出了福州市 1953 ~ 2011 年的历年极端最高气温，从中可以看出福州市历年极端最高气温均大于 35℃，变动幅度在 36.3℃ 到 41.7℃ 之间，平均值为 38.13℃，其中最大值为 2003 年的 7 月 26 日，最小值出现在 1965 年 7 月 24 日与 1970 年 7 月 1 日，历年极端最高气温以 0.263℃/10 年的线性倾向率增加（$R^2 = 0.1737$），超过近 60 年全球平均气温的上升趋势（约 0.09℃/10 年）。1953 ~ 1977 年 25 年的极端最高气温明显较低，平均值为 37.55℃，比整体平均值低 0.58℃，仅有 5 个年份极端最高气温超过平均值，2 个极端最高气温最小值均出现在此时间序列里。在 1978 ~ 1999 年 22 年里极端最高气温有所升高，平均值为 38.34℃，比整体平均值高 0.21℃，超过整体最高气温平均值的年份有 13 个，占该时间序列的 56.52%。2000 ~ 2011 年 12 年间极端最高气温上升明显，平均值达到 38.93℃，高于整体平均值 0.80℃，在 12 年间有 10 个年份极端最高气温超过整体平均值，表明近 18 年来，福州市极端最高气温明显上升。

2.3.5　极端高温日的月、旬分布

图 2 - 10 反映了福州市 1953 ~ 2011 年极端气温阶段性变化情况，其中，出现极端最高气温的时间集中在 7 ~ 8 月。有个别年份极端最高气温发生在 9 月份，分别是 1986 年、1993 年、1995 年三个年份。

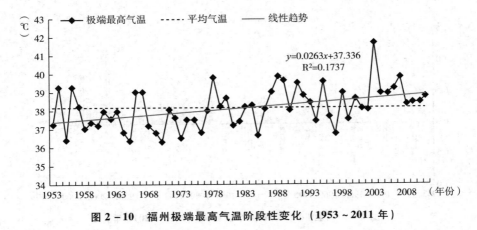

图 2 - 10　福州极端最高气温阶段性变化（1953 ~ 2011 年）

1953 ~ 2011 年各月各旬累计出现的极端高温日数见表 2 - 2，福州市极端高温日在 4 ~ 10 月都可能出现，最早出现在 4 月 27 日（2011 年），最晚出现在 10 月 5 日（1983 年）。

表 2 - 2　福州市极端高温日的月、旬分布（1953 ~ 2011 年）

月份	上旬（日次）	中旬（日次）	下旬（日次）	月合计（日次）	占总日数百分比（%）
4 月	0	0	1	1	0.09
5 月	2	0	7	9	0.81
6 月	9	23	74	106	9.58
7 月	171	213	201	585	52.85
8 月	134	128	94	356	32.16
9 月	35	13	1	49	4.43
10 月	1	0	0	1	0.09
合计	352	377	378	1107	100.00

极端高温日在 7 月份出现最多，累计出现 585 次，占极端高温日总数的 52.85%；其次是 8 月份，累计出现 356 次，占极端高温日总数的 32.16%；6 月份累计出现 106 次，占极端高温日总数的 9.58%；9 月份累计出现 49 次，所占比例为 4.43%；4 月、5 月、10 月三个月仅出现 11 次，占总日数的 0.99%。由此可见，7、8 月份是极端高温日频发月份，6、9 月份次之，

4、5、10 月份只在少数年份偶发。具体到旬分布，主要集中在 7 月中、下旬和 8 月上、中旬，累计出现 676 次，占总数的 61.07%。

2.4 高温热浪变化

2.4.1 福建省高温热浪

2.4.1.1 福建省高温热浪频次阶段变化与区域差异

总体而言，福建省 1954～2015 年的高温热浪频次呈现先缓慢递减后增长的趋势特征（见图 2-11），总体趋势与全国夏季平均高温热浪频次变化趋势一致（叶殿秀，2013）；20 世纪 50 年代中期到 60 年代末期呈现递减趋势，70 年代初期到 90 年代呈现缓慢增长趋势，2000 年以来高温热浪频次显著增加。分阶段而言，20 世纪 50 年代中期到 60 年代末期平均高温热浪频次变化较为平稳，平均频次在 1.1～3.0 次波动；70 年代初期到 90 年代福建省平均高温热浪频次波动较大，在 0.4～4.3 次波动；2000 年以来，福建省平均高温热浪频次波动幅度比前一个时期小，但增加幅度较大，其中 3 个年份（2003 年、2008 年、2010 年）达 4.1 次，2014 年达 5.0 次。

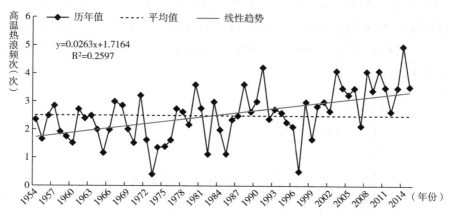

图 2-11　福建省 8 个气象站平均高温热浪频次历年变化（1954～2015 年）

1954～2015 年福建省 8 个气象站，除泉州市的惠安站没有出现连续 3 天及以上的高温天气外，其余 7 个气象站都出现了高温热浪天气，且 1954～

2014年大部分地区高温热浪频次较高，尤其是福州、永安、南平三市（见图2-12）。1965年、1973年、1982年、1985年、1997年属于高温热浪发生频次较低时期，7个气象站的高温热浪频次比其他年份要低很多。2014年，3个偏内陆地区的气象站点都出现60年来的高温热浪频次峰值，其中，永安市达10次、南平市达8次、龙岩市达5次；其他几个地区峰值出现年份较分散，分别出现在福州市（1991年）、厦门市（1977年）、漳州市（2008年）、宁德市（2003年）。3个沿海地区（福州、漳州、宁德）频次上升趋势更为明显。福州市20世纪60年代到70年代的高温热浪频次较少，且出现3次0频次的情况，分别为1965年、1970年、1973年；20世纪90年代高温热浪频次波动较大，1991年出现高温热浪频次峰值8次；2000年以来，高温热浪频次波动较小但仍呈现上升趋势。厦门市高温热浪集中发生在20世纪70年代、80年代以及2000年以后，其余时段没有出现高温热浪天气。漳州市在1990年、2003年、2008年、2014年高温热浪频次偏多；2000年以来，高温热浪频次增加明显，大都大于均值3次/年，峰值也出现在2008年（10次）。永安市的高温热浪发生频次呈现周期性波动、保持在较高频次；峰值出现于2014年（10次）。南平市20世纪90年代高温热浪频次波动较大，极大值（8次）和极小值（1次）均位于该时段内；2000年以后在较高频次上渐趋平稳，并呈波动上升趋势。龙岩市高温热浪频次较为平稳，变化幅度较小。福鼎市高温热浪频次峰值出现于2003年（6次），次高峰值出现于1988年、1991年、2013年，分别为4次，频次的上升趋势明显。

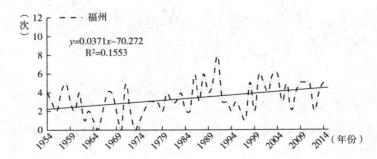

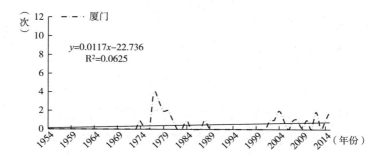

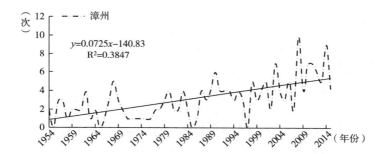

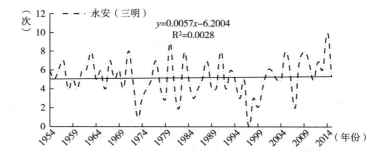

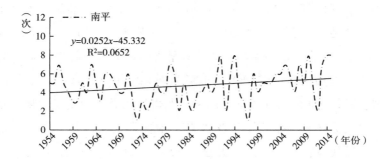

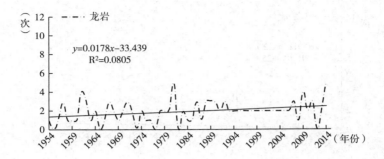

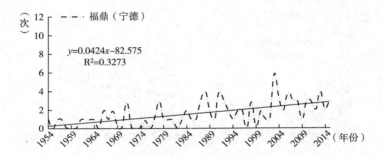

图 2 - 12 福建省 7 个气象站高温热浪频次演变规律（1954～2015 年）

2.4.1.2 福建省高温热浪持续天数阶段变化及区域差异

总体而言，福建省年平均高温热浪总天数变化趋势与高温热浪频次变化趋势基本一致，呈先递减后增加并波动上升趋势（见图 2 - 13）。20 世纪 50 年代末期、70 年代初期呈现递减趋势，70 年代中期、21 世纪初期呈现缓慢增长趋势，21 世纪以来高温热浪年平均总天数显著增加。

就不同区域而言，除惠安县由于高温热浪频次为 0，高温热浪总天数也为 0 外，其余地区高温热浪总天数均较长（见图 2 - 14）。3 个沿海地区（福州、漳州、宁德）的高温热浪总天数呈现明显的上升趋势，尤其是 2000 年以来总天数增加明显，其中漳州市最为明显、福州市次之、宁德市趋势相对平缓；3 个内陆地区（永安、南平、龙岩）的总天数则呈平稳波动，其中南平市总天数在较高水平上平稳波动，永安市次之，龙岩市虽呈现平稳波动但总天数较少；厦门地区总天数在 20 世纪 70 年代到 80 年代居多，90 年代持续高温热浪频次为 0，2000 年以来持续天数分布较均匀。

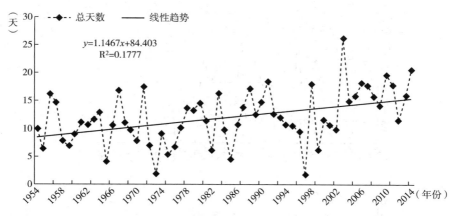

图 2 – 13　福建省 8 个气象站平均高温热浪总天数历年变化（1954～2015 年）

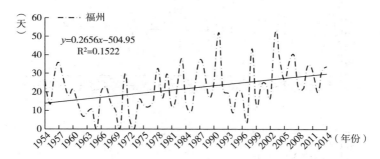

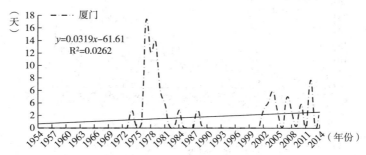

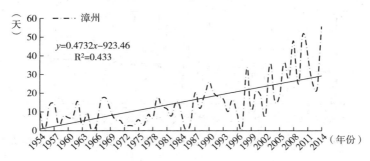

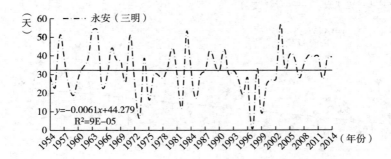

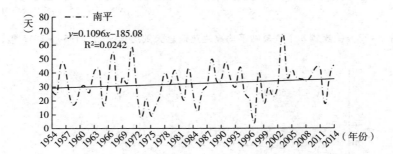

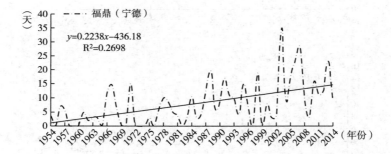

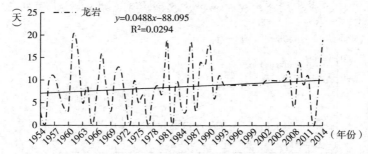

图 2 - 14　福建省 7 个气象站高温热浪总天数演变规律（1954 ~ 2014 年）

2.4.2 福州市高温热浪

2.4.2.1 高温热浪频次

1961~2014年，福州市高温日数共计1405天，平均每年26天，其中年高温日数最多达52天（2003年），最少为9天（1973年）。1980年以前的高温日数大部分处于多年平均值之下，1980年之后高温日数则大多高于平均值，并在20世纪90年代初期、90年代后期、21世纪初期形成高值（见图2-15）。

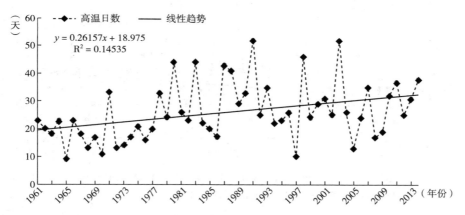

图2-15 福州市夏季高温日数历年变化（1961~2014年）
资料来源：中国气象数据网1961~2014年福州市气象数据。

而在福州市50余年的高温日中，72.95%的为3天及以上的高温热浪过程。其中，高温热浪年最高频次为8次（1988年），其次为6次（1991年、1998年），最少为0次（1970年），多年平均次数为3.13次。总体而言，高温热浪出现频次呈上升趋势，且在80年代末期、90年代末期与21世纪初期达到频次较多阶段，整体趋势与高温日数变化基本一致（见图2-16）。

2.4.2.2 高温热浪强度变化

基于高温热浪指数，笔者选取炎热程度和持续时间对高温热浪强度进行分析（见图2-17）。炎热程度表现为：169次高温热浪过程中包含重度高温热浪 18 天、中度高温热浪 200 天，以及轻度高温热浪 808 天。持续时间特征表现为：出现 ≥5 天的高温热浪过程 97 次，≥7 天的高温热浪过程 71 次，≥10 天的高温热浪过程 24 次。总体而言，年均高温热浪指数呈逐步上升趋势，并在 60 年代中期、80 年代末期、90 年代初期以及 21 世纪初出现高值。其中，高温热浪强度最高的年份为 2003 年，年高温热浪天数达 52 天，年均高温热浪指数达 7.29，达到中度高温热浪水平。其中，最强的高温热浪过程持续了 24 天，最高高温热浪指数达 14.31，远超重度热浪指数阈值（10.5）。

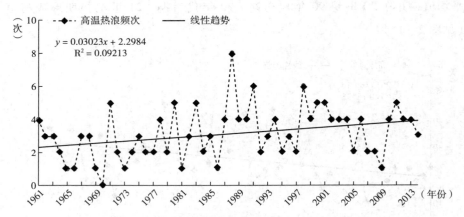

图 2 - 16　福州夏季高温热浪频次历年变化（1961 ~ 2014 年）
资料来源：中国气象数据网 1961 ~ 2014 年福州市气象数据。

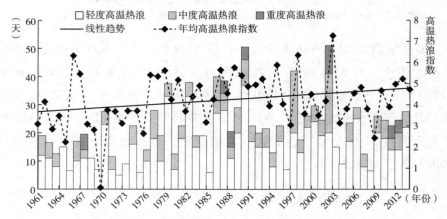

图 2 - 17　福州市夏季高温热浪强度及天数历年变化（1961 ~ 2014 年）
资料来源：中国气象数据网 1961 ~ 2014 年福州市气象数据。

2.4.2.3 高温热浪频次与强度阶段变化

高温热浪发生具有显著的阶段性特征（见表2-3）。就高温热浪发生频次而言，50年来福州市高温日数、高温热浪频次、高温热浪日数整体均呈上升趋势，与20世纪60年代相比，近年来高温热浪日数上升了10多天。尽管在20世纪90年代和21世纪初高温热浪频次有所下滑，但总体而言，20世纪80年代以来高温热浪发生频次皆高于多年均值。

表2-3 福州市1961～2014年夏季高温热浪发生频次

年代/年份	1961～1970	1971～1980	1981～1990	1991～2000	2001～2010	2011	2012	2013	2014	均值
平均高温日数（天）	16.3	22.8	28.0	26.8	35.0	37.0	25.0	31.0	38.0	26.0
平均高温热浪日数（天）	11.0	16.6	23.1	22.5	20.9	21.0	19.0	21.0	24.0	19.0
平均高温热浪次数（次）	2.1	2.8	3.5	3.7	3.2	5.0	4.0	4.0	3.0	3.1

资料来源：根据中国气象数据网1961～2014年福州市6～8月气象数据整理所得。

高温热浪强度趋势与频次趋势基本吻合，除20世纪90年代至21世纪初有所下滑以外，基本呈上升趋势（见表2-4）。其中轻度热浪发生日数明显增加，20世纪60年代年均8.8天，到80年代就已增加至年均18.4天，至2014年达22天。重度热浪的发生频次也有所增加，19世纪80年代以前年均发生日数不超过0.2天，而21世纪初则增加至年均1天。由此可见，福州市高温热浪的发生频次和强度，均呈上升趋势。

表2-4 福州市1961～2014年夏季高温热浪发生频次

年代/年份	1961～1970	1971～1980	1981～1990	1991～2000	2001～2010	2011	2012	2013	2014	均值
平均高温热浪指数	3.33	4.10	4.68	4.62	4.20	3.89	4.98	5.24	4.66	4.23
轻度热浪（天）	8.80	13.70	18.40	17.10	16.00	18.00	14.00	14.00	22.00	14.96
中度热浪（天）	2.00	2.90	4.40	5.30	3.90	3.00	4.00	6.00	2.00	3.70
重度热浪（天）	0.20	0.00	0.30	0.00	1.00	0.00	0.00	1.00	0.00	0.33

资料来源：根据中国气象数据网1961～2014年福州市6～8月气象数据整理所得。

2.5 福州市与全球气温变化的关联

为揭示全球变暖环境下福州市气温变化及其之间的相互关系，笔者对全球与福州市年均气温进行了拟合（为便于比较，对两者均进行 0 与 1 的标准化处理）。由图 2-18 可知，1953～2012 年全球与福州市年均气温均呈明显的上升波动趋势，两者的平均气温分别为 0.47℃ 与 0.42℃。升温率分别为 0.14℃/10 年与 0.10℃/10 年，两者基本持平。在 1974 年后，全球气温上升率明显高于福州市，两者相应气温增幅分别为 0.15℃/10 年与 0.62℃/10 年，且两者气温增减波动走向几近一致，特别是在 1997～2004 年。结合以上分析，全球变暖背景下，福州市年均气温与全球气温出现了同步的增减变化，均呈波动上升趋势，当地的气温变化与全球环境存在明显相关性，未来也将出现一定的上升趋势。

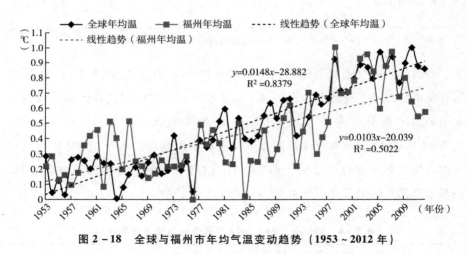

图 2-18　全球与福州市年均气温变动趋势（1953～2012 年）

2.6 本章小结

本章基于逐年（日）气温数据，分析近 60 年福建省与福州市气温、高温、极端高温与高温热浪的变化趋势与阶段性特征，系统地从时间尺度上揭示其历史演变规律，并探讨其与全国乃至全球趋势的异同。主要结论如下。

　　近 60 年，福州市常年平均气温为 19.92℃，平均升温率为 0.21℃/10
年，呈波动上升趋势。21 世纪最初 10 年较 20 世纪 50 年代年平均气温上升
了 6.42%，为 1953 年以来最热的年代。1998 年为福州市年平均气温最高的
年份（21.1℃），最低年份为 1976 年（19.1℃）。1997 年开始进入显著变暖
期，与 1997 年之前的负距平时期形成鲜明对比。

　　近 60 年，福建省日最高气温呈现明显波动上升趋势，峰值集中于 2003
年前后。福州市高温日数表现出明显上升趋势，从 1953 年的 16 天逐渐增加
至 2012 年的 44 天，21 世纪初频繁的高温现象已进入常态化。

　　福州市极端高温阈值虽有波动，但总体呈显著上升趋势。极端高温最
早发生日期提前，最晚发生日期推后，高温发生的年内时间跨度越来越大。
极端高温各指标时间序列特征存在相似的变化趋势，1953~1977 年基本处
于偏低水平，1978~1999 年波动上升，20 世纪 90 年代末有短暂下降，2000
年后趋势增强明显。高温热浪频发于 7~8 月份。

　　福建省高温热浪频次呈现先缓慢递减后增长的趋势特征，总体趋势与
全国平均夏季高温热浪频次变化趋势一致，不同区域呈现不同的特点。福
州市高温热浪发生频次和强度都呈上升趋势，就高温热浪频次而言，1961~
2014 年，共出现高温日数 1405 天，年高温热浪次数最多为 8 次，就高温热
浪强度而言，轻度高温热浪天数 808 天，中度高温热浪天数 200 天，重度高
温热浪天数 18 天。

　　近 60 年，全球与福州市年均气温均呈波动上升趋势，两者气温增减波
动走向一致，特别是在 1997~2004 年。

第三章　地面亮温的空间格局

本章摘要　本章利用 Landsat TM/OLI 遥感影像反演福州中心城区亮温，重点关注福州市中心城区高温形态结构、影响范围及扩展态势。中心城区在 1991～2013 年的地面亮温平均值逐渐上升，城市热岛现象呈中心向外围及沿江扩张态势；城区亮温在东西、南北方向上均呈现由低到高、由中部向两侧扩散的增温趋势，其中北部与西部波动频率、幅度较高；不同空间密度、纹理及开发强度的地区，其地表亮温不同；商业区高温并不低于工业区，自然环境对地区的降温起着积极作用；2013 年福州中心城区的热岛范围达到 361.8 平方千米，占整个研究区的 27.69%；高温区变化最为迅速，中心城区亮温出现"两极分化"及等级差异。

3.1　研究方法与数据处理

3.1.1　影像处理

考虑到云层遮挡、遥感影像质量及数据可获取性等因素，本研究选择 1991 年 8 月 24 日、2000 年 6 月 29 日及 2013 年 8 月 4 日气象条件较为相似的这三日的遥感影像进行地表亮温反演。1991 年 8 月 24 日与 2000 年 6 月 29 日的遥感影像由 Landsat 5 TM 卫星获取，除第六波段（B6）分辨率为 120m 外，其余波段（B1～B5，B7）分辨率为 30m；2013 年 8 月 4 日遥感影像由 Landsat 8 OLI 卫星获取，除第八波段（B8）分辨率为 15m，第十、十一波段（B10、B11）分辨率为 100m 外，其余波段分辨率为 30m。为便于面积计算，所有遥感影像均转换至西安 80 投影坐标系。

3.1.2 亮温反演

由遥感影像反演地表温度和亮温是研究地区热场的常用方法，但地表温度的反演相对繁杂，计算变量、因子较多，部分参数不易获取。亮温反演算法相对简单，其与实际地表温度、气温关系紧密。利用地面亮温可以基本反映地表温度场的空间分布与强弱对比等信息。

（1）辐射定标

将 Landsat 5 TM 遥感影像上 B6 波段（Landsat 8 OLI 为 B10 波段）的 DN 灰度值（光谱亮度）转换为辐射亮度，其定量关系为（伍卉等，2010；马伟等，2010）：

$$L_\lambda = L_{min(\lambda)} + \left[L_{max(\lambda)} - L_{min(\lambda)} \right] Q_{dn} / Q_{max} \qquad (3-1)$$

式中，L_λ 为 Landsat 卫星传感器所接收到的光谱辐射强度（$W \cdot m^{-2} \cdot Sr^{-1} \cdot \mu m^{-1}$），$Q_{dn}$ 为像元 DN 灰度值，Q_{max} 为遥感影像上像元最大的 DN 灰度值，即 $Q_{max} = 255$，$L_{max(\lambda)}$ 为传感器所接收到的最大辐射强度（$W \cdot m^{-2} \cdot Sr^{-1} \cdot \mu m^{-1}$），$L_{min(\lambda)}$ 为传感器所接收到的最小辐射强度（$W \cdot m^{-2} \cdot Sr^{-1} \cdot \mu m^{-1}$）。式中各参数可分别从影像数据的头文件中获取。

（2）亮温计算

$$T = \frac{K_2}{\ln(1 + K_1 / L_\lambda)} - 273.15 \qquad (3-2)$$

式中，T 为由遥感影像反演出的地面亮温，单位为℃，K_1 和 K_2 为系数常量，对于 Landsat 5 TM 影像，$K_1 = 60.776\ W \cdot m^{-2} \cdot Sr^{-1} \cdot \mu m^{-1}$，$K_2 = 1260.56\ W \cdot m^{-2} \cdot Sr^{-1} \cdot \mu m^{-1}$。对于 Landsat 8 OLI 影像，$K_1 = 77.489\ W \cdot m^{-2} \cdot Sr^{-1} \cdot \mu m^{-1}$，$K_2 = 1321.08\ W \cdot m^{-2} \cdot Sr^{-1} \cdot \mu m^{-1}$。

3.1.3 其他信息提取

（1）地表植被

地表植被通过与地面、大气间的能量、水汽等进行交换调节，能改变地表能量平衡，进而影响地表温度。归一化植被指数（NDVI）在植被指数与地表温度关系的研究中，是应用最为广泛的指数之一（马伟等，2010），其与植物绿叶的生物量有很明显的相关性（黄荣峰等，2005），能表示当地植被的茂密程度。通过分析其与地面热场的相互关系，探讨影响福州市高温环境的驱动因素，相应计算公式为：

$$NDVI = （NIR - Red） / （NIR + Red）\qquad(3-3)$$

式中，NIR、Red 分别为 B4、B3 波段，为 Landsat 5 TM 影像相应波段的 DN 值，Landsat 8 OLI 遥感影像对应为 B5、B4 波段。$NDVI$ 值越大，表明地表越接近于完全的植被叶冠覆盖；$NDVI$ 值越小，越接近于完全裸土；介于植被与裸土之间时，则表明有一定比例的植被叶冠覆盖和一定比例的裸土（覃志豪等，2004）。

（2）地表非渗透面

城镇化过程中，大量的水泥/沥青道路、建筑物等非渗透性表面将改变地区原有自然景观的地表结构，阻碍地表与上层大气的水热循环，使得城市内部平均气温与郊区相差较大。研究表明非渗透性表面与地表温度间存在显著相关关系，且不随季节发生变化（查勇等，2003）。归一化建筑指数（NDBI）能很好地表征城市地表，解释地表温度与 $NDBI$ 间存在的线性分布规律（历华等，2009）。相应计算方法如下（吴宏安等，2005）：

$$NDBI = （MIR - NIR） / （MIR + NIR）\qquad(3-4)$$

式中，NIR 表示近红外波段，MIR 表示中红外波段，分别为 Landsat 5 TM 影像的 B4、B5 波段，Landsat 8 OLI 遥感影像对应 B5、B6 波段。$NDBI$ 值越高，土地表面的非渗透性程度越强。

（3）水域环境

地面高温环境除了与地表植被、建筑等土地覆盖类型相关外，还与地区水域环境存在一定的关联性。基于前人研究结果（徐涵秋，2005），利用改进的归一化差异水体指数（MNDWI）进行福州中心城区水域环境信息的提取。具体公式为（夏俊士等，2010）：

$$MNDWI = （Green - MIR） / （Green + MIR）\qquad(3-5)$$

式中，$Green$ 为绿光波段，对应 Landsat 5 TM 影像的 B2 波段，MIR 为中

红外波段，对应 Landsat 5 TM 影像 B5 波段。对于 Landsat 8 OLI 影像，两者分别对应 B3、B6 波段。地表温度与改进型水体指数呈显著负相关，水体分布少的地区（特别是建成区）地表温度相对较高。

3.2 福州中心城区地面亮温空间变化

根据前述亮温反演公式，分别计算福州中心城区 1991 年、2000 年及 2013 年的地面亮温。相应亮温分布范围分别为 19.34 ~ 32.73℃、21.60 ~ 38.35℃以及 25.30 ~ 42.06℃，平均值从 1991 年的 26.15℃上升至 2000 年的 30.15℃，再增至 2013 年的 32.89℃（见表 3 - 1），增幅分别为 4.0℃以及 2.74℃。由此可见，近年来福州市地面亮温呈现明显升高趋势，特别是 20 世纪 90 年代后的趋势更为明显。

表 3 - 1 福州市中心城区地面亮温统计

单位：℃

时　间	最小值（min）	最大值（max）	平均值（avg）
1991 - 08 - 24	19.34	32.73	26.15
2000 - 06 - 29	21.60	38.35	30.15
2013 - 08 - 04	25.30	42.06	32.89

从图 3 - 1 可看出 1991 年福州中心城区城市热岛现象的辐射范围较小。主要高温区集中在福州市老城区（鼓楼、台江、仓山及晋安四区）以及闽侯县与仓山区交界地带。其中，闽侯县与仓山区交界地带的高温区主要由上街镇至乌龙江湿地公园一带的黄土沙地产生。中心老城的高温区则与其建设用地（闽江北支以北的河谷盆地）空间分布范围相一致，是福州主城区最大的城市热岛特征区，与周围低温区域形成明显对比。此外，福州马尾区及其他地区呈现范围较小的局部高温特征，主城区的低温区域主要分布于海拔较高的山地地区。

2000 年，福州市高温区域在 1991 年的基础上进一步扩展，中心城区的温度明显高于 1991 年热岛中心温度。老城区中的台江区几乎全境、鼓楼区大部分区域、晋安区南部及仓山区中部地区成为城市热岛效应覆

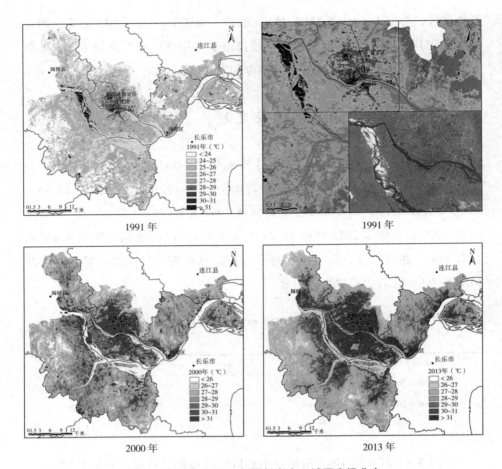

1991 年

1991 年

2000 年

2013 年

图 3 - 1 1991 ~ 2013 年福州市中心城区亮温分布

盖区域，与 1991 年相应地区的低温区形成鲜明的反差。上述地区平均温度均在 30℃以上，最高可达 38.35℃。此外，马尾区至台江区沿江一带地面亮温出现了明显的条带状高温集聚区。主城区东部的琅岐经济开发区、乌龙江南岸的南通镇、南屿镇以及尚干镇、青口镇、祥谦镇等地也出现了局部的热岛现象。主城区其余地区的平均温度均比 1991 年高出 2 ~ 3℃。

2013 年，福州市中心城区的热岛效应进一步加剧。在老城区中，除鼓楼区的金牛山、大腹山、五凤山与西湖公园，仓山区的高盖山、官产州、城门山与清凉山，以及晋安区金鸡山至寨顶山一带之外，老城区基本成为福州市热岛的核心区域。在其周围，西起闽侯县荆溪镇、上街镇（大学城），南至南屿镇、南通镇、青口镇与尚干镇等地，东抵马尾区及闽江出海口两岸，均出现了密集的高温覆盖区。总体上，2013 年的城市热岛现象呈中心向外及沿江发展态势，其高温扩展区域与近年来的福州市中心城区建设用地扩展范围基本相同。

3.3　福州中心城区地面亮温变化特征

3.3.1　剖面分析

为进一步分析福州市中心城区热场结构，笔者以 3 期遥感影像反演后的亮温数据为基础，利用东西与南北两个热场剖面揭示福州市中心城区不同时期的热场变化特征（见图 3 - 2）。

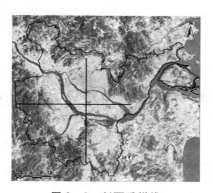

图 3 - 2　剖面采样线

3.3.1.1　东西向剖面采样

从亮温变化趋势来看，福州市中心城区亮温在 1991 年、2000 年及 2001 年的变化趋势基本相同（见图 3 - 3），从东至西均呈现走向几近一致的波动增减过程，也暗示出 1991 年以后福州中心城区每年的亮温均以一定的幅度不断上升。其中，闽江南支西岸的福州大学城始建于 2000 年，是福州市快速城镇化的典型建设工程，由图 3 - 3 可知该年亮温波动性相对于 1991 年明显增强。随后大学城的连片发展与 2013 年西侧其余地块亮温的上升也表明两者之间存在正向关联。闽江北支及南支的水域江心是整

个亮温采样区域中温差最明显的低谷区，两岸是福州市沿江住宅区的重要
开发地段，高层住宅区集中。该地段的亮温发展过程反映出 1991～2013
年沿江两岸土地开发的"西—东—西"的次序，且增温幅度明显高于福
州大学城地块。

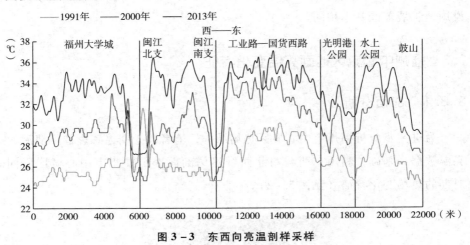

图 3-3　东西向亮温剖样采样

此外，工业路至国货西路是福州重要的商业发展地带之一，在相应的
亮温演变过程中，起始于工业路的亮温增幅在 2000 年较为突出。东部的光
明港公园至水上公园一带对周边区域起到一定的降温作用。整体上，福州
市中心城区在 20 世纪 90 年代的高温区主要分布于老城区中部，随后向两侧
发展，但西侧的亮温变化较为明显。

3.3.1.2　南北向剖面采样

与东西向的剖面采样相同（见图 3-4），福州中心城区在 1991 年的亮
温增减趋势与 2000 年、2013 年的亮温走向基本吻合。比较 1991 年与 2000
年亮温演变过程，除了本次采样的最北处（北郊）、闽江南支及其他局部地
区的亮温增幅接近 2℃ 外，其余地段在 1991 年基础上的增幅均在 2～4℃。
2013 年，明显的波动上升过程突出表现在北郊的战峰工业园至福州站一带
以及仓山区南侧至高盖山一带，其中在战峰工业园以南附近出现了 3 个主
要的亮温波峰，表明在当地的采样沿线至少出现 3 处不连续的亮温极值
区域。

　　在遥感影像上（见图 3 - 5），这 3 处地区按亮温从高到低分别为密集棚户与农村住宅区、工业厂房与仓库用地，以及高层住宅区，说明了当地的高温环境除了与土地的用地性质相关外，还与地面建筑物在空间上的纹理、密度有关。对于闽江上的中洲岛，由图 3 - 4 可看出其在 1991～2000 年的亮温幅度变化不大。但自 2003 年中洲岛开发成步行购物岛并被誉为"福州十大景观"之一后，中洲岛的人流、物流及建筑物较以往逐渐增多。2013 年中洲岛中心亮温在 33℃以上，高于东侧人为开发程度较小的三县洲（见图 3 - 6b，最高温 31℃）。对于主城区南郊的塘兜村（见图 3 - 6c），其地处闽江南支的龙祥岛上，人为开发程度低，但中心处高温可接近 34℃，与五一北路至五一南路一带的低温区域相当，成为此次采样区名副其实的"热岛"。

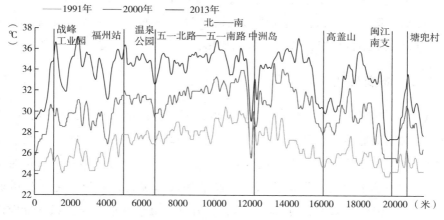

图 3 - 4　南北向亮温剖样采样

a. 密集棚户与农村住宅区　　　　b. 工业厂房与仓库用地　　　　c. 高层住宅区

图 3 - 5　采样线上不同空间密度的影像区块

 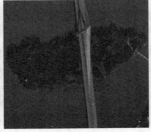 

a.中洲岛   b.三县洲   c.塘兜村

图 3－6　采样线上不同开发强度的影像区块

总体而言，城市发展过程与区域亮温热场的变化存在密切的联系。无论在东西向还是南北向，福州主城区亮温均呈现由低到高、由中部向两侧扩散的增温趋势。在亮温波动频率、幅度方面，福州主城区的北部、西部较其他方位的变动程度高；不同建筑密度、空间纹理及开发强度的地区，地表亮温不同，商业区及其周围形成的高温并不低于工业区；公园、水域等自然环境对地区的降温起着积极的作用。

3.3.2　演变分析

由于 1991 年、2000 年福州老城区以外的部分山地、丘陵地区被云层覆盖，故对三期遥感影像均进行了掩膜处理，以保证研究区域的一致性。去除的区域均为山地地貌（低温地区），不会对本章结论产生影响。以亮温反演的三期遥感影像均在夏季获取，气候条件较为接近，但为了进一步增加可比性，消除时间影响，对遥感影像进行标准化处理获取相对亮温（标准化至 0 ~ 1），并采用自然段点分级法进行划分，共分为低温区、次中温区、中温区、次高温区及高温区五级。不同年份、不同等级的亮温面积统计见表 3 –2。

表 3 – 2　1991 年、2000 年、2013 年福州主城区亮温等级面积统计

单位：平方千米

年　份	低温区	次中温区	中温区	次高温区	高温区
1991	107.7	521.1	542.8	106.7	28.2
2000	135.0	524.3	349.9	212.5	84.8
2013	306.8	388.1	249.8	223.3	138.5

结合表 3 - 2 与图 3 - 7，福州市中心城区 1991 年、2000 年与 2013 年亮温热场的总体空间格局变化明显。在 1991 年，福州市中心城区的热岛范围（次高温区和高温区）集中在福州老城区与闽江南支沿岸，面积为 134.9 平方千米（其中高温区 28.2 平方千米），但有近一半的高温区为闽江南支沿岸的黄土沙地。鼓楼、台江主要为次高温区与高温区，相邻的晋安区从北至东的山地丘陵地区为次低温区与低温区，仓山、马尾除主要城镇建设用地为次高温区外，其余多为中温区。

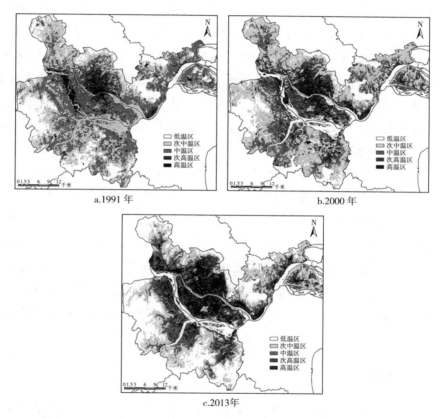

图 3 - 7　1991 年、2000 年、2013 年福州市中心城区标准化亮温分布

到 2000 年，福州中心城区热岛面积增至 297.3 平方千米，比 1991 年增加了 120.39%，其中次高温区及高温区分别增加至 212.5 平方千米和 84.8 平方千米。台江区仍为福州五区中的高温核心区。其余新增的热岛范围除在鼓楼、晋安等老城区基础上进一步向四周扩散外，闽侯县沿闽江的上街

镇、荆溪镇、南屿镇、南通镇、尚干镇以及青口镇等地出现了大量零散分布的热岛覆盖区。马尾区至福州主城区的沿岸地块以及琅岐岛也出现了明显的热岛扩张现象。

相比于 2000 年，2013 年福州中心城区的热岛范围在原有基础上进一步强化，并以面状、连片分布的热岛区域为主，稳定性较以往得到进一步提高，全区热岛范围达到了 361.8 平方千米（次高温区与高温区分别为 223.3 平方千米与 138.5 平方千米）。主城区中，台江区高温区面积有所减少，但其完全被热岛影响范围覆盖。鼓楼、晋安、仓山除公园以及山地地区外，几乎全境成为热岛效应的覆盖区域，特别是仓山区（高盖山四周）与晋安区，高温区域的覆盖范围明显增大，成为继台江区之后新的高温集聚区。马尾主城至琅岐岛的沿闽江一带出现了三处明显的热岛区域，连片发展态势明显。其余地区，诸如上街镇、南通镇、青口镇等地，沿江两侧热岛区域的带状发展同样显著。高温区向中心城区西北部（荆溪镇）的蔓延、偏移态势较其他地区突出。

总体上，1991~2013 年的 13 年间，福州中心城区的热岛效应以主城区向外扩散及向沿江两侧蔓延态势为主，热岛面积共增加了 226.9 平方千米，与整个研究区的面积比从 1991 年的 10.33% 增至 2013 年的 27.69%。其中高温区的变化最为迅速，2013 年的面积约为 1991 年的 4.9 倍（增长 391.13%）。次高温区、中温区、次中温区及低温区则分别较 1991 年增长了 109.28%、-53.98%、-25.52% 以及 184.86%，由此反映出福州市中心城区地面亮温出现明显的"两极分化"态势，也揭示了福州地区出现了较以往更为显著的热岛效应。

3.3.3　分区统计

为进一步比较福州中心城区内各地方之间的发展差异，本研究对城区内的鼓楼区、仓山区、晋安区、台江区、马尾区以及闽侯县、连江县、琅岐岛分别进行亮温均值统计分析（琅岐岛隶属马尾区，但因自然条件、社会经济等方面均与在主城区内的马尾区差异较大，故单独进行统计），统计结果见图 3-8。

由图 3-8 可看出，福州中心城区内各地区的亮温均值不断上升。在

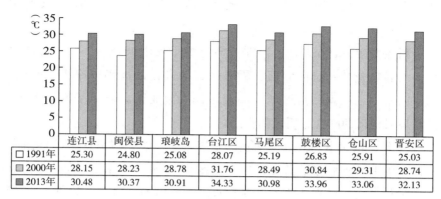

图 3 - 8　亮温均值分区统计

1991 年、2000 年及 2013 年三年中，台江区、鼓楼区、仓山区均为所有区域中亮温均值最高的三个区，2013 年分别达到 34.33℃、33.96℃ 及 33.06℃，其余地区均值为 30.97℃，可见台江区、鼓楼区及仓山区三区与其他区、县的亮温均值差值均在 2℃ 以上。

但从 1991～2013 年亮温均值增长率来看，晋安区、仓山区及鼓楼区为中心城区内三个增速最快的地区，相应增长率分别为 28.37%、27.60% 以及 26.57%，连江县的增长相对较慢，为 20.47%，其余地区的平均增长率为 22.64%。整体来看，中心城区内八个地块中，除鼓楼区、仓山区及晋安区变化较为明显外，其余地区亮温增长幅度相差不大，这表明福州市高温环境的扩展态势及其对城区内的高温影响出现了等级差异。

3.4　本章小结

本章利用 Landsat TM/OLI 遥感影像反演福州中心城区亮温，分析福州中心城区高温形态结构、影响范围及扩展态势，揭示其在不同剖面、不同区域与各时间节点上的空间演变规律，主要结论如下。

福州中心城区在 1991 年、2000 年及 2013 年的地面亮温均值从 1991 年的 26.15℃ 上升至 2000 年的 30.15℃，再增至 2013 年的 32.89℃，升高趋势明显。具体来说，1991 年中心城区高温的辐射范围较小，集中在老城区内，是当时最大的城市热岛区；2000 年，福州市高温区域在 1991 年的基础上进一步扩展，平均温度均比 1991 年高出 2~3℃；2013 年城市热岛现象呈现由中心向外及沿江发展态势。

福州主城区亮温在东西、南北方向上均呈现由低到高、由中部向两侧扩展的增温趋势。主城区北部、西部较其他方位的波动频率高、幅度大。不同空间密度、纹理的地区地表亮温不同。商业区高温并不低于工业区；自然环境对地区的降温起明显的作用。

1991 年，福州市中心城区的热岛范围集中于福州老城区与闽江南支沿岸，面积为 134.9 平方千米（其中高温区 28.2 平方千米）；2000 年，福州中心城区热岛面积增至 297.3 平方千米，比 1991 年增加了 120.39%；2013 年福州中心城区的热岛以面状、连片分布的区域为主，全区热岛范围达到了 361.8 平方千米，占整个研究区的 27.69%，其中高温区的变化最为迅速。福州中心城区亮温出现明显的"两极分化"。

1991 年、2000 年及 2013 年，台江、鼓楼、仓山为所有区域中亮温均值最高的三个区，但从增长率来看，晋安、仓山及鼓楼则为城区内气温增速最快的三个地块。高温环境扩展态势及其对城区内的高温影响出现了等级差异。

第四章　高温热浪的产生机制

本章摘要　本章主要探讨福州市中心城区高温对城镇化的响应以及高温环境的驱动机制。高温对城镇化的响应分析结果表明，DMSP/OLS 夜间灯光数据较好地体现了城镇化空间发展态势，福州中心城区、近郊及远郊等地都表现出了明显的城镇化特征，空间进程表现为东拓和西进，城镇化重心逐渐由主城区向周边城镇、城郊转移，与高温热浪蔓延扩展的等级差异现象相同。高温环境的驱动机制分析结果表明，除 DMSP 夜间灯光强度外，福州中心城区亮温与交通路网密度等同样存在明显的相关性，地表植被、地面高程等均与亮温负相关，第一、第二、第三主成分分别为人类活动、生态环境与地面高程，在空间上，第一主成分对受综合因素影响的空间分布作用最为显著。

　　众所周知，人文因素是城市高温变化的最主要因素，而城镇化是当前最重要的人文过程之一，城市高温对城镇化的响应是本章重点探讨的问题。大规模人类活动使得城市乃至全球气候恶化成为共识（李珍等，2007；郭凌曜，2009），一系列由此产生的影响不同程度地制约了人类经济社会与生态环境的可持续发展，城市热岛是地区高温最突出的表现形式（于淑秋等，2006）。早在 1833 年，英国科学家 Howard 就指出城市与郊区存在气温差异，发现伦敦城中心气温比周围乡村高（李国栋等，2012）。Manley（1958）将这种城区气温高于郊区的现象命名为"城市热岛"。Oke（1987）将城市中心区的温度"高峰"值与郊区温度的差值定义为"热岛强度"。此后，许多学者对不同类型城市、地区的大量研究工作也发现了城区气温高于郊区（张建明等，2012；彭保发等，2013）。其中有研究表明，人口在百万以上的大城市平均气温高于郊区 0.5～1.0℃（郑思轶等，2008）。但随着城市规模的不断扩大以及土地开发强度的不断加大，现今城郊气温之间不再仅仅是 0.5~1.0℃的微弱差距（曹爱丽等，2008），城镇化扩张对区域气温上升的影响越来越显著。由此，探寻当前城市高温与城镇化发展的相互关系，从中寻求解决之道成为许多城市环境研究学者的努力方向。为了探讨高温对城镇化的响应以及高温环境的驱动机制，有必要再梳理下国内外城镇化与高温关系的研究进展。

4.1 城镇化与高温关系国内外研究进展

4.1.1 国外城镇化与高温关系研究进展

国外学者对城镇化与高温关系的研究主要基于地面气象观测数据、再分析资料以及相关模型，从中揭示高温现象与城镇化进程 [包括土地利用变化、能源利用（人为热源）、地表能量、城市扩张等] 的互动关系。Lindberg（2007）基于当地政府空间地理数据库（包括地面高程、土地利用、人工热源等），分析了瑞典哥德堡中心城区的城市气候变异现象，结果表明城市地表温度的变异与城市地表参数（如天空视野因子、土地利用）有关。通过区域气候模型（RCM）与土地表面利用计划，McCarthy 等人（2012）评估了大型温室气体（GHG）影响下的英国城市气候敏感性，数据表明城镇化或城市能源消费改变所产生的间接影响将加剧本地的人为气候变化。Eliasson 等人（2003）基于瑞典哥德堡 30 个气象站点 18 个月的气象数据，指出土地覆被变化与气温昼夜变异及气象条件显著相关。为量化伦敦城镇化对当地区域性气候的影响，Grawe 等人（2013）结合非静力中尺度模型（METRAS）以及城市冠层模式（BEP），揭示了城市化会影响近地表温度、城市热岛以及近地风速、风向等，且热岛峰值密度与当前的城市土地覆被明显相关。Demuzere 等人（2013）利用城市社区土地模型模拟的法国图卢兹与澳大利亚墨尔本的地表能量平衡同样表明了其与地表的相关性。Argüeso 等人（2014）对澳大利亚城市扩张对近地表温度的影响的研究显示，未来城镇化扩张将显著影响地区最低温度，因全球变暖，其与最大温度的变化差异将在冬季和春季更为明显。对其他国家和地区，如美国及加拿大（Oleson 等，2015）、朝鲜半岛（Kug 等，2013）、日本东京（Kawamo-to 等，2012）的研究也表明了城镇化与城市热岛（高温）的密切联系，即城镇化程度越高的地区，热岛效应越突出。

4.1.2　国内城镇化与高温关系研究进展

国内研究空间尺度既包括地区个例，如北京（季崇萍等，2006）、上海（侯依玲等，2009）、兰州（程胜龙，2005）、西安（高红燕等，2009）、乌鲁木齐（马勇刚等，2006），也涉及整个中观及宏观区域，如珠三角（牟雪洁等，2012）、京津冀（张国华等，2012）。同时，在反映城镇化与高温关系（城镇化对高温影响程度、城市气温对城镇化的响应）的方法上也存在差异，主要包括城市气温序列变化及城郊对比的间接分析，城市气温与影响因素的主成分分析及相关性分析，地表覆被与景观格局变化等的遥感数据分析，以及相关模型的数值模拟。具体地，有学者应用 1960~2009 年逐日气象记录，以北京极端最高、最低气温与高温日数等指标的变化特征及近远郊变化差异，间接说明北京城镇化进程与气温的对应关系（季崇萍等，2006）。程胜龙（2005）利用兰州市 70 年的气温观测记录，提取部分月份平均温距作为气温变化因子以反映城镇化对城市气温变化的影响。曹爱丽等人（2008）揭示城市热岛强度或城郊温差与人口、能源消耗、基础设施投资、房屋竣工面积等之间的互动关系。任学慧等人（2007）对城市气温与人均居住面积、人口密度、公共绿地面积、道路面积、污水处理率等指标进行了主成分分析，探讨城镇化发展与地区气温之间关系的密切程度。其他学者还借助遥感影像及 GIS 分析方法，获取区域覆被、景观格局、地表热环境、夜间灯光等要素的变化信息，以反映人类活动、城市扩张空间与城市热岛分布之间存在的一致性（徐永明等，2009；李晓萌等，2013）。

在模型模拟方面，学者们利用模型对城市高温、热岛的成因（如土壤热量、城市冠层）做了更细致的工作，例如郑祚芳等人（2012）基于区域数值模拟系统，分析了北京地区城镇化对城市高温及地表能量平衡的作用过程，发现热岛在夜间的能量收入主要来自土壤热通量的向上输送。麦健华等人（2011）通过中尺度大气数值模拟模型（WRF）以及单层城市冠层模型（UCM）的实验，探讨了城镇化对珠三角地区城市热岛效应的影响，指出下垫面的改变比人为引入热源更易导致城市增温。

4.1.3　城镇化与高温热浪研究述评

整体上，无论从地方、区域层面还是全球层面，日益明显的高温现象及其导致的负面影响逐渐被人们所关注。国内外学者对于高温现象及其与城镇化进程的相互关系进行了许多研究，研究方法既包括基于地面气象观测数据、再分析资料以及相关气候与城市模型等的量化分析，也包含利用遥感卫星、空间模拟等的气温反演与趋势预测。但较多的研究侧重于在时间或空间上探讨高温问题，结合时间—空间角度的探究相对较少，系统化阐述其作用机理更是缺少研究案例支撑。特别是在我国当前快速城镇化背景下，亟须剖析快速城镇化地区与高温现象的对应关系、驱动机制，从而减缓、避免高温问题对当地城镇化快速推进的负面影响，促进城镇化的可持续发展。

4.2　高温热浪对城镇化的响应

城镇化作为一个涉及经济、社会、人口、地域空间等诸多方面的复杂过程（卓莉等，2003），存在多种表征城镇化发展水平的指标，如人口与经济总量、建设用地扩展规模以及能源消耗量等。但这些指标均以行政区划单元（多为市、县）为统计基础，并将统计单元视为统一的均质界面，影响了局部地区真实城镇化水平的表达。夜间灯光本身就是人类活动的结果，其中包含经济、人口、用地等信息，一些学者通过对其研究发现，夜间灯光与上述指标呈密切、明显的相关关系，能够在很大程度上反映城市空间信息及城镇化发展的实际情况（袁涛，2013）。因此很多学者借助夜间灯光指数来揭示监测地区城镇化空间格局、发展差异及动态变化等（何春阳等，2006；李景刚等，2007）。本章首先运用传统指标揭示宏观背景下福州市城镇化发展进程，其次采用 DMSP/OLS 夜间灯光数据从空间上进一步分析福州市城镇化发展态势，并对其与前述章节中福州中心城区的亮温进行相关性分析，从中揭示两者的相互关系。

4.2.1 传统指标表征的城镇化格局

以 2005～2013 年为时间序列,可以发现福州市城镇人口与农村人口变化突出(见表 4-1),是一个"此消彼长"的过程。在 2005 年,福州市城镇人口为 362.97 万人,以 3.66% 的年均增长速度增至 2013 年的 484 万人,总增长率为 33.34%。农村人口年均增长率为 -2.38%,至 2013 年人口降至 250 万人,与 2005 年相比减少了 53.03 万人(-17.50%)。对于年末常住总人口,其增长趋势与城镇人口相同,但年均增长率仅为城镇人口的 1/3,2005 年与 2013 年常住人口分别为 666 万人与 734 万人。城镇化率从2005 年的 54.50% 增长至 2013 年的 65.9%,增长了 11.4 个百分点。总体上,福州市的城镇化进程发展迅速,农村人口不断向城镇人口转移成了福州市城镇化发展的重要推动力与主要内生力量。

表 4-1 2005 年、2013 年福州市人口及城镇化率

	常住人口(万人)	城镇人口(万人)	农村人口(万人)	城镇化率(%)
2005 年	666.00	362.97	303.03	54.50
2013 年	734.00	484.00	250.00	65.90
年均增长率(%)	1.22	3.66	-2.38	2.40
总增长率(%)	10.21	33.34	-17.50	20.92

4.2.2 福州市城镇化空间格局

人口指标反映了福州市历年来的城镇化进程,但在空间上无法细致地表现出区域内城镇化发展态势。特别是对于局部地区,传统指标只概括了全局性发展历程,无法真实体现区域内部差异。DMSP/OLS 夜间灯光强度变化能从空间上反映人类活动的强度差异以及城镇化发展的实际情况(徐梦洁等,2011)。为此,本章将 DMSP/OLS 夜间灯光数据作为表征地区城镇化发展的重要空间指标,以弥补传统指标的不足。

4.2.2.1 城镇化整体空间格局

基于 DMSP/OLS 夜间灯光数据的福州中心城区城镇化发展态势如图4-1所示。由图 4-1 可发现,1991～2013 年福州市夜间灯光强度范围逐渐扩大，主城区周边的城乡接合部、近郊及远郊等地随着时间的推移都表现出明显的城镇化特征，这表明人类空间活动对周边地区的影响程度不断增强，并且其与对应年份的亮温覆盖范围具有一致性。根据夜间灯光数据，该地区城镇化过程可概括为面状及沿线发展模式。其中，面状模式从城市中心不断向外扩展，似"摊饼"式蔓延；沿线模式为沿交通走廊、河道两岸扩展。

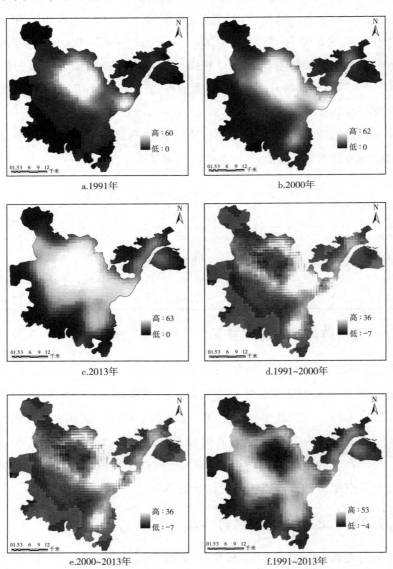

图 4－1　福州市中心城区夜间灯光分布图（1991～2013 年）

根据 1991 年、2000 年及 2013 年的夜间灯光强度差值计算，1991~2000 年福州中心城区的城镇化过程表现为"东拓"，主要集中在福州老城区东侧的仓山区、马尾区及晋安区交界地带，同时马尾区沿闽江至闽侯县青口镇一带亦成为城镇化扩张的集中地域。2000~2013 年，福州中心城区的城镇化扩展过程表现为"西进"，除青口镇一带，仓山区南台岛的金山工业区、闽侯县的上街镇、南通镇等地成为城镇化的重点地区，连片发展明显。整体上，1991~2013 年福州中心城区城镇化过程呈现明显的由内向外的扩展趋势，从鼓楼、仓山、晋安等老城区不断向闽侯县、马尾区等周围地势平坦、沿河两侧的地域发展，面状发展特征显著，区域内城镇化发展水平差异逐渐缩小。

上述过程也符合福州市中心城区实施东进、南下、西拓的城市发展导向，以及实现"跨江（闽江、乌龙江）面海（东海）"的城市发展方向。基于以上分析可见，当地城镇化发展方向与夜间灯光扩展范围遵循相同的导向模式，即城镇化发展方向在很大程度上决定了未来当地夜间灯光强度及高温覆盖范围的发展走向。

4.2.2.2 中心城区内的城镇化空间格局

通过对福州市中心城区内各地区的夜间灯光强度指数进行统计（见图 4-2），发现中心城区内的八个地块中，台江区、鼓楼区及晋安区在 1991~2000 年为人类活动强度最大的三个区，三者在 1991 的夜间灯光强度分别为 51.92、54.06、27.57，2000 年分别为 59.56、57.30 及 41.67。在 2013 年，仓山区取代晋安区成为中心城区内第三个活动强度最大的地区，相应指数为 58.57，晋安区为 52.16。琅岐岛为 1991~2013 年夜间灯光强度最弱的区域。

从增长率来看，闽侯县、琅岐岛及连江县的增长幅度最大，2013 年指数分别约比 1991 年增长 5 倍（516.39%）、4 倍（398.68%）及 3 倍（319.96%），鼓楼区、台江区的增幅最小，分别为 14.67%、19.90%。这些表明了福州中心城区的城镇化重心逐渐由主城区向周边城镇、城郊转移。但整体上，鼓楼、台江、晋安及仓山区仍为城镇化程度最高的地区，与高温环境蔓延扩展的等级差异现象相同。

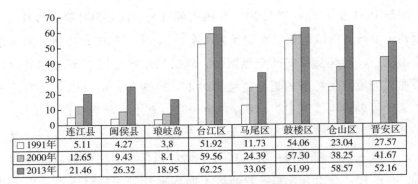

	连江县	闽侯县	琅岐岛	台江区	马尾区	鼓楼区	仓山区	晋安区
□1991年	5.11	4.27	3.8	51.92	11.73	54.06	23.04	27.57
▨2000年	12.65	9.43	8.1	59.56	24.39	57.30	38.25	41.67
▨2013年	21.46	26.32	18.95	62.25	33.05	61.99	58.57	52.16

图 4 - 2   夜间灯光强度指数均值分区统计

4.2.3   福州市城镇化与地区高温关系

为进一步分析城镇化与地区高温的相互关系，笔者在研究区平均分布了 188 个采样点（见图 4 - 3），以便对福州市中心城区的亮温与夜间灯光强度进行数值提取、拟合分析。

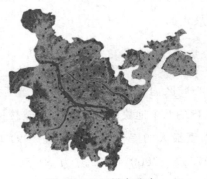

图 4 - 3   采样点分布

通过对 1991 年及 2000 年福州市中心城区夜间灯光强度与对应年份亮温进行相关拟合，发现 1991 年及 2000 年两者关系的拟合度 R^2 分别为 0.3022 与 0.3107，而 Pearson 相关系数分别为 0.0525 与 0.0572，在 a = 0.05 显著水平上两者具有相关性（见图 4 - 4 与图 4 - 5a）。

对于 2013 年拟合结果（见图 4 - 5b），福州中心城区的地面亮温随夜间灯光强度的增强而不断升高，上升趋势明显，相应拟合度 R^2 = 0.6632，Pearson 相关系数达到 0.1064，在 a = 0.05 水平上高度相关，即福州中心城区地表温度的空间分布与城镇空间的发展趋势基本吻合。

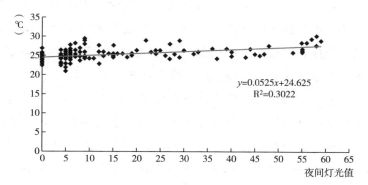

图 4 - 4 1991 年福州市中心城区夜间灯光与亮温回归拟合

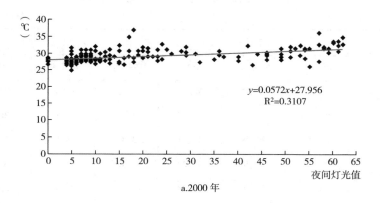

a.2000 年

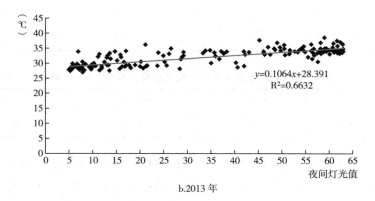

b.2013 年

图 4 - 5 福州市中心城区夜间灯光与亮温回归拟合（2000 年、2013 年）

综合以上拟合结果，可知福州市中心城区的人类活动过程对区域高温变化的影响程度呈逐渐增强趋势。在1991年及2000年，当地人类活动对区域高温的解释度相对较小，但在2013年，城镇化过程对地区高温的影响力达到最大，与地区高温的发展趋势呈明显的正相关关系。

此外，基于夜间灯光强度统计分析数据（见表4-2）与前述章节中心城区内地区间的亮温均值，对两者进行Pearson相关系数计算（见表4-3），可知区域内部的这两个指标在1991年、2000年及2013年的发展变化中亦呈现明显、高度的相关性。其中，2013年的显著性水平达到最高，Pearson相关系数为0.9445。

表4-2 亮温均值与夜间灯光强度分区统计

单位：℃

区 域	亮温均值			夜间灯光强度均值		
	1991 年	2000 年	2013 年	1991 年	2000 年	2013 年
连江县	25.30	28.15	30.48	5.11	12.65	21.46
闽侯县	24.80	28.23	30.37	4.27	9.43	26.32
琅岐岛	25.08	28.78	30.91	3.80	8.10	18.95
台江区	28.07	31.76	34.22	51.92	59.56	62.25
马尾区	25.19	28.49	30.98	11.73	24.39	33.05
鼓楼区	26.83	30.84	33.96	54.06	57.30	61.99
仓山区	25.91	29.31	33.06	23.04	38.25	58.57
晋安区	25.03	28.74	32.13	27.57	41.67	52.16

表4-3 亮温均值与夜间灯光强度相关拟合（a=0.05）

	1991 年	2000 年	2013 年
Pearson 相关系数	0.8717	0.8658	0.9445

综合以上结果，1991～2013年福州市中心城区的高温环境与当地的城镇化进程呈高度的正相关关系，即区域气温随城镇化的发展而明显上升。

4.3　高温热浪驱动因素分析

究竟是什么因素导致福州气温随城镇化的发展而明显上升？为全面探讨福州市中心城区高温环境的驱动机制，基于前述福州市中心城区高温环境的演变特征、空间格局等研究分析，以 2013 年为例，选取与高温变化相关的影响因素进行主成分分析，以此定量各个影响要素对福州中心城区高温的贡献程度，揭示各影响要素与地区高温间的关系。

4.3.1　高温环境影响因素

在前述章节的定性与定量分析中，公园绿地与地表裸地、城镇建设用地与农村用地、河谷盆地与山地丘陵等，都会对地区高温的空间分布及演变趋势产生影响。除此之外，地区的下垫面、水域环境、二氧化碳排放量等也会对地区局部气候形成不同程度的影响。结合数据的可量化性、可获取性，以及考虑高温环境增强与减弱两方面影响机制，本研究将福州地区高温环境的影响因素归结为以下几个方面：人为因素方面，主要为城镇化、城镇非渗透面与交通环境，包括 DMSP 夜间灯光强度、归一化建筑指数（NDBI）与交通路网密度；自然因素方面，主要为生态环境与地形地貌，包括归一化植被指数（NDVI）、改进归一化差异水体指数（MNDWI）以及数字地面高程（DEM）（见表 4 - 4）。

表 4 - 4　福州市中心城区高温环境影响因素指标体系

一级指标	二级指标	三级指标
人为因素	城镇化	DMSP 夜间灯光强度
	城镇非渗透面	归一化建筑指数（NDBI）
	交通环境	交通路网密度
自然因素	生态环境	归一化植被指数（NDVI） 改进归一化差异水体指数（MNDWI）
	地形地貌	数字地面高程（DEM）

人为因素中，归一化建筑指数（NDBI）旨在量化城镇非渗透面的改造

程度，归一化建筑指数越高，说明地区城镇化进程越快，建筑密度越大，会对地表散热过程产生不可忽视的影响。相反，用归一化植被指数（NDVI）表示有助于改善地表高温环境的自然影响因素。国内外已经有大量学者对生态环境与气温之间的相关性进行了分析，指出生态环境对气温的分布有直接的影响（李晓萌等，2013）。归一化植被指数的高低代表了地表生态环境（植被）良好与否，也间接反映出地表气温的高低程度，这与改进归一化差异水体指数（MNDWI）同理。交通路网密度为地面道路长度与单位面积的比值，地区的交通路网密度越大，其相应地面的不透水率也越高，将阻碍地表散热。同时，密度越大的地区，其交通通行量越大，车辆尾气排放的热源也会相应增多。另外，气温的高低也与地面高程有较强的负相关关系。一般而言，地面高程越高的地方，气压越低，气温也会越低，反之亦然。具体而言，地面高程每上升 100 米，气温将下降 0.6℃（王艳霞等，2014）。

4.3.2 相关性分析

在选定主要影响变量后，首先，在 ArcGIS 环境下将部分变量指标分别用相应计算公式进行定量化。其次，为消除变量间不同量纲的影响，对各变量进行标准化（将指标值标准化至 0 ~ 1），相应变量的空间分布见图 4 - 6。最后，针对 2013 年亮温热场，对其与其余各影响变量进行相关性分析，得出相关系数，具体结果见表 4 - 5。

表 4 - 5　各影响变量与亮温的相关系数（a = 0.05）

变　量	交通路网密度	归一化建筑指数	归一化植被指数	数字地面高程	改进归一化差异水体指数
2013 年亮温热场	0.70013	0.64249	- 0.37113	- 0.58470	- 0.19836

由表 4 - 5 可看出，2013 年亮温热场与交通路网密度、归一化建筑指数存在较为明显的相关性，其中与交通路网密度的相关性最高（0.70013），归一化建筑指数次之（0.64249）。而归一化植被指数、数字地面高程以及改进归一化差异水体指数与亮温均呈负相关关系，相关系数分别为 - 0.37113、 - 0.58470 与 - 0.19836，其中数字地面高程与亮温热场的负相关性相对较高。

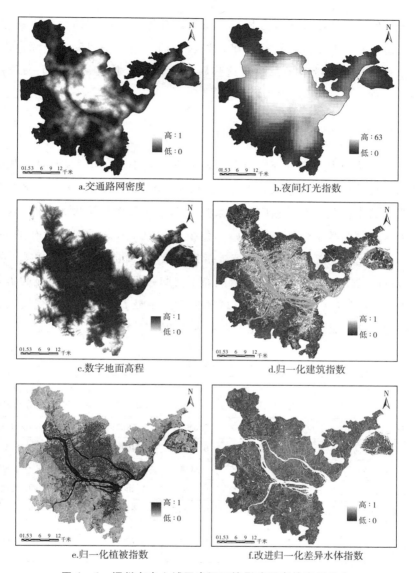

图 4-6　福州市中心城区高温环境影响因素的空间分布

4.3.3　主成分分析

为进一步提取影响高温热浪的主成分变量，运用主成分分析法（Principal Component Analysis，简称PCA）对上述变量进行分析处理。主成分分析是一种常用的统计分析方法，分析结果主要用于指标遴选、回归、聚类、多维度评价、系统演化过程分析以及质量监控等方面（刘柯，2008）。其基本思路是将多个变量因子进行降维，以较少的、新的主要变量来综合代替、解释原有较多的变量因子，同时这些新的变量相互独立，有助于反映原有的要素信息（顾政华等，2004）。

4.3.3.1　相关系数

上述影响因素主成分分析结果见表4-6。表中，DMSP夜间灯光强度与改进归一化差异水体指数关联程度最小，与交通路网密度及归一化建筑指数呈明显的正相关关系，相应相关系数分别为0.72053及0.61262。这三个影响因素还都与数字地面高程、归一化植被指数呈较为明显的负相关关系。其中，归一化建筑指数与归一化植被指数的负相关性最大，相应相关系数为-0.85883。改进归一化差异水体指数除了与归一化植被指数呈明显的负相关关系外（-0.72131），与其余因素的相关性并不显著，这在一定程度上表明了福州地区的水域环境对城镇化等人类活动的影响、干扰程度相对较小。

表4-6　各影响因素相关系数

	DMSP 夜间灯光强度	交通路网密度	归一化建筑指数	归一化植被指数	数字地面高程	改进归一化差异水体指数
DMSP 夜间灯光强度	1.00000	0.72053	0.61262	-0.58821	-0.60597	0.27780
交通路网密度	0.72053	1.00000	0.55499	-0.46792	-0.52726	0.11612
归一化建筑指数	0.61262	0.55499	1.00000	-0.85883	-0.57377	0.27866
归一化植被指数	-0.58821	-0.46792	-0.85883	1.00000	0.54076	-0.72131
数字地面高程	-0.60597	-0.52726	-0.57377	0.54076	1.00000	-0.23110
改进归一化差异水体指数	0.27780	0.11612	0.27866	-0.72131	-0.23110	1.00000

4.3.3.2　主成分特征值及贡献率

各个主成分的特征值及累计贡献率见表4-7。第一主成分的贡献率达到70.988%，第二、三主成分的贡献率分别为12.530%及7.4042%。前三者的累计贡献率达到90.9222%，包含了原有变量因子的大部分信息，故取前三个主成分为导致福州中心城区高温环境的主要变量。

表 4 - 7   主成分特征值及贡献率

	特征值	贡献率（%）	累计贡献率（%）
1	7.3898	70.988	70.988
2	1.3043	12.530	83.518
3	0.7708	7.4042	90.922
4	0.6527	6.2697	97.192
5	0.2875	2.7616	99.953
6	0.004876	0.04683	100

4.3.3.3   主成分特征向量

由表 4 - 8 可看出，第一主成分 z_1 与 DMSP 夜间灯光强度呈现较强的正相关关系，其次为交通路网密度，这表明福州地区高温与当地的城镇化发展程度密切相关。第二主成分 z_2 与归一化植被指数关系最为密切，与改进归一化差异水体指数存在一定的负相关关系。第三主成分 z_3 则与数字地面高程的正相关程度最高。因此，结合主成分载荷，将福州中心城区高温环境的影响因素按贡献度大小依次归结为人类活动、生态环境（特别是地表植被）以及地面高程。

表 4 - 8   主成分载荷

	影响因素	z_1	z_2	z_3
1	DMSP 夜间灯光强度	0.75407	- 0.38804	- 0.40725
2	交通路网密度	0.38401	- 0.28608	0.31068
3	归一化建筑指数	0.2139	0.27974	0.04698
4	归一化植被指数	0.35392	0.72195	- 0.17376
5	数字地面高程	0.32326	0.16273	0.8065
6	改进归一化差异水体指数	- 0.0917	- 0.37635	0.23406

4.3.3.4   评价函数及其空间分布

根据以上主成分特征向量，得到前 3 个主成分 z_1、z_2 和 z_3 同各指标间的线性关系，进一步结合各主成分贡献率，得到高温环境的最终影响函数。具体为：

$$z_1 = 0.75407x_1 + 0.38401x_2 + 0.2139x_3 + 0.35392x_4 + 0.32326x_5 - 0.0917x_6 \quad (4-1)$$

$$z_2 = -0.38804x_1 - 0.28608x_2 + 0.27974x_3 + 0.72195x_4 + 0.16273x_5 - 0.37635x_6 \quad (4-2)$$

$$z_3 = -0.40725x_1 + 0.31068x_2 + 0.04698x_3 - 0.17376x_4 + 0.8065x_5 + 0.23406x_6 \quad (4-3)$$

$$z = \sum_{i=1}^{3} z_i a_i = 70.988\% z_1 + 12.530\% z_2 + 7.4042\% z_3 \quad (4-4)$$

式中，$x_1 \sim x_6$ 分别是六个变量指标（DMSP 夜间灯光强度、交通路网密度、归一化建筑指数、归一化植被指数、数字地面高程以及改进归一化差异水体指数），a_i 为主成分贡献率，z 为高温环境综合影响函数。

基于上述评价函数，生成高温环境主成分影响分布及综合影响分布示意，见图 4 - 7。

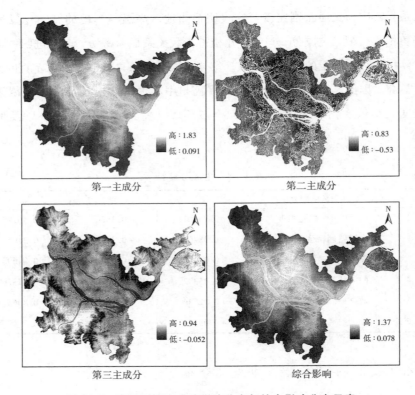

图 4 - 7　高温环境主成分影响分布与综合影响分布示意

如图 4 - 7 所示，第一主成分（人类活动）影响的空间分布与 DMSP 夜间灯光强度的覆盖范围基本一致，涵盖了福州市中心城区目前的城镇建设

用地，但在鼓楼区、台江区与晋安区交界处所产生的影响较其他地区更为
明显，鼓楼区的金牛山、仓山区的高盖山及清凉山等地出现了局部的弱影
响效应。结合第二主成分（生态环境）影响分布图，这些弱影响区域恰为
地表植被覆盖程度较高的地区。此外，中心城区环北部及西南地区的山地
丘陵也具有明显的第二主成分影响特征。在整个建成区范围中，西侧地域
零星分布的第二主成分影响区块较多，东侧区域（晋安区、琅岐岛等地）
及南部区域（南通镇等地）则相反。中心城区边界是第三主成分（地面高
程）影响的主要地区，这些地区均为海拔较高的山地、丘陵，而闽江南北
两支及其他水系也成为主要受影响区，其他区域的第三主成分影响较弱，
特别是城区南部的南通镇一带，出现的影响特征最不明显。第三主成分的
低值扩展范围也与城镇建设用地范围一致。综合来看，在三个主成分影响
下，高温环境在空间上的分布格局与第一主成分类似，即第一主成分在空
间分布上起决定性作用，高温环境与当地人类活动的关系最为密切。

4.4　本章小结

　　本章在梳理国内外城镇化与高温关系研究的基础上，分析了 DMSP 夜间
灯光数据表征的福州中心城区城镇化发展态势，并探讨了高温对城镇化的
响应以及高温环境的驱动机制，主要结论如下。基于 DMSP 夜间灯光数据的
福州中心城区城镇化发展态势是，1991～2013 年除中心城区外，周边的城
乡接合部、近郊及远郊等地随着时间变化都表现出明显的城镇化特征，与
对应年份的亮温覆盖范围具有一致性。中心城区的城镇化过程表现为东拓
和西进，地区间城镇化水平差异逐渐缩小。当地城镇化方向与夜间灯光扩
展范围遵循相同的导向模式，在很大程度上决定了当地高温覆盖范围的发
展走向。

　　台江区、鼓楼区及晋安区在 1991～2000 年为福州中心城区内人类活动
强度最大的三个区，仓山区在 2013 年取代晋安区成为第三个活动强度最大
的区。琅岐岛则为研究期内夜间灯光强度最弱的区域。在增长率方面，闽
侯县、琅岐岛及连江县的增长幅度最大，鼓楼区、台江区的增幅最小，表
明中心城区的城镇化重心逐渐由主城区向周边城镇、城郊转移，与高温环

境蔓延扩展的等级差异现象相同。

在以 2013 年为例的福州市中心城区亮温与夜间灯光强度的采样分析中，地面亮温随夜间灯光强度的加大而不断升温。虽然在 1991 年及 2000 年，当地人类活动对地面高温的解释度相对较小，但根据对城区内八个地区 Pearson 相关系数的计算，两指标在 1991 年、2000 年及 2013 年的发展变化中均呈现显著的相关性。2013 年的显著性水平达到最高。

除 DMSP 夜间灯光强度外，2013 年福州中心城区亮温热场与交通路网密度、归一化建筑指数同样存在较为明显的相关性，归一化植被指数、数字地面高程以及改进归一化差异水体指数与亮温均呈负相关关系。

第一主成分与 DMSP 夜间灯光强度呈现较强的正相关关系，第二主成分与归一化植被指数关系最为密切，第三主成分则与数字地面高程的正相关程度最高，即福州地区高温环境的影响因素按贡献大小依次归结为人类活动、生态环境（特别是地表植被）以及地面高程，第一主成分在空间分布上起决定性作用，与人类活动的关系最为密切。

第五章　高温热浪的感知与适应

本章摘要　基于 1259 份问卷调查数据，本章分别分析了福州市城市居民（585 份）、流动人口（377 份）和大学生（297 份）对高温热浪的感知及其差异，并分别探讨了三类群体对高温热浪的适应行为特征。结果显示以下五点。第一，城市居民对高温热浪的感知水平较高，75.56% 的居民能够准确感知当地气温升高趋势，85.81% 的居民认为高温热浪对个人与家人的日常生活有显著影响；不同年龄段及不同健康状况的居民对气温升高趋势感知差异明显。第二，流动人口对高温热浪影响的感知水平较高，其对高温热浪的感知程度与受教育程度和职业类型密切相关。81.7% 的流动人口认为高温热浪对其工作或学习造成较大影响，79.85% 的流动人口感知到高温热浪对其生活带来较大影响。第三，大部分大学生能够较为准确地感知福州气温升高趋势，尤其是对 2010 年后发生的高温热浪事件感受较深刻；高温热浪对大学生的学习、生活和健康都造成了一定程度的影响，大学生的感知程度也较高。第四，三类群体获取高温热浪信息的渠道结构同自身群体特征密切相关，虽然渠道结构差异较大，但网络、电视和自我感知均为三类群体获取高温热浪信息的主要渠道，城市居民和流动人口以电视、网络、报纸和自我感知为主，大学生则以网络、自我感知和电视为主。第五，三类群体适应高温热浪的措施较为相似，主要包括多喝水、调整饮食结构、安装空调、购买凉快衣服或遮阳设备、调整出门时间、喝凉茶或消暑的中药等，简单便捷、经济成本低和可操作性强均为三类群体选择适应措施的主要考虑因素。

5.1 高温热浪的感知

5.1.1 城市居民对高温热浪及其影响的感知

高温热浪感知是公众对高温热浪的直观判断和主观感受，是公众风险感知或环境感知的重要组成部分（谢晓非等，1995；彭建等，2001；赵雪雁，2009），也是公众适应高温热浪的重要前提与基础。提高公众对高温热浪的感知水平，将有助于其采取正确的适应措施，从而有效减小或消除高温热浪影响（Kalkstein 等，2007）。因此，深入研究和认识公众高温热浪感知特征和差异，对于引导公众采取恰当的适应措施减小高温热浪不利影响具有重要的意义，也是政府制定科学合理的适应政策的社会基础。迄今为止，国内针对高温热浪感知与适应的研究仍处于探索阶段，学术成果主要集中于健康风险感知方面，并且以大学生为主要研究对象，对于高温热浪感知现状、感知的社会群体差异及其原因等关键问题尚无系统清晰的认识。鉴于此，本章分别以城市居民、流动人口和大学生为调查对象，分析他们对高温热浪及其影响的感知情况，以及公众感知的结构性差异，希望能够初步回答上述问题并丰富相关研究。

5.1.1.1 调查方法与样本分析

本节数据源于针对福州市本地居民开展的"民众对高温热浪的感知与适应"调查。调查时间为 2013 年 10 月至 2014 年 1 月，以福州市区（含鼓楼区、台江区、仓山区、晋安区和马尾区）各大社区、公园为主要调查地点。问卷调查采取分层抽样和随机抽样相结合的方式，由受访者独立填写完整的调查问卷，并选择部分受访者进行深度访谈，每份问卷用时30～60分钟，并当场回收问卷。如受访者不识字或无法独立填写问卷，则由调查者口述问题并代为填写答案，填写调查问卷时长为 30 分钟至 1 小时，从而保证了问卷调查结果的可靠性和科学性。调查问卷内容涉及以下四点：①受访者的基本情况（性别、年龄、职业、学历等）；②受访者对高温热浪的感知；③受访者对高温热浪影响的感知；④受访者应对高温热浪的适应行为等（见附录1）。

调查问卷共发放650份，收回611份，剔除不选或漏选率超过20%的问卷，剩余有效问卷585份，有效率达90%。问卷调查有效样本属性见图5-1：受访者男女比例分别为51.97%和48.03%；年龄结构以26~35岁（占34.87%）、18~25岁（占26.15%）和36~55岁（占24.96%）为主，56~60岁与61岁及以上各占4.62%与9.40%；学历结构以中高等学历为主，大专及以上学历受访者达67.86%，低学历受访者数量较少；职业结构以专业技术人员（占23.25%）和商业、服务业人员（占19.32%）为主，其次是生产、运输设备操作人员及有关人员（占13.50%）。受访者结构大体符合福州市人口结构，能够总体反映福州市城市居民的特征，样本具有一定的代表性。

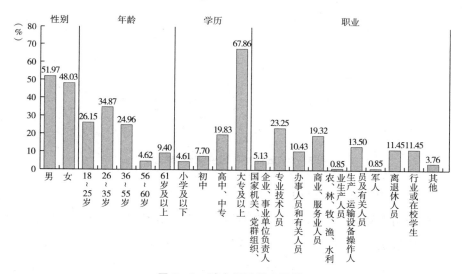

图5-1 城市居民样本属性

5.1.1.2 对气温升高趋势与发生时间的感知

（1）气温升高趋势

受访者对问题"请问，您认为近5年气温与您孩童时期（5~10岁）的气温相比？"的回答能最直观地反映出他们对福州市气温变化总体趋势的判断。调查结果（见图5-2）显示，明确表示2009~2013年当地气温存在升高趋势的受访者占总人数的 75.56%，其中，认为气温升高和明显升高的受访者所占比例分别为 31.80% 和 43.76%。结合第三章内容可以发现，受访者对于福州市气温升高趋势的感知与基于气象数据的统计结果基本一致，说明大部分受访者能够准确感知当地气温升高趋势。当然，还有一些受访者（22.73%）未能感知到气温升高趋势，甚至其中有极少数人（1.71%）感觉气温在下降。一方面，可能与气候变化本身的不确定性有关，如年际气温波动幅度较大，使受访者不能正确感知气温变化总体趋势（常跟应等，2011）；另一方面，受访者的个体生理特征也可能存在一定影响，如对高温的耐受程度越高，对高温的感知度可能越低。

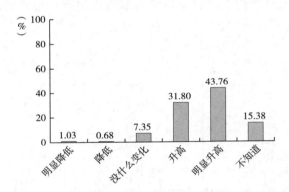

图 5 - 2 居民对气温变化趋势的感知

（2）气温升高发生时间

当受访者被问及当地气温升高的年代时（统计结果见图 5 - 3），选择率从高到低依次是 2001 年至今（85.81%）、1991~2000 年（10.94%）、1981 年以前（1.37%）和 1981~1990 年（1.20%）。根据前文气象监测数据，福州市气温在 20 世纪 70 年代开始缓慢上升，在 20 世纪 80 年代中期到 21 世纪初以来则出现一个大幅上升过程。可见，受访者未能感知气温升高的全过程，仅对近期的气温升高感知较强。除了可能受到受访者年龄结构因素影响外，还和人群观察和记忆事物的特殊性有关。常跟应等（2011）、侯向阳和韩颖（2011）认为人群观察和记忆事物的时间范围相对较短，受访者通常对近几年的天气变化记忆清晰和深刻，对发生时间久远的天气变化则记忆模糊，从而影响受访者的感知结果。本次调查的深度访谈也支持这一解释，调查中发现受访者对 2000 年以来福州市夏季的高温热浪天气以及冬季的"暖冬"现象反应强烈，对影响较大的高温热浪事件更是记忆犹新，如 2003 年和 2007 年福州市夏季的极端高温天气，而对于 2000 年之前的高温天气则很少提及。

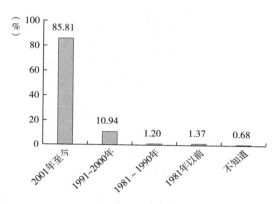

图 5 - 3　城市居民对气温升高时间的感知

5.1.1.3　对高温热浪影响的感知

个人与家庭日常生活受高温热浪的实际影响程度将决定城市居民对高温热浪的感知程度，如果居民能够意识到自己已经或者正在遭受高温热浪的不利影响，则更有可能采取适应措施减小这种影响（Janis，1962）。本次问卷调查询问了受访者对于高温热浪对其个人和家人生活影响程度的感知，结果显示有 85.81% 的受访者认为高温热浪对其个人和家人有影响（含"影响非常大"、"影响比较大"和"有一些影响"），14.02% 的受访者认为没有影响（含"影响不大"和"丝毫没有影响"）（见图 5 - 4）。这一结果要高于 Kalk-stein 和 Sheridan（2007）在美国亚利桑那州首都凤凰城开展的公众热浪风险感知调查结果，他们发现 69.7% 的受访者认为高温热浪是"非常危险"和"危险"的。调查中，受访者认为福州市区夏季高温热浪发生频繁，温度高于周边地区，自己和家人都受到了不同程度影响，被迫选择尽量减少外出。同时，受访者表示受夏季高温热浪天气影响，自己和家人容易出现中暑、过敏、睡眠不好以及因使用空调引发感冒等健康问题。受访者总体上对福州市高温热浪影响感知较为强烈，这可能与受访者普遍经历过高温热浪有关（本次调查发现 79.83% 的受访者经历过高温热浪），也在一定程度上验证了近年来福州市夏季高温热浪发生频率、强度和持续时间不断上升的趋势。

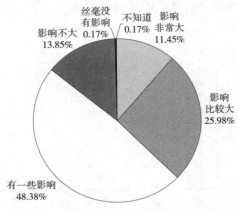

图 5 - 4 居民对高温热浪影响的感知

5.1.1.4 城市居民对高温热浪影响感知的影响因素

前一部分采用描述性分析方法探讨了福州市居民对气温变化趋势的感知及其对高温热浪影响的感知状况。但是，要达到指导政府及时制定和调整高温热浪适应策略、有效提高居民高温热浪适应能力的目的，仅仅了解居民对高温热浪影响的感知特征是远远不够的，还需要进一步了解影响居民感知活动的因素有哪些，各影响因素的作用机制和影响程度如何，这样才能更加清晰全面地了解居民对高温热浪影响的感知状况。目前已有一些关于居民高温热浪感知影响因素的研究成果（严青华，2010；许燕君等，2012；Tao 等，2013；王金娜等，2012），但大多从人口学特征方面探讨居民高温热浪感知的影响因素，对影响因素考虑不够全面，尤其是忽视了居民的高温热浪经历等因素的影响，而事实上这对居民高温热浪感知具有重要影响（Vitek 等，1982；Spence 等，2011）。鉴于此，本小节将根据研究目的和数据特点，利用多分类 Logistic 回归模型探讨居民高温热浪感知差异的影响因素、影响机制及其影响程度，并尝试进行初步解释。

（1）研究方法

1）多分类 Logistic 回归模型

多分类 Logistic 回归模型（Multinomial Logistic Regression）是社会科学

领域常用的一种回归分析方法，是二分类 Logistic 回归分析在多分类因变量上的自然扩展。该模型采用最大似然估计法估计模型参数，不仅不需要对自变量做多元正态分布假设，其结果也更容易解释（王济川等，2001）。本研究重点关注居民高温热浪影响感知的层次差异情况、影响因素及其影响程度，考虑到因变量（城市居民高温热浪影响感知程度）是一个多分类变量，且三组自变量在各回归方程中的影响效应可能有所不同，因此选择采用无序多分类 Logistic 回归模型来分析因变量同各自变量间的相互关系，以便在控制其他自变量的条件下考察某一自变量对因变量的单独影响。

实际研究中通常会使用一般化 Logistic 模型（Generalized Logit Model）来进行分析。对于因变量有 $j = 1，2，\cdots，J$ 类时，多分类 Logistic 模型可以表述为：

$$\ln\left[\frac{P(y = j \mid x)}{P(y = J \mid x)}\right] = a_j + \sum_{k=1}^{k} \beta_{jk} x_k \tag{5-1}$$

多分类 Logistic 模型中，每个 Logistic 模型都是由因变量中不重复的类别组对形成。因此，如果因变量有 J 个类别，那么就有 $J-1$ 个 Logistic 模型。其中，参照类（即最后一个类别 J）在模型中的所有系数均为 0。

因变量中第 j 类的概率计算公式为：

$$\ln(y = j \mid x) = \frac{e^{\left(a_j + \sum_{k=1}^{k} \beta_{jk} x_k\right)}}{1 + \sum_{j=1}^{J-1} e^{\left(a_j + \sum_{k=1}^{k} \beta_{jk} x_k\right)}} \tag{5-2}$$

2）模型建立

如前所述，本研究将城市居民高温热浪影响感知作为因变量 Y，在具体分析过程中，依据受访者对调查题目"请问，您觉得高温（热浪）对您个人和家人的生活有没有影响？"的回答，将受访者对高温热浪影响的感知水平划分为"感知较高"（含"影响非常大"和"影响比较大"）组、"感知一般"（"有一些影响"）组和"感知较低"（含"影响不大"和"丝毫没有影响"）组。若受访者认为高温热浪对其个人和家人影响较高，因变量 Y 赋值为 2；若受访者认为高温热浪对其个人和家人影响一般，则因变量 Y 赋值为 1；若受访者认为高温热浪对其个人和家人影响较低，则因变量 Y 赋值为 0。模型以因变量中的"影响较低"组作为参照组。同时，为便于分析回归模型本研究剔除了选择"不知道"项的样本（仅 1 个），最终共有 584 份样本进入模型。

已有研究表明，公众风险感知或环境感知受诸多因素的综合影响，如公众的个体特征、风险事件经历、经济状况等（李景宜等，2002；刘金平等，2006；田青等，2011）。本研究结合高温热浪影响特点，构建了如图 5 - 5 所示的影响因素分析框架，用以解释城市居民对高温热浪影响的感知状态及其主要影响因素，分析框架涉及个体特征因素、家庭特征因素和风险经历因素三个方面。

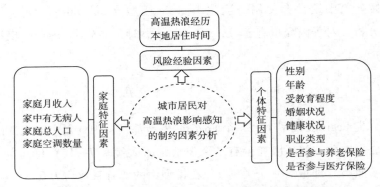

图 5 - 5　城市居民高温热浪影响感知的理论解释框架

结合问卷调查情况和前人研究成果，将上文确定的个体特征因素、家庭特征因素和风险经历因素三组因素进一步细化为 14 个自变量。

第一组是个体特征因素，包括性别、年龄、受教育程度、婚姻状况、健康状况、职业类型、是否参与养老保险、是否参与医疗保险。其中，鉴于当前我国城市居民社会保障的实际情况，本研究选取是否参与养老保险和是否参与医疗保险两个变量来反映居民的社会保障水平。

第二组是家庭特征因素，包括家庭月收入、家中有无病人、家庭总人口、家庭空调数量。

第三组是风险经验因素，包括居民的高温热浪经历和本地居住时间。其中，高温热浪经历反映受访者近期是否遭遇高温热浪天气或因高温热浪天气引起身体不适（如中暑等），而本地居住时间反映受访者在福州经历高温热浪的频次和对当地气温变化趋势的了解。

在此基础上对不同自变量进行相应的赋值和编码，具体如表 5 - 1 所示。

表 5 - 1　Logistic 回归模型相关自变量

类　别	变　量	变量含义与赋值	均值	标准差
个体特征因素	性别（X_1）	0 = 女性，1 = 男性	0.52	0.50
	年龄（X_2）	0 = 18 ~ 25 岁，1 = 26 ~ 35 岁，2 = 36 ~ 55 岁，3 = 56 ~ 60 岁，4 = 61 岁及以上	1.36	1.19
	受教育程度（X_3）	0 = 文盲或半文盲，1 = 初等教育水平，2 = 中等教育水平，3 = 高等教育水平	2.62	0.63
	婚姻状况（X_4）	0 = 未婚，1 = 已婚	0.64	0.48
	健康状况（X_5）	0 = 差，1 = 好	1.75	0.55
	职业类型（X_6）	0 = 白领，1 = 商业服务人员，2 = 制造加工人员，3 = 不便分类的其他劳动者	1.30	1.23
	是否参与养老保险（X_7）	0 = 无，1 = 有	0.68	0.47
	是否参与医疗保险（X_8）	0 = 无，1 = 有	0.83	0.37
家庭特征因素	家庭月收入（X_9）	0 = 1600 元及以下，1 = 1601 ~ 3000 元，2 = 3001 ~ 6000 元，3 = 6001 ~ 10000 元，4 = 10001 元及以上	2.39	1.11
	家中有无病人（X_{10}）	0 = 没有，1 = 有	0.31	0.46
	家庭总人口（X_{11}）	1 ~ 10 人	4.04	1.48
	家庭空调数量（X_{12}）	0 ~ 8 台	2.44	1.32
风险经验因素	高温热浪经历（X_{13}）	0 = 否，1 = 是	0.80	0.4
	本地居住时间（X_{14}）	0 = 0.5 年 ~ 1 年，1 = 1 ~ 3 年，2 = 3 ~ 5 年，3 = 5 ~ 10 年，4 = 10 ~ 20 年，5 = 20 年及以上	3.27	1.63

（2）模型结果与解释

本研究借助统计软件 spss18.0 中的多分类 Logistic 回归分析（Multinomial Logistic Regression）模块，将上述因变量和三组自变量全部纳入回归模型，考察这些因素对居民高温热浪影响感知差异的作用。在 spss18.0 中构建多分类 Logistic 回归模型时，设置"感知较低"组为因变量参照组，默认各自变量的最后一类（即数值最大者）为该自变量的参照组，以自变量 P < 0.05 为有显著统计学意义，从而得到居民对高温热浪影响感知的多分类 Logistic 回归模型（见表 5 - 2）。模型卡方检验结果通过 0.01 的显著性水平检验，Log Likelihood 为 1061.684，说明模型整体拟合度较高，模型较为理想，回归结果相当具有可信性。

表 5 - 2 城市居民高温热浪影响感知的多分类 **Logistic** 回归分析结果
（以 "感知较低" 为参照组）

自变量	感知一般					感知较高				
	B	Sig.	Exp (B)	Exp (B) 的 95% C. I.		B	Sig.	Exp (B)	Exp (B) 的 95% C. I.	
				下限	上限				下限	上限
截距	− 0.055	0.949	—	—	—	1.328	0.130	—	—	—
A 个体特征因素	—					—				
性别（ref = 男）										
女	0.213	0.463	1.237	0.700	2.187	− 0.061	0.841	0.941	0.519	1.706
年龄 （ref = 60 岁以上）	—					—				
18～25 岁	0.155	0.835	1.168	0.272	5.023	0.108	0.886	1.114	0.255	4.873
26～35 岁	0.947	0.146	2.577	0.718	9.245	0.607	0.350	1.834	0.514	6.550
36～55 岁	0.843	0.165	2.324	0.706	7.649	0.432	0.469	1.541	0.478	4.964
56～60 岁	1.615	0.078	5.028	0.833	30.370	1.144	0.218	3.138	0.509	19.336
受教育程度（ref =高等教育水平）	—					—				
文盲或半文盲	− 0.295	0.771	0.744	0.102	5.441	− 0.855	0.419	0.425	0.053	3.389
初等教育水平	0.190	0.817	1.209	0.242	6.035	0.023	0.978	1.024	0.191	5.477
中等教育水平	− 0.066	0.841	0.936	0.492	1.782	− 0.228	0.512	0.796	0.404	1.571
婚姻状况 （ref =已婚）	—					—				
未婚	0.613	0.167	1.846	0.773	4.409	0.305	0.514	1.357	0.542	3.397
健康状况 （ref =好）	—					—				
差	− 1.662	0.015*	0.190	0.050	0.727	− 0.662	0.277	0.516	0.157	1.700
职业类型 （ref = 不便分类的 其他劳动者）	—					—				
白领	0.175	0.694	1.191	0.499	2.841	− 0.167	0.715	0.846	0.344	2.078
商业服务人员	0.230	0.618	1.259	0.510	3.107	− 0.308	0.529	0.735	0.281	1.918
制造加工人员	− 0.298	0.547	0.742	0.281	1.959	− 0.243	0.631	0.784	0.291	2.113
是否参与养老 保险 （ref =有）	—					—				
无	0.236	0.492	1.266	0.646	2.483	− 0.062	0.863	0.940	0.463	1.906

续表

自变量	感知一般					感知较高				
	B	Sig.	Exp (B)	Exp (B) 的 95% C. I.		B	Sig.	Exp (B)	Exp (B) 的 95% C. I.	
				下限	上限				下限	上限
是否参与医疗保险（ref = 有）	—	—	—	—	—	—	—	—	—	—
无	− 0.596	0.124	0.551	0.258	1.176	− 1.010	0.017*	0.364	0.159	0.835
B 家庭特征因素	—	—	—	—	—	—	—	—	—	—
家庭月收入（ref = 10001 元及以上）	—	—	—	—	—	—	—	—	—	—
1600 元及以下	− 0.105	0.871	0.900	0.252	3.215	0.306	0.646	1.358	0.368	5.012
1601 ~ 3000 元	0.531	0.276	1.701	0.654	4.424	0.428	0.405	1.534	0.561	4.195
3001 ~ 6000 元	0.081	0.841	1.084	0.494	2.380	0.142	0.735	1.153	0.506	2.624
6001 ~ 10000 元	0.355	0.387	1.426	0.638	3.186	0.317	0.462	1.373	0.591	3.191
家中有无病人（ref = 有）	—	—	—	—	—	—	—	—	—	—
无	− 0.236	0.467	0.790	0.418	1.492	− 0.558	0.093	0.572	0.298	1.098
家庭总人口	0.092	0.326	1.096	0.913	1.315	− 0.016	0.870	0.984	0.813	1.191
家庭空调数量	0.268	0.027*	1.307	1.031	1.657	0.357	0.005**	1.428	1.115	1.829
C 风险经验因素	—	—	—	—	—	—	—	—	—	—
高温热浪经历（ref = 有）	—	—	—	—	—	—	—	—	—	—
无	− 0.947	0.002**	0.388	0.213	0.708	− 1.516	0.000***	0.220	0.112	0.430
本地居住时间（ref = 20 年及以上）	—	—	—	—	—	—	—	—	—	—
0.5 ~ 1 年	− 0.782	0.177	0.457	0.147	1.425	− 0.692	0.242	0.501	0.157	1.596
1 ~ 3 年	− 0.397	0.413	0.672	0.260	1.739	− 0.483	0.335	0.617	0.231	1.649
3 ~ 5 年	− 0.675	0.149	0.509	0.204	1.274	− 1.037	0.037*	0.354	0.134	0.941
5 ~ 10 年	− 0.430	0.307	0.650	0.285	1.485	− 0.879	0.046*	0.415	0.175	0.984
10 ~ 20 年	− 0.295	0.513	0.745	0.308	1.801	− 0.973	0.040*	0.378	0.149	0.959
Model Chi – square	94.376**	—	—	—	—	—	—	—	—	—
− 2 Log Likelihood	1061.684	—	—	—	—	—	—	—	—	—

注：括号内为各自变量的参照组，*、**、***分别表示在 0.05、0.01 和 0.001 水平上具有统计显著性。

1）个体特征因素

模型分析结果显示，个体特征因素中除了健康状况和参与医疗保险情况对居民高温热浪影响感知具有显著影响外，性别、年龄、学历等其他因素对居民高温热浪影响感知的作用均不显著。

健康状况在居民高温热浪影响感知一般组与感知较低组模型中具有显著性差异（P < 0.05），且系数为负，其 OR 和 95% 置信区间分别为 0.19 和（0.05，0.727），即在控制其他自变量的情况下，健康状况差的居民感知到高温热浪影响的概率是参照组（健康状况好的居民）的 0.19 倍。健康状况在感知较高组系数和发生比虽然未通过显著性检验，但也表现出类似于感知一般组的特征。可见，居民身体健康状况越好，就越有可能感知到高温热浪影响。这一结果多少有些意外，因为一般认为身体健康状况较差（如有心脑血管、神经系统和呼吸系统疾病等）的人群脆弱性更高，他们更易受到高温热浪的威胁（Poumadère 等，2005；李芙蓉等，2008）。但是结合现实生活情况和家中有无病人自变量的回归结果（相比家中无病人的居民，家中有病人的居民对高温热浪影响感知程度更高）分析，这个结果其实也是可以被接受的。与健康状况较好的居民相比，虽然健康状况较差的居民更易遭受高温热浪健康威胁，但他们一般较少从事重体力劳动，或较少外出活动，即使在高温热浪天气中病情有所加重，但由于其缺乏高温热浪知识，也较少归因于天气，进而对高温热浪影响的感知程度要弱于健康状况较好的居民。同时，健康问题更多地表现在对家人高温热浪影响感知的增强上。当然，我国居民普遍比较忌讳与陌生人谈及自身健康问题，受访者在接受调查时可能会对自身健康状况有所隐瞒，这也可能会对回归结果造成一定程度的偏差，具体原因还需更多、更翔实的实证研究予以揭示。

是否参与医疗保险在居民高温热浪影响感知较高组与感知较低组模型中具有显著性差异（P < 0.05），且系数为负，其 OR 和 95% 置信区间分别为 0.364 和（0.159，0.835），即在控制其他自变量的情况下，未参加医疗保险的居民感知到高温热浪影响的概率是参照组（参与医疗保险的居民）的 0.364 倍。参与医疗保险在感知一般组的系数和发生比虽然未通过显著性检验，但是也具有类似的特征。由此可知，参与医疗保险有助于提高居民高温热浪影响感知水平。可能的解释是医疗保险在为居民提供医疗保障的

同时，不仅能够有效提高居民对医疗卫生服务的利用水平（潘杰等，2013），还有助于居民增强健康意识和具备更丰富的健康知识。这类居民更为重视自身和家人的健康状况，对高温热浪的健康影响也更为关注和了解，进而表现出更强的对高温热浪影响的感知水平。

将健康状况和是否参与医疗保险结合起来看，二者可能存在一定的协同性。居民高温热浪影响感知一般组对健康状况较为敏感，而感知较高组对参与医疗保险情况更为敏感。说明医疗保险在进一步有效提高居民高温热浪影响感知方面具有重要的作用。值得注意的是，许多学者认为反映个体特征的变量如性别、年龄、学历等对居民风险感知（或高温热浪感知）具有重要影响，但在本研究中这些因素对居民的高温热浪影响感知影响并不显著。在考虑了居民家庭特征和风险经验之后，个体特征差异对居民高温热浪影响感知的作用十分有限。这一发现有别于以往的研究结果，不仅反映出高温热浪对社会公众影响的广泛性和相似性，也在一定程度上体现了本研究中尝试加入居民风险经验因素的重要意义。

2）家庭特征因素

家庭特征因素中的家庭空调数量是影响居民高温热浪影响感知的重要因素，模型结果显示，家庭空调数量对感知较高组（P < 0.01）和感知一般组（P < 0.05）都具有显著影响。感知较高组与参照组（感知较低组）相比，在控制了其他自变量的情况下，家庭空调数量每增加一个单位，居民感知到高温热浪影响的概率就会相应提高 1.428 倍。而在感知一般组与感知较低组模型的比较中，同样情况下居民感知到高温热浪影响的概率相应提高了 1.307 倍。可见，家庭空调数量的增加，有助于提高居民高温热浪影响感知水平，对感知较高者的促进作用更显著。

这是一个极为有趣的结果，使用空调是当前居民适应高温热浪的主要方式之一，空调能够有效减小高温热浪的不利影响（Smoyer，1998）。一般认为，空调的使用会引起居民环境温度感知偏差，从而降低居民对高温热浪影响的感知。而本研究结果却显示，居民对高温热浪影响的感知水平随着家庭空调数量的增加而上升。究其原因，一方面，高温热浪天气中空调的使用会增大室内外温差，进一步强化了居民对室外温度变化的感知。长期待在开空调的室内，人体将不易适应室内外强烈的温差，导致居民高温耐受能力降低，容易引起自身和家人（特别是老人、孩子、病人等）的身体不适，常见的如中暑、皮肤过敏、"空调病"等，使居民对高温热浪影响的感知程度进一步提高。另一方面，即使家中安装了空调，但从电力成本考虑，许多家庭并不经常使用空调或仅在气温最高时段使用，从而降低了空调减小高温热浪影响的作用。本次调查也发现，居民在选择高温热浪适应措施时，空调并非首选，而是倾向于选择多喝水、调整饮食结构等更经济的方式。Sheridan（2007）在北美开展的公众高温热浪感知与适应研究也得到类似结论，他发现虽然受访者普遍拥有空调，但超过三分之一的受访者认为能源成本等经济因素是他们决定是否购买和使用空调的重要因素。本次问卷调查未涉及空调使用频率，因而不能有效反映空调使用频率是否对居民高温热浪影响感知造成影响，这有待进一步实证研究。

3）风险经验因素

风险经验因素中的两个自变量高温热浪经历和本地居住时间均对居民高温热浪影响感知有显著影响。模型结果显示，高温热浪经历对居民高温热浪影响感知一般组（$P < 0.01$）和较高组（$P < 0.001$）均有显著影响。在感知一般组与感知较低组模型中，在控制了其他自变量的情况下，无高温热浪经历的居民感知到高温热浪影响的概率是参照组（有高温热浪经历）的 0.388 倍。在感知较高组与感知较低组模型中，无高温热浪感知经历的居民感知到高温热浪影响的概率是参照组（有高温热浪经历）的 0.22 倍。由此可见，与没有经历过高温热浪的居民相比，经历过高温热浪的居民对高温热浪影响感知程度更高。这与 Vitek 和 Berta（1982）以及 Spence 等（2011）的相关研究结论一致，即个人风险经验是风险感知的重要影响因素，有风险经验者更关注风险问题和更容易感知到风险事件影响的发生，并转化成实际行动来降低风险（Vitek 等，1982；Spence 等，2011）。一般而言，相比没有经历过高温热浪的居民，有高温热浪直接经历的居民对高温热浪及其影响的印象更为深刻，日常生活中会主动关注和收集高温热浪相关信息，也更容易预测即将发生的高温热浪可能造成的不利影响，表现出对高温热浪影响更高的敏感度和担心度，对高温热浪影响的感知程度也随之升高。

在本地居住时间方面，该自变量对居民高温热浪影响感知较高组具有

显著影响。与参照组（本地居住时间 20 年以上）相比，本地居住时间 3～5
年组、5～10 年组和 10～20 年组在高温热浪影响感知程度上存在显著的差
异，且系数为负，说明这三组居民感知到高温热浪影响的概率显著低于居
住 20 年以上组的居民。另外，虽然居住 0.5～1 年组和 1～3 年组与参照组
不存在显著差异，但依然可以从系数符号为负上判断其感知到高温热浪影
响的可能性要低于 20 年以上组。因此，从总体上可以看出，在控制其他自
变量的情况下，随着本地居住时间的增加，居民对高温热浪影响的感知程
度将随之波动上升。这一结果也是容易理解的，居民在福州市居住时间越
长，对本地气候变化信息的掌握就越全面，就越有可能准确判断本地气温
升高趋势。相应的，本地高温热浪经历（特别是历次重大高温热浪事件）
将更丰富，自身和家人受到高温热浪影响的频率也更高。因而，相比在福
州市居住时间较短的居民，居住越久的居民对高温热浪影响的感知程度就
越高。

　　长期以来，福州市高温热浪发生的频率和强度呈持续上升态势，特别
是近年来高温热浪的发生更是越发强烈、频繁，使福州市居民普遍经历高
温热浪，饱受"高温之苦"。本次调查也发现受访者对近几年福州市夏季的
高温热浪天气反应强烈，对历次影响较大的高温热浪事件更是记忆犹新，
如 2003 年和 2007 年夏季福州市的极端高温天气。福州市居民普遍经历过高
温热浪这一客观事实进一步提高了居民高温热浪影响感知水平。

5.1.1.5　高温热浪感知的群体差异

　　为进一步了解不同人口学特征居民对高温热浪感知的差异及其成因，
本研究对居民的人口学特征与对高温热浪的感知进行了方差分析（One Way
ANOVA）。分析结果显示，居民对福州气温升高趋势感知在性别、受教育程
度、职业和健康状况上差异并不明显，但存在显著的年龄差异（P = 0.003，
达 0.01 显著水平）。居民对气温升高趋势感知程度随年龄增加在波动中呈
现出先上升后下降的变化趋势，其中感知程度最高和最低的年龄段分别为
56～60 岁和 18～25 岁。居民对高温热浪影响感知在性别、年龄、受教育程
度和职业上差异不大，但在健康状况上存在显著的差异（P = 0.029，达
0.05 显著水平）（见表 5 - 3）。不同健康状况的居民对高温热浪影响的感知

程度从高到低依次是很糟糕、不好、一般和很好，即随着居民健康水平的提高，居民对高温热浪影响的感知程度逐渐下降。

表 5 - 3　不同人口学特征居民对高温热浪感知的方差分析

类　别		气温升高趋势感知		高温热浪影响感知	
		均值	F 值	均值	F 值
性别	男	0.76	0.197	3.32	0.230
	女	0.75	(0.657)	3.36	(0.632)
年龄	18 ~ 25 岁	0.64	4.014 (0.003)**	3.27	1.002 (0.406)
	26 ~ 35 岁	0.80		3.29	
	36 ~ 55 岁	0.77		3.42	
	56 ~ 60 岁	0.85		3.41	
	61 岁及以上	0.80		3.47	
受教育程度	小学及以下	0.67	0.750 (0.523)	3.30	0.243 (0.867)
	初中	0.82		3.24	
	高中、中专	0.76		3.36	
	大专及以上	0.75		3.35	
职业	国家机关、党群组织、企业、事业单位负责人	0.83	1.419 (0.176)	3.47	1.847 (0.057)
	专业技术人员	0.69		3.25	
	办事人员和有关人员	0.77		3.51	
	商业、服务业人员	0.80		3.21	
	农、林、牧、渔、水利业生产人员	0.60		2.60	
	生产、运输设备操作人员及有关人员	0.80		3.41	
	军人	0.40		3.00	
	离退休人员	0.82		3.55	
	待业或在校学生	0.72		3.39	
	其他	0.68		3.18	
健康状况	很糟糕	1.00	1.077 (0.358)	4.33	3.035 (0.029)*
	不好	0.88		3.64	
	一般	0.75		3.36	
	很好	0.75		3.25	

注：括号内为 P 值；* 表示 P < 0.05；** 表示 P < 0.01。

5.1.2　流动人口对高温热浪及其影响的感知

5.1.2.1　资料来源与样本属性

本节数据源于针对福州市流动人口开展的"民众对高温热浪的感知与适应"调查（附录1）。调查工作集中于 2013 年 10 月至 2014 年 1 月开展，由专业调查人员在福州市的台江区、鼓楼区、晋安区、仓山区、马尾区五个区发放调查问卷。问卷调查采取分层抽样和随机抽样相结合方式，每份问卷用时 30~60 分钟，并当场回收问卷。

调查共发放问卷 400 份，其中 377 份为有效问卷，有效率为 94.25%。调查对象样本属性为：男性占 54.38%（205 人），女性占 45.62%（172人），性别比例相对均衡；婚姻状况方面，未婚占 50.93%（192 人），已婚占 46.95%（177 人）；年龄段集中在 18~55 岁，55 岁以上所占比例较小，多为中青年人群；63.66%（240 人）的调查对象受教育程度一般（包括小学、初中、高中、中专）；大多数流动人口在福州务工时间较长，其中40.32%（152 人）在福州工作或生活 5 年及以上；职业类型集中于技术要求较低的职业，工作环境总体较差。调查片区基本覆盖福州市外来务工人员的主要集中区域，样本结构也大体符合福州市流动人口基本特征，具有一定的代表性，总体上可以反映福州市的流动人口对高温热浪的感知及高温热浪对流动人口影响的基本情况。

5.1.2.2　对高温热浪影响的感知

调查结果（见表 5-4）显示，在接受调查的福州市流动人口中，认为高温热浪对其工作或学习有较大影响的（包括"影响非常大""影响比较大""有一些影响"）占到 81.70%。流动人口群体对高温热浪的生活影响感知程度也比较高，79.85% 的认为高温热浪对其生活产生的影响较大，其中 10.88% 的选择影响非常大，21.49% 的选择影响比较大，47.48% 的认为高温热浪对其生活有一些影响。认为影响较小的比例略有差异：16.71% 的流动人口认为高温热浪对其工作或学习影响较小，其中包括认为影响不大的 15.56% 和认为丝毫没有影响的 1.15%；19.1% 的流动人口

认为高温热浪对其生活的影响较小，其中，认为影响不大的占
17.77%，丝毫没有影响的占1.33%。可见，高温热浪确实对福州流动
人口的工作或学习和生活带来较大的影响，大多数流动人口对高温热浪
产生的影响感知程度较高。

表5-4　接受调查流动人口对高温热浪对工作或学习和生活影响的感知

单位:%

影响程度	工作或学习影响	生活影响
影响较大	81.70	79.85
影响较小	16.71	19.10
不知道	1.59	1.06
合　计	100.00	100.00

5.1.2.3　影响感知的因素分析

为进一步对比流动人口对高温热浪的感知在工作或学习和生活两方面
影响的差异，以及其感知差异的形成原因，对具有不同特征的流动人口与
对工作或学习以及生活影响感知进行了方差分析。结果如表5-5所示，高
温热浪对工作或学习影响的感知程度方面，与性别、年龄、婚姻状况、职
业类型、个人月收入以及健康状况相关程度不高，但与受教育程度（$P=$
0.047，在0.05水平上显著相关）显著相关。流动人口对高温热浪产生的工
作或学习影响的感知呈现受教育程度越低感知程度越高的现象，感知程度
最高的是不识字或识字很少的人群，感知程度最低的是受过大专及以上教
育的人群。这或许与他们的工作环境存在差异有一定关系，通常受教育程
度较低的人群面临较大就业压力，一般在户外或相对暴露的环境中工作，
更容易遭受高温热浪的影响。流动人口对高温热浪的生活影响感知方面，
主要与受教育程度（$P=$0.002，在0.01水平上显著相关）、职业类型（$P=$
0.030，在0.05水平上显著相关）密切相关。流动人口对高温热浪的生活影
响感知程度呈现随受教育程度的提高而逐渐降低的趋势，感知程度最高的
为不识字或识字很少的人群。

表5-5　不同特征的流动人口对高温热浪感知的方差分析

类　别		工作或学习影响感知		生活影响感知	
		均值	F值（P）	均值	F值（P）
性别	男	1.19	0.552 (0.576)	1.20	0.365 (0.694)
	女	1.21		1.23	
年龄	18~25 岁	1.17	1.980 (0.140)	1.18	1.524 (0.219)
	26~35 岁	1.21		1.22	
	36~55 岁	1.18		1.24	
	56~60 岁	1.56		1.44	
	60 岁及以上	1.67		1.33	
受教育程度	不识字或识字很少	1.75	3.080 (0.047*)	1.50	6.489 (0.002**)
	小学、初中、高中、中专	1.20		1.22	
	大专及以上	1.17		1.11	
婚姻状况	未婚	1.20	3.080 (0.703)	1.21	0.804 (0.448)
	已婚	1.18		1.20	
	离婚	1.33		1.33	
	丧偶	2.00		1.50	
职业类型	其他	1.15	2.364 (0.095)	1.14	3.553 (0.030*)
	保洁、家政、餐饮、商贩	1.17		1.31	
	建筑、运输、制造业、装修、生产、运输设备操作人员及有关人员	1.26		1.25	
个人月收入	1600 元以下	1.21	0.426 (0.654)	1.17	0.944 (0.390)
	1600~3000 元	1.17		1.21	
	3001~6000 元	1.22		1.21	
	6001~10000 元	1.28		1.36	
	10001 元以上	1.20		1.20	
健康状况	很好	1.22	0.226 (0.798)	1.29	2.408 (0.091)
	一般	1.19		1.16	
	不好	1.20		1.27	
	很糟糕	1.20		1.00	

注：P 为显著性，＊表示在 0.05 水平上显著相关，＊＊表示在 0.01 水平上显著相关。

　　流动人口对高温热浪影响的感知与其职业类型密切相关。结合图 5－6 的工作环境差异（职业环境分类）分析得出，不同环境（一般、较差、差）中工作的流动人口对高温热浪的感知存在一定规律，呈现由低到高再降低的过程，即工作环境越差，流动人口对高温热浪的感知程度就越高，而工作环境越好，其对高温热浪对工作或学习影响的感知程度越低，例如从事保洁、家政、餐饮、商贩职业的工作环境较差的流动人口感知程度最高，其次是建筑、运输、制造业、装修等。

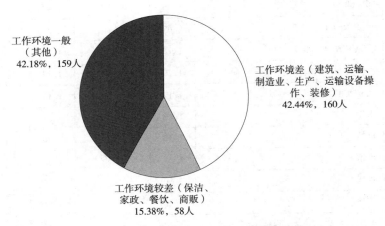

图 5－6　福州市流动人口的工作环境差异

注：数据前者为百分比；后者为人数；其他以私营店主等室内工作者为主。

5.1.3　大学生对高温热浪及其影响的感知

5.1.3.1　问卷调查与样本属性

　　本节数据来自"大学生对高温热浪的感知与适应"调查（附录 2），问卷问题主要围绕大学生对高温热浪的感知、对高温热浪对其生活与学习的影响程度感知，以及他们对高温热浪的应对行为等进行设计，主要包括大学生对高温（热浪）的感知、高温（热浪）对大学生的影响、大学生应对高温（热浪）、大学生基本状况等。

　　问卷调查集中于 2015 年 6 月开展，调查组向福州市大学城内的福州大学、福建师范大学、福建医科大学、福建工程学院、福建江夏学院、福建闽江学院六所高校在校生发放问卷。问卷调查采取分层抽样和随机抽样相结合的方式，每份问卷用时约 15 分钟，并当场回收问卷。共发放 300 份问卷，其中有效问卷 297 份，有效率 99%。问卷调查有效样本属性如图 5 - 7 所示。受访者男女比例分别为 48.48% 和 51.52%，年级以大一（占 27.95%）、大二（占 28.96%）、大三（占 32.66%）为主，专业类别中理工科、文科、医科分别为 42.42%、41.08%、16.50%。

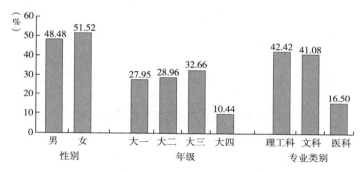

图 5 - 7　大学生有效样本属性

5.1.3.2　对高温热浪的感知

调查结果如图 5 - 8 所示，明确表示气温升高的受访者占总人数的 65.65%，其中，有 42.42% 的受访者认为气温明显升高，23.23% 的受访者认为气温升高。这说明大多数大学生对福州气温升高趋势的感知较为强烈，这也与前文对福州市本地居民的调查结果相近。福州高温热浪事件频发可能在一定程度上强化了大学生对高温热浪的感知（严青华，2011），如调查中大部分受访者（90.57%）都表示近期经历了高温热浪。同时，也有一部分受访者（34.35%）未能感知到气温升高趋势，其中甚至有极少数大学生（2.02%）认为气温在下降。

对于福州市气温变暖发生时间段的感知，调查结果显示有 52.86% 的受访者认为气温在 2010 年之后明显变暖，有 25.93% 的受访者表示不知道，17.85% 的受访者认为气温变暖在 2005 ~ 2010 年发生明显变化（见图5 - 9）。值得注意的是，大学生大多来自福州以外的福建其他地区或其他省份，对于他们到福州学习、生活前的福州气温没有直接的经历，所以导致大部分大学生认为福州市气温升高发生在"2010 年至今"，甚至直接表示"不知道"。

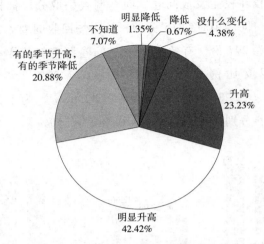

图 5 - 8　大学生对气温变化趋势的感知

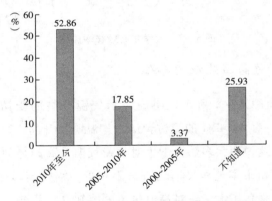

图 5 - 9　大学生对气温升高发生时间的感知

5.1.3.3　对高温热浪影响的感知

对问题"您觉得高温（热浪）对您个人的工作或学习有没有影响?"的回答进行统计，结果如图 5 - 10 所示，55.55% 的受访者表示高温热浪对其学习有较大影响，其中有 20.20% 的受访者认为"影响非常大"，有 35.35% 的受访者认为"影响比较大"；39.06% 的受访者表示高温热浪对其学习有一些影响；而仅有 0.34% 的受访者表示高温热浪对其学习丝毫没有影响。可见，高温热浪对大学生的学习产生了明显影响。

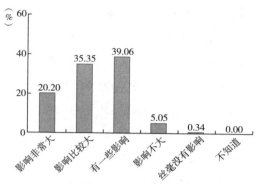

图 5 - 10 高温热浪对大学生学习的影响

高温热浪对大学生的生活也造成了一定的影响。在问题"您觉得高温（热浪）对您个人的生活有没有影响？"的回答（统计结果见图 5 - 11）中，53.20% 的受访者表示高温热浪对其生活有较大影响，其中包含 19.53% 的"影响非常大"和 33.67% 的"影响比较大"；39.73% 的受访者表示高温热浪对其生活有一些影响；仅有 6.73% 的受访者表示高温热浪对其生活几乎没有影响（包含"影响不大"和"丝毫没有影响"）。在对其生活的影响程度方面，表示高温热浪对其生活有影响的大学生的比例稍有下降，表示对其生活没有影响的大学生比例升高了 1.34 个百分点，这可能与大学生生活内容（主要为上课、社团活动和宿舍生活等）相对简单有关，所以对高温热浪对其生活造成影响的感知有所下降。但总的来看，认为高温热浪对其生活有影响的大学生占了多数，说明高温热浪对大学生的生活也造成了一定影响。

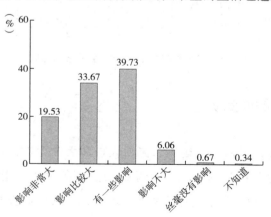

图 5 - 11 高温热浪对大学生生活的影响

为分析高温热浪对大学生健康的影响，设计了"您夏季（近期）是否因高温（热浪）天气而出现以下现象？"的问题。调查结果显示，出现比例较高的现象为"口渴，大量出汗（脱水）"、"不舒服，焦虑"、"因吹空调引起感冒"和"中暑"，其比例分别为 61.28%、54.21%、40.74% 和 31.99%（见图 5－12）。这可反映出高温热浪对大学生健康的影响状况。研究表明，高温热浪会带来严重的健康后果：高温热浪会导致中暑、热衰竭、热痉挛等一系列疾病的发生，并可诱发呼吸系统、消化系统、神经系统和心血管系统疾病的发生，使发病率和死亡率升高（Davis 等，2003；Sheridan 等，2003）。大学生群体的身体素质较好，对于老年人、儿童等脆弱性人群来说，高温热浪对其健康造成的危害将会更大。

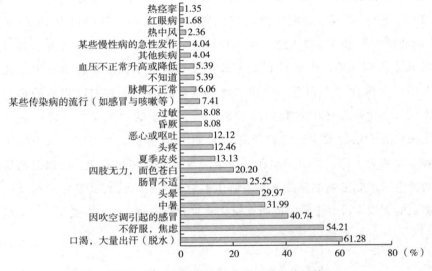

图 5－12　高温热浪对大学生健康的影响

5.2　高温热浪的适应

前文分别探讨了福州市居民、流动人口和大学生对高温热浪及其影响的感知状况，并分析了影响上述人群感知活动的重要因素及其作用程度。作为高温热浪研究中的两个重要内容和环节，民众的高温热浪感知与适应行为密切相关。仅仅了解民众对高温热浪影响感知状况是远远不够的，还需要对民众的高温热浪适应行为特征进行深入剖析。由于我国高温热浪感知与适应研究起步较晚，目前国内相关研究成果并不多见，仅在广东省、海南省和山东省开展了一些居民健康风险感知与适应探索性分析，对于我国民众高温热浪感知与适应特征及其相互作用机制都缺乏系统性研究。与此同时，风险沟通对居民灾害感知和适应均有重要影响。随着社会经济的发展，人们很少通过直接经验获取自然环境变化（如灾害风险）信息，更多的是通过媒体、学校、教育等间接渠道获取（周旗等，2009）。获取信息的渠道，信息传播的时间顺序、方式和范围对个体灾害感知将产生重要影响，广泛的信息获取能够有效增加个体采取风险适应行为的可能性（刘金平等，2006；朱红根，2011）。

　　鉴于此，本章将在前文的基础上，进一步分析探讨福州市城市居民、流动人口和大学生对高温热浪的适应情况，以便更全面地了解和把握民众对高温热浪的感知与适应特征及其相互作用机制，保护民众免于高温热浪的侵害，并将为政府制定和调整高温热浪应对策略提供科学依据。

5.2.1　城市居民对高温热浪的适应

5.2.1.1　城市居民获取高温热浪信息的渠道

　　为深入分析了解福州市城市居民获取高温热浪信息的渠道和特征，在调查问卷中设计了多选题"请问，您通过哪些渠道了解高温热浪信息？"答案包括网络、电视、学校老师、收音机、广告标语、报纸、聊天、自我感觉和其他共9个选项。图5-13显示了受访者获取高温热浪信息渠道的总体分布情况，按选择率从高到低排序，依次是电视（81.03%）、网络（72.31%）、报纸（46.84%）、自我感觉（46.05%）、聊天（21.20%）、收音机（14.02%）、广告标语（3.25%）、学校老师（3.08%）和其他（0.51%）。从中可以看出，电视和网络是城市居民获取高温热浪信息最主要的渠道，这与国内外相关研究结论有类似之处（Palecki等，2001；郗小林等，1998）。随着我国网络信息技术的高速发展和人民生活水平的不断提高，网络已成为城市居民获取和传递高温热浪信息的重要新兴媒体。同时，自我感觉作为居民直接经历高温热浪的主要方式，在获取高温热浪信息过程中依然发挥重要作用。此外，学校教育本是传播高温热浪信息的重要渠道，而本次调查中学校老师选项的选择率却远远低于各类大众媒体，表明当前我国学校教育未能充分发挥向居民传播高温热浪信息的重要作用，其作用有待进一步提高。

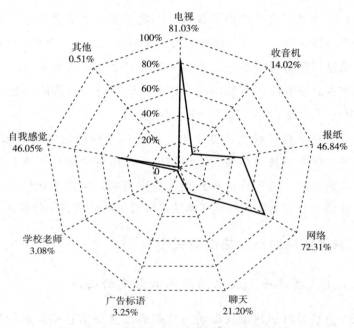

图 5 - 13　城市居民获取高温热浪信息的渠道

5.2.1.2　城市居民应对高温热浪影响的适应行为

在个体层面，基于对高温热浪影响的感知，居民将自发利用可用资源去实施适应措施，以达到减小或消除高温热浪不利影响的目的。为考察福州市城市居民应对高温热浪影响的适应行为，在调查问卷中设计了 23 种适应措施和一个其他项作为备选项，由受访者进行多项选择，图 5 - 14 列出了本次问卷调查结果（勾选率前十项）。从中可以发现，大部分受访者采取的适应措施是多喝水（92.65%）和调整饮食结构（71.28%），这可能与二者在日常生活中较易实施且成本较低有关。安装空调能够调节室内温度，是减小高温热浪影响最为便捷和有效的措施，也使其成为受访者普遍采取的适应措施（66.84%）。此外，还有超过一半的受访者采取购买凉快衣服或遮阳设备（59.83%）、调整出门时间（51.97%）、喝凉茶或消暑的中药（51.79%）来适应高温热浪天气。值得注意的是，虽然安装空调是居民减小高温热浪影响的有效适应措施，但其广泛使用将加重城市热岛效应，增加高温热浪风险。今后应尽量减少空调使用，寻求更为环保、高效、可持续性强的适应措施。

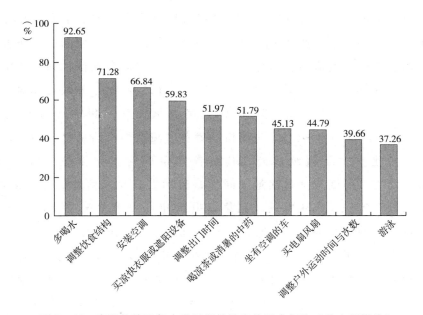

图 5 - 14　高温热浪天气中居民保护健康的适应行为（前十项措施）

国外研究表明，虽然公众有关高温热浪的知识（如高温警报）较为丰富，但对于如何适应高温热浪所知甚少，也较少因为高温热浪而改变他们的行为，最多也就是尽量避免户外活动（Shevky 等，1956）。与之相比，福州市城市居民具有较强的适应意识，能够积极主动地采取适应行为，适应措施也较为丰富，但福州市居民应对高温热浪所采取的适应措施主要都是一些日常生活中较为简单便捷、经济成本低和可操作性强的方式。从调查结果中我们不难看出，除福州市居民自身高温热浪影响感知水平较高外，大众媒体在提高居民高温热浪适应能力方面发挥了重要作用。通过查阅相关媒体报道（福州市鼓楼区政务网，2011；中国天气网，2013）我们可以发现，福州市居民所采取的高温热浪适应措施与大众媒体对于如何预防高温热浪影响的相关宣传报道内容非常相似，如多喝水、调整饮食结构、调整出门时间等。

5.2.2 流动人口对高温热浪的适应

5.2.2.1 流动人口获取高温热浪信息的渠道

同时，我们也对福州市流动人口获取高温热浪信息的渠道与特征进行了调查，同样是上述9个选项。调查结果如图5－15所示，受访者获取高温热浪信息渠道的总体分布情况，按选择率从高到低排列，依次是电视（75.33%）、网络（63.66%）、自我感觉（35.01%）、报纸（31.30%）、聊天（21.22%）、收音机（12.73%）、广告标语（10.88%）、学校老师（5.31%）和其他（5.04%）。与城市居民获取高温热浪信息渠道相比，除自我感觉比重大于报纸以外，其余各种渠道的占比排序情况一致，电视、网络、报纸和自我感觉等同样是流动人口获取信息的主要渠道。具体来看，流动人口从电视、网络、报纸和自我感觉渠道获取高温热浪信息的比例比城市居民更低，而收音机、广告标语、学校老师和其他几个渠道的比重比城市居民更高。这在一定程度上与流动人口的生活方式相契合。相对于城市居民，流动人口所能接触到电视和网络的机会略小一些，工作之余更多的是通过收音机和广告标语这类简单方式娱乐和获取信息。工作环境时常暴露于高温热浪之中，使流动人口逐渐习惯这种环境，从而未能将自我感觉作为获取高温热浪信息的一种渠道看待。

5.2.2.2 流动人口对高温热浪影响的适应行为

如上文所述，与城市居民相比，流动人口工作、生活环境较差，人均可支配收入较低，是典型的高温热浪脆弱性群体，这部分人群如何适应高温热浪应予以高度关注。从问卷反馈的数据可以得出大多数流动人口选择简单、经济的行为方式来应对福州的高温热浪天气，77.98%的流动人口选择多喝水，47.48%的选择买凉快的衣服或遮阳设备（如太阳镜或太阳帽

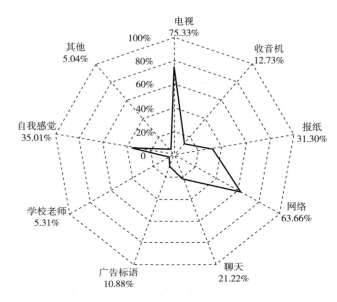

图 5 - 15 流动人口获取高温热浪信息的渠道

等），46.68% 的调整饮食结构，多吃些清淡的食品，43.50% 的喝凉茶或消暑的中药，32.10% 的选择吃冷饮。部分流动人口选择从设备调整方面进行应对，其中，47.48% 的人选择安装空调，36.07% 的选择买电风扇，27.06% 的选择购买冰箱，25.99% 的选择出门坐有空调的车。部分流动人口选择调整自己的生活作息时间，28.38% 的调整出门时间，15.92% 的调整睡眠时间（迟睡早起）。部分流动人口通过调整运动休闲方式来应对高温热浪，选择游泳和调整户外运动时间与次数的分别为 20.95% 和17.24%，15.12% 的选择多在家上网或看电视。部分改变生活计划应对高温热浪的影响，19.36% 的减少出门访亲问友的次数，16.98% 的到乡下或老家避暑，11.94% 的外出旅游度假避暑。此外，还有通过在家看书、看报，购买养老保险、医疗保险或人寿保险等以及培养兴趣爱好（如书法、绘画等）等行为适应高温热浪。还有 1.06% 的流动人口在高温热浪来临时不知所措，不知道如何调整生活方式以应对福州市的高温热浪天气。

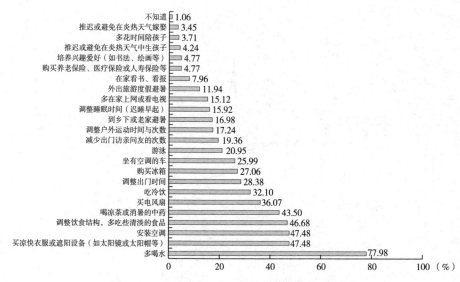

图 5 – 16 受调查流动人口适应高温热浪行为选择

5.2.3 大学生对高温热浪的适应

5.2.3.1 大学生获取高温热浪信息的渠道

针对福州市大学生获取高温热浪信息渠道的调查结果（见图 5 – 17），按选择率从高到低排序，依次是网络（81.82%）、自我感觉（59.26%）、电视（42.42%）、聊天（27.61%）、学校老师（11.45%）、报纸（11.11%）、广告标语（7.07%）、其他（5.05%）和收音机（3.70%），大学生与城市居民在获取信息的渠道方面存在较大差异。电视这种信息渠道的比重下降至第三位，网络成为大学生获取信息的首要渠道，体现了信息化对年轻一代群体获取信息方式的显著影响。自我感觉紧随其后成为第二重要渠道，说明大学生对高温热浪事件更加敏感，也更加关注高温热浪信息。大学生课堂学习时间较多，学校老师作为大学生特有的信息获取渠道发挥了重要的作用。此外，当代大学生对报纸和收音机的接触比较少，其重要性也相应地降低了很多，特别是报纸的信息媒介作用下降尤为明显。

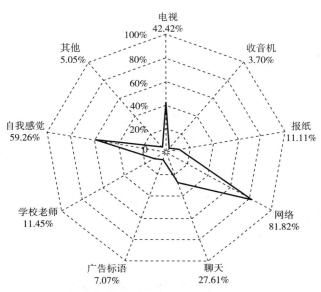

图 5 – 17 大学生获取高温热浪信息的渠道

5.2.3.2 大学生对高温热浪影响的适应行为

大学生作为文化水平较高的一类群体，他们是如何应对高温热浪的？调查结果（见图 5 – 18）显示，多喝水这种简单的方法最受受访大学生的青睐，占受访总人数的 84.85%；另外，53.20% 的选择调整饮食结构，多吃些清淡的食品，49.49% 的受访大学生选择买凉快衣服或遮阳设备（如太阳镜或太阳帽等），41.41% 的选择调整出门时间；一大部分大学生选择利用消暑的设备来应对高温热浪，58.25% 的大学生选择安装空调，30.98% 的选择坐有空调的车，26.26% 的选择买电风扇；一部分大学生选择改变作息及娱乐方式，41.41% 的选择调整出门时间，28.96% 的选择调整户外运动时间与次数，25.93% 的选择躲在宿舍上网或看电视，24.92 % 的受访大学生选择减少出门访亲问友的次数，17.17% 的受访大学生选择调整睡眠时间（迟睡早起），15.82% 的选择在家看书、看报；还有一部分大学生（17.17%）选择外出避暑，其中 7.07% 的受访者选择外出旅游度假避暑。这表明大学生能较好地应对高温热浪，且大多数会选择改变日常生活习惯这种成本低的方式来应对高温热浪。

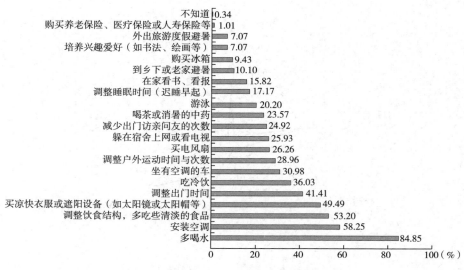

不知道 0.34
购买养老保险、医疗保险或人寿保险等 1.01
外出旅游度假避暑 7.07
培养兴趣爱好（如书法、绘画等） 7.07
购买冰箱 9.43
到乡下或老家避暑 10.10
在家看书、看报 15.82
调整睡眠时间（迟睡早起） 17.17
游泳 20.20
喝茶或消暑的中药 23.57
减少出门访亲问友的次数 24.92
躲在宿舍上网或看电视 25.93
买电风扇 26.26
调整户外运动时间与次数 28.96
坐有空调的车 30.98
吃冷饮 36.03
调整出门时间 41.41
买凉快衣服或遮阳设备（如太阳镜或太阳帽等） 49.49
调整饮食结构，多吃些清淡的食品 53.20
安装空调 58.25
多喝水 84.85

图 5-18　受调查大学生适应高温热浪的行为

5.3　本章小结

本章基于 1259 份问卷调查数据，从个体主观角度分析了福州市城市居民、流动人口和大学生对高温热浪的感知及其差异，并分别探讨了三类群体对高温热浪的适应行为特征，主要结论如下。

福州市居民总体上（75.56%）能够准确感知本地气温升高趋势，85.81% 的居民认为在 2000 年之后气温升高最为明显，感知结果与气象监测数据基本一致。居民对气温升高趋势和发生时间的感知很大程度上是基于以往高温天气经历，特别是历次重大高温热浪事件经历，而居民对这些经历在时序上具有不同的记忆程度。除此之外，居民的年龄、职业、收入和健康状况等个体特征也是影响对气温升高趋势和发生时间感知的重要因素。福州市居民对于高温热浪影响感知水平较高，大部分（85.81%）受访者认为高温热浪对其个人与家人有显著影响。福州市居民对气温升高趋势感知存在显著的年龄差异，对高温热浪影响感知存在显著的健康状况差异。高温热浪经历、家庭总人口和家庭空调数量对福州市居民高温热浪影响感知具有显著正向影响，即居民家庭总人口多、空调数量多以及经历过高温热浪的居民对高温热浪影响感知程度更高。而已有研究表明对公众风险感知具有重要影响的性别、年龄、婚姻状况、职业类型等因素在本研究中的作用并不显著，有待进一步地定量验证。

高温热浪的增强对流动人口这一典型脆弱性群体的工作或学习和生活都产生了显著的影响，认为高温热浪对其工作或学习产生较大影响的占81.7%，对生活产生较大影响的占79.85%。性别、年龄、婚姻状况、健康状况等在流动人口影响感知中的作用并不明显，而受教育程度、职业类型对高温热浪感知的作用显著。受教育程度高的流动人口，应对高温热浪的能力较强，加上在职业上的选择空间较大，对高温热浪的感知程度较低。相对而言，受教育程度低的流动人口受职业选择的制约作用越强，应对能力较弱，对高温热浪的感知程度较高。

大部分（65.65%）大学生能够较为准确地感知福州气温升高趋势，且对2010年后发生的高温热浪事件感受较深刻（52.86%）。高温热浪对大学生的学习、生活和健康都造成了一定影响，且不少大学生表示高温热浪导致他们出现多种身体不适现象，有口渴、中暑、焦虑、吹空调引起感冒等，比例分别为61.28%、54.21%、40.74%和31.99%。

城市居民获取高温热浪信息最主要的渠道为电视、网络、报纸和自我感觉，而学校教育在传播高温热浪信息中的作用与影响要远低于各类大众媒体，有待进一步提高。福州市居民适应高温热浪的措施较为丰富，简单便捷、经济成本低和可操作性强是居民选择适应措施时的主要考虑因素，主要措施包括多喝水、调整饮食结构、安装空调、购买凉快衣服或遮阳设备、调整出门时间、喝凉茶或消暑的中药等，且与大众媒体的宣传报道内容密切相关。

流动人口获取高温热浪信息的渠道同城市居民相似，电视、网络、自我感觉和报纸同样是流动人口的主要信息渠道。同城市居民相比，收音机、广告标语、学校老师和其他渠道对流动人口而言更加重要，这也在一定程度上与流动人口的生活方式相契合。在适应高温热浪过程中，外来流动人口同样采取多喝水、买凉快的衣服或遮阳设备、安装空调、调整饮食结构以及喝凉茶或消暑的中药等方式来消除负面影响，比例分别为77.98%、47.48%、47.48%、46.68%和43.50%。

　　大学生获取高温热浪信息的渠道结构同城市居民和流动人口存在较大差异，信息主要来源于网络、自我感觉和电视，而报纸和收音机等传统媒介的重要性下降十分明显。大学生适应高温热浪的措施主要包括多喝水（84.85%）、安装空调（58.25%）、调整饮食结构（53.2%）、购买凉快衣服或遮阳设备（49.49%）、调整出门时间（41.41%）、喝凉茶或消暑的中药（23.57%）等。

第六章 高温热浪的评估

本章摘要 基于可比较的全球变化脆弱性评估模型（Vulnerability Scoping Diagram，简称 VSD），本章首先构建了高温热浪风险评价指标体系，同时引入空间关联指数，探讨了福建省高温热浪风险时空分布特征、热点区演化以及风险类型；其次，从暴露—敏感—适应性以及胁迫—脆弱性两个方面进行高温热浪的脆弱性评估，以福州市为研究区，并与南平市辖区进行比较。结果表明以下五点。第一，2000～2015 年，福建省高温热浪风险水平呈整体下降趋势，且不同城市间风险等级转化明显。第二，高温热浪风险空间分布为跳跃变化的"圈层"结构，风险指数由中心向外围呈"低—高—低"的变化趋势。第三，高温热浪风险的空间集聚程度整体趋于减小，热点区呈收缩态势并由"多核心"演变为"双核心"，冷点区稳定分布于闽东北的宁德地区。第四，福建省高温热浪风险划分为五大类型，即省会—副省级高风险区、市辖区次高风险区、河谷中风险区、沿海平原次低风险区以及闽东—内陆山区低风险区。第五，在地理环境与社会经济系统存在显著差异的沿海与内陆，高温热浪的脆弱性也具有明显差异。主要表现为：1994～2013 年沿海地区高温热浪的脆弱性低于内陆，但由于经济发展导致敏感性增加，前者不断攀升的脆弱性可能会超越后者；内陆地区的人类活动对环境的干扰程度较弱，其敏感性不断降低而适应性有所上升，致使其高温热浪的脆弱性不断降低。降低高温热浪脆弱性的关键在于在增强区域适应性的同时也要降低其敏感性。第六，高温热浪高脆弱性地区集中在城镇化水平高、流动人口高度密集的城市中心；低脆弱性地区则集中在植被覆盖率高、敏感人群较少的西部地区。

6.1 高温热浪的风险评估

高温热浪风险已成为国际社会普遍关注的气候变化风险问题之一。虽然自 2010 年以来，学者们逐渐将关注视角转移至宏观的风险评估（陈见等，2007；庞文保等，2011；张书娟，2011；黄慧琳，2012），且主要通过构建评价指标体系来实现风险水平评估与风险区划（丁晓萍等，2010；郑雪梅等，2016；谢盼等，2015；税伟等，2017）。但总体而言，已有高温热浪研究多集中于成因机制及其影响，进行评估与类型划分的研究成果较少，且多以单一年份的截面数据为基础进行风险水平的静态分析，对高温热浪风险水平时空演化的探讨成果较为鲜见。基于此，本章以福建省 68 个研究单元为研究区，以 2000～2015 年作为研究时段，选取 2000 年、2005 年、2010 年和 2015 年 4 个时间节点，构建高温热浪风险评价指标体系，引入空间关联指数，分析福建省高温热浪风险时空分布特征、热点区演化以及类型划分，旨在为高温热浪风险管理、相关公共政策制定和公共服务设施空间布局提供决策参考。

6.1.1 研究方法

6.1.1.1 评估指标体系的构建

参考美国国家海洋和大气管理局（National Oceanic and Atmospheric Administration，简称 NOAA）脆弱性评估教程（Flax 等，2002）、美国国家环保局（U.S Environmental Protection Agency，简称 EPA）生态风险评估导则（Norton 等，1992）以及 IPCC 的风险评估方法，本章在前人研究的基础上，综合考虑高温热浪风险特征及其影响因素，遵循准确性和区域代表性等原则，基于 VSD 假设模型将高温热浪风险指标按风险暴露性、风险敏感性、风险适应性 3 个评估维度进行梳理归类（王应明，1995）。评估指标体系包含高温热浪暴露性等 10 个准则层和连续 3 天 ≥35℃ 频次、人均 GDP、城镇面积、电视人口综合覆盖率、每万人医生数量等 26 个指标，并根据指标性质差异将指标分为正指标和负指标两种（见表 6 - 1）。

表 6 - 1　高温热浪风险评估指标体系及权重

目标层	准则层	测　度	指标层
风险暴露性 (0.46)	高温热浪暴露性 (0.71)	频度 强度	连续 3 天≥35℃频次 (0.16) 高温日数 (0.12) 高温热浪总天数 (0.41) 日最高气温 (0.31)
	人口暴露性 (0.29)	人口数量	常住人口数 (0.45) 人口密度 (0.55)
风险敏感性 (0.31)	人口属性 (0.23)	人口经济社会 特征	0~14 岁人口 (0.35) 65 岁以上人口 (0.45) 性别比 (0.20)
	经济发展水平 (0.24)	经济发展	工业生产总值 (0.28) 人均 GDP (0.72)
	社会保障能力 (0.21)	低保力度	居民最低生活保障人数 (1.00)
	环境本底状况 (0.32)	地表水量 地表硬化程度 地表植被覆盖度 地势	河流湖泊面积 (0.25) 城镇面积 (0.47) 植被覆盖度 (0.19) 平均高程 (0.09)
风险适应性 (0.23)	资金可达性 (0.28)	GDP 政府财政收入 居民存款余额	地区生产总值 (0.34) 地方一般公共财政预算收入 (0.33) 城乡居民储蓄存款余额 (0.33)
	基础设施可达性 (0.27)	交通条件 防病条件 遮阴降温条件	公路通车里程 (0.32) 每万人病床数 (0.34) 人均绿植面积 (0.34)
	信息可达性 (0.19)	信息传播条件	电视人口综合覆盖率 (0.73) 本地电话用户 (0.27)
	技术可达性 (0.26)	专业技术人员	每万人专任教师数 (0.35) 每万人医生数量 (0.65)

6.1.1.2　指标权重赋值

参考前人研究成果，选用 Delphi 专家咨询法（李华生等，2005）进行指标权重赋值。通过 12 人专家小组对指标的相对重要程度进行两两比较与综合评判，构建权重判断矩阵，并进行一致性检验，根据判断矩阵计算得出各级权重（见表 6 - 1），最后对各指标值采用极值法进行无量纲化处理（Sullivan，2002）。

6.1.1.3 高温热浪风险水平测度模型与风险程度划分

基于高温热浪风险的发生作用和过程，本章设定区域高温热浪风险包含 3 个维度，即风险暴露性（E）、风险敏感性（S）、风险适应性（A）。参考国内外相关研究（谢盼等，2015），根据指标综合的表达方式，将高温热浪风险指数 R 定义为暴露性、敏感性和适应性三者的函数，计算公式为：

$$R = (E \times W_i) \times (S \times W_j)/(A \times W_k) \tag{6-1}$$

式中：R 为高温热浪风险指数；E 为风险暴露性，W_i 为风险暴露性维度的权重；S 为风险敏感性，W_j 为风险敏感性维度的权重；A 为风险适应性，W_k 为风险适应性维度的权重。

为更直观地反映福建省高温热浪风险水平的时空分布特征，基于 2000 年、2005 年、2010 年和 2015 年的高温热浪风险指数，通过 ArcGIS 的自然断点分级法将高温热浪风险指数 R 划分为"高—低"5 个风险等级，分别对应高风险区、次高风险区、中风险区、次低风险区和低风险区。

6.1.1.4 高温热浪风险空间格局测度模型

利用探索性空间数据分析（Exploratory Spatial Data Analysis，简称 ESDA）中的空间"热点"探测（Getis – Ord G*）分析高温热浪风险的空间分布和其他异质性的格局特征（马晓冬等，2012；赵雪雁等，2017；薛俊菲等，2012；薛东前等，2014），计算公式为：

$$G_i^*(d) = \sum_{i=1}^{n} W_{ij}(d) X_i / \sum_{i=1}^{n} X_i \tag{6-2}$$

式中：X_i 为 i 地区的观测值，W_{ij} 为空间权重矩阵。$G_i^*(d)$ 值显著为正，表明 i 地区周围的值相对较高，属于高值集聚的热点地区，反之则为低值集聚的冷点地区。

6.1.1.5 高温热浪风险区类型划分

通过因子分析对指标进行简化，基于因子分析结果提取 3 个主成分，分别为人口数量与结构、高温热浪频率与强度、医疗设施及水平，以 3 个主成分作为高温热浪风险因子变量进行系统聚类，对高温热浪风险进行归类。然后结合高温热浪风险的时空特征、空间格局演变特性，对聚类结果进行局部修正，形成福建省高温热浪风险区划图。

6.1.2　结果与分析

6.1.2.1　高温热浪风险时空特征

（1）风险程度与等级总体降低

2000～2015 年福建省高温热浪风险区发生了较为显著的变化，闽北和闽南一带高（次高）风险区缩减明显，风险整体呈减小趋势（见图 6－1）。具体而言（见图 6－2）：2000～2005 年，全省范围内 8.8% 的次高区转为中等区，但中等区数量基本保持不变，这和中等区与次低区之间明显的转移现象相关；2005～2010 年，不同区域间风险等级由次高向中等区、中等向次低区加速转化，次高风险区减少幅度增加至 11.8%；2010～2015 年，不同区域间的风险等级进一步发生转化，除厦门市由次高转为高风险区外，其余城市总体呈现风险等级向低等级转化趋势。至 2015 年，全省范围内次高、中等和次低三个等级的风险区转移最为显著，其中次高风险区向中等风险区转移后大幅度减少且进一步转化为次低及低风险区。

（2）风险分布的"圈层"特征日益明显

福建省高温热浪风险整体呈现"跳跃式"变化的"圈层"空间结构特征，即由中间向外围，风险值变化趋势为"低—高—低"（见图 6－1）。2000～2005 年，高风险区缩减明显，仅保留福州市辖区一个高风险区；次高风险区范围略有缩减，但仍保持集中连片、半包围式分布；中等风险区空间范围略有扩张，由相对分散趋于连片分布；次低风险区范围也有所扩张，而低风险区分布未出现变化。2005～2010 年，不同风险等级区分布范围进一步发生变化。高风险区保持不变；次高风险区范围进一步缩减，形成闽清—南安的"E"字形格局，将范围扩张的中等风险区分布割裂，且中等风险区集中分布于北部南平市的大部分地区和南部的龙岩市、泉州市和漳州市交界的地区；次低风险区略有收缩但空间位置基本不变，而低风险区增加了惠安县。2010～2015 年，全省范围内的次高风险区范围进一步缩减，分布趋于分散零星，且分布地区渐趋集中在城镇化水平较高的市辖区，这与市辖区的经济社会发展水平高、人口集聚等密切相关；中等风险区则大面积减少，次低及低风险区空间范围明显扩张，但零散分布于全省范围内。

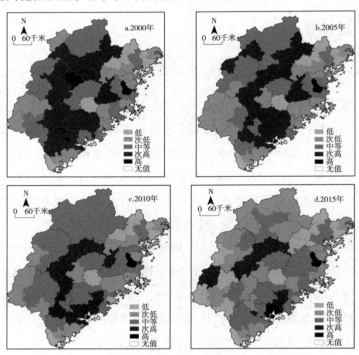

图 6-1　福建省高温热浪风险空间分布（2000~2015 年）

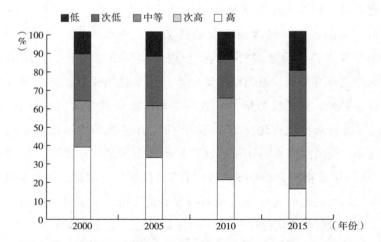

图 6-2　福建省不同等级高温热浪风险区转化（2000~2015 年）

6.1.2.2 高温热浪风险"热点"演化

基于福建省各城市的高温热浪风险值，运用空间关联指数 Getis – Ord Gi* 揭示高温热浪风险演化过程中风险的空间集聚特征（见图 6 – 3），分析结果如下。

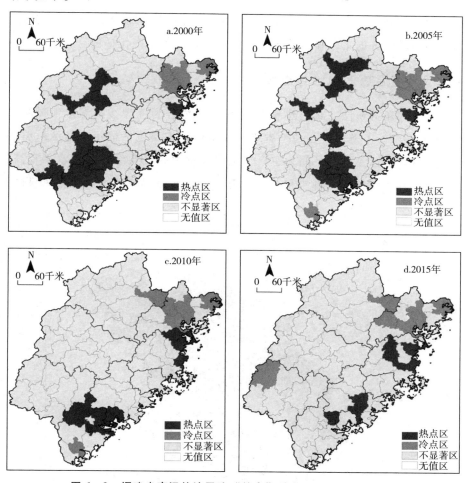

图 6 – 3 福建省高温热浪风险"热点"演化（2000～2015 年）

（1）高温热浪风险"热点区"趋于集中

2000 年以来，"热点区"整体呈现收缩状态，呈现由"跳跃式"变化到渐趋稳定、由"分散"分布到趋于"集中"的特征，由以沙县、华安、福州市辖区为核心的"多核心"空间分布，逐渐演变形成环福州市辖区和环厦门市的"双核心"结构;而"冷点区"则集中稳定分布于闽东北地区的宁德市。

(2)"热点区"数量呈减少趋势

"热点区"数量呈减少趋势,以2010~2015年数量减少最为明显;"冷点区"则呈波浪状稳定波动变化。总体来看,2000~2015年福建省高温热浪风险的"热点区"和"冷点区"分别呈收缩和稳定态势,表明福建省高温热浪高风险区的集聚显著趋于弱化,低风险区集聚变化平稳。

6.1.3 高温热浪风险类型划分

根据因子分析法,将福建省(2015年)划分为五大类高温热浪风险区(见图6-4):Ⅰ类为省会—副省级高风险区,主要包括福州市辖区及厦门市,该区地形以盆地、平原为主,加上属于福建省社会经济发展水平较高、城镇化进程较快地区,自然和人为因素双重叠加使得该地区成为高风险区;

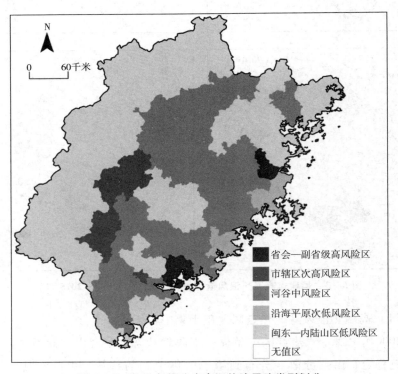

图6-4 2015年福建省高温热浪风险类型划分

Ⅱ类为市辖区次高风险区，主要分布在三明、龙岩、漳州等市辖区，该区主要为各地级市市区所在地，经济社会发展水平较高，区域发展过程中对环境本底改变较大等人为因素助推该区成为次高风险区；Ⅲ类为河谷中风险区，主要分布在闽江干支流、九龙江、晋江沿岸；Ⅳ类为沿海平原次低风险区，主要分布在中部沿海地区，该区虽然风险敏感性较强，但高温及高温热浪特征较弱，风险暴露性低，使该区成为次低风险区；Ⅴ类为闽东—内陆山区低风险区，主要包括宁德市大部分、南平市北部和西部、三明市西部、龙岩市西部、漳州市南部以及泉州市北部等地，该区地貌以丘陵为主，受地形条件的限制，经济社会发展水平较低、人口密度较小，加上高温热浪频次低等原因，成为低风险区。

6.2　高温热浪的脆弱性评估

脆弱性源于早期的自然灾害研究（Janssen 等，2006），对物质环境的考量偏多，社会群体、组织与制度等社会层面的脆弱性特征被忽视（黄晓军等，2014）。随着"脆弱性来自人类本身"观点的不断深入（Yusuf 等，2009），学者开始从社会和人的角度考察评价哪些社会因素会影响脆弱性水平，研究重点从单纯的自然系统转向以人和社会为中心（Turner 等，2003；Newell 等，2005），构建更具弹性和适应能力的概念框架。

高温热浪脆弱性评估的关键之一是其构成要素的选取，即高温热浪的暴露程度、对灾害的敏感程度以及适应能力三者的函数如何表达（Mccarthy 等，2001）。如果单纯考虑敏感程度与适应能力，会弱化地域间高温热浪灾害的递变规律，例如，Cutter 等考虑用县级尺度的社会经济与人口统计数据建立社会脆弱性指数（Social Vulnerability Index，简称 SVI）对美国各州高温热浪灾害进行评价，两类数据代表了对敏感程度与适应能力两方面的度量（Cutter 等，2003），缺少自然灾害暴露程度的衡量对强调防灾减灾策略的自然灾害脆弱性评估与管理会表现出较大局限性（谢盼等，2015），而其研究区范围的界定过于宏观也无法通过暴露情况连续衡量各区域间的差异。同样，仅将高温热浪的暴露程度与敏感程度纳入概念框架则会存在指数值偏高的弊端（Vescovi 等，2005；Aubrecht 等，2013）。所以，将暴露程度、敏感程度、适应能力三要素相结合的方法逐渐成为国内外学者探讨高温热浪脆弱性问题的首要选择。特别是学者 Zhu（2014）、EL – Zein 等人（2015）都曾将三者作为统一整体构建框架，实证结果较为理想。

鉴于此，本章以福州市辖区为研究区，并与福建省南平市辖区进行比较，分别从暴露—敏感—适应性以及胁迫—脆弱性两个方面进行高温热浪的脆弱性评估，试图为高温热浪脆弱性研究提供一个分析框架，并丰富其实证案例。

6.2.1 高温热浪的暴露性、敏感性、适应性三维脆弱性评估

Polsky 等（2003）利用"八步骤"方法对全球变化脆弱性进行评估，随后又建立了可比较的全球变化脆弱性评估框架——VSD 模型，并对脆弱性进行系统的评价。中国学者在高温热浪脆弱性研究方面也取得了一定成果，如张明顺等（2015）从暴露性、敏感性与适应能力等方面选择高温热浪脆弱性指标，构建高温热浪脆弱性评估指标体系，对北京市各区县的高温热浪脆弱性水平进行分析。谢盼等（2015）基于"暴露—敏感—适应"能力的高温热浪灾害脆弱性评估概念框架，梳理了相应指标体系，并试图通过自然环境、社会经济、居民感知等多元化数据综合表征城市居民高温热浪灾害脆弱性。

与此同时，不同地区的地理环境、土地利用变化、城市热岛效应等因素对热量收支与扩散的影响不同（张立新，2006），导致不同地区的高温热浪发生频次及严重程度具有明显差异，而且不同地区对高温热浪的适应能力也不尽相同。因此，针对不同地区进行综合多方面要素的高温热浪脆弱性的对比研究，对探索高温热浪的形成机制以及因地制宜地实行有效措施减小高温热浪的负面影响具有现实意义。对于脆弱性研究而言，能否建立一个体现区域差异的脆弱性概念框架以及切实可行、可比较的脆弱性评估模型至关重要。基于此，在 Polsky 等（2007）构建的 VSD 评估模型基础上，利用包含了"暴露—敏感—适应" 3 个维度的 "脆弱性" 分析框架，尝试以福建省南平市辖区（内陆）和福州市辖区（沿海）为研究区，构建可比较的高温热浪脆弱性评估指标体系，对比分析两个地区 1994～2013 年高温热浪脆弱性的演变及差异。

6.2.1.1　方法与数据

（1）指标体系构建

将高温热浪的脆弱性评估指标体系细化为 3 个层次：维度层、指标层、参数层（见表 6-2）。暴露性反应发生在特定区域某一时间段内高温热浪的严重程度，以高温指标体现暴露性，高温又可用高温天数、高温热浪频次、高温强度 3 个指标来衡量。暴露性达到一定程度，会超过区域承受高温热浪灾害的能力，使区域的脆弱性进一步加大。敏感性体现在暴露于高温热浪的人类经济社会系统结构的稳定性，本章选择了与高温热浪发生相联系的经济发展、城镇化、城乡居民收入差距、耗水量等指标来说明区域内部系统受到高温热浪的潜在影响程度或趋于改变的可能性。经济发展与城市建设需要大量基础设施、社会公共服务设施的建设，这使城市内部的土地利用方式发生改变，进而导致城市热岛效应，增大了区域高温热浪产生的概率。与此同时，在经济发展速度快、城市建设水平高的区域，自然生态系统自行缓解高温灾害的能力有限，而主要依靠人为措施抵御高温灾害，只能在短期内奏效，就长期而言，整个社会经济系统对高温热浪的敏感性将逐渐提高，易受到高温灾害的干扰。城乡居民收入差距大的区域存在一定数量的贫困人口，这些脆弱人群在高温热浪期间缺乏足够的高温防御物品，易受到高温的侵害，拉高了整个区域的高温热浪脆弱性。高温灾害会直接影响耗水量，尤其是生活用水量，因而在高温热浪期间增加了水资源的供给压力，无形中加大了社会对高温热浪的敏感性。适应性是指系统通过调节自身内部的结构来减缓、应对高温热浪，尽量降低灾害影响、损失的能力。笔者将资金、医疗卫生、科技教育、基础设施及城市绿化水平作为衡量适应性的指标。区域的资金为缓解、适应高温灾害措施的实施提供了有力保障，无论是相关御热、防暑设施的建设，还是对医疗卫生、科技教育的投资，都能有效降低高温热浪的脆弱性；交通、通信等基础设施的完善有利于加强区域间的人员往来与信息流通，在一定程度上能够提高高温热浪的适应性；城市绿化水平的发展，能够降低地表温度，提升区域缓解、适应高温热浪的能力。

表 6 - 2　高温热浪脆弱性评估指标体系及其权重

维度层	指标层	参数层	参数层各指标内涵
暴露性 (0.32)	高温 (1.00)	高温天数/天 (0.33)	日最高气温≥35℃的天数
		高温热浪频次/次 (0.33)	连续 3 天以上的高温天气过程的次数
		高温强度/℃ (0.34)	该年所有高温日的日最高气温超过 35℃的累计数
敏感性 (0.34)	经济发展 (0.20)	人均国内生产总值/元 (1.00)	反映一个国家或地区经济发展状况和人们生活水平
		经济增长速度/% (1.00)	反映某一时期内经济增长程度的相对指标
	城镇化 (0.20)	建成区面积占土地面积的比重 (1.00)	反映城市中的城镇化区域面积相对大小
	城乡居民收入差距 (0.30)	城镇居民平均每人全年可支配收入与农村平均每人全年纯收入比值 (1.00)	城乡居民收入差距指数,反映区域内部的贫富差距
	耗水量 (0.30)	生活用水量/万吨 (1.00)	应对高温热浪的需水状况
适应性 (0.34)	资金 (0.23)	国内生产总值/万元 (0.34)	一定时期内,一个国家或地区的经济中所生产出的全部最终产品和劳务的价值,常被公认为衡量国家或地区经济状况的最佳指标
		地方财政收入/万元 (0.32)	地方财政年度收入,是地方政府履行其职能的物质保障
		固定资产投资/万元 (0.34)	通过固定资产投资,可以提高社会再生产规模,提高社会生产的技术水平,调整经济结构,增强国家或地区的经济实力
	医疗卫生 (0.20)	卫生机构床位数/张 (1.00)	反映医疗卫生水平,体现对高温热浪引起的人员伤亡的应对能力
	科技教育 (0.20)	科技教育占财政预算支出比 (1.00)	反映辖区对科技、教育的重视程度
	基础设施 (0.18)	公路通车里程数/km (1.00)	反映交通便捷程度及区域之间的联系密切程度
	城市绿化水平 (0.19)	建成区绿化覆盖率/% (1.00)	可以有效应对城市热岛效应,减缓高温热浪负面影响

注:正向指标的数值越大(小),对增加高温热浪脆弱性的贡献就越大(小);括号内数字表示相对重要性赋值。

（2）高温热浪脆弱性评估的可视化表达

在 VSD 模型的基础上按照圈层式的数据组织方法逐级细化评价指标，示意见图 6 – 5。整个脆弱性模型从里到外依次形成维度层、指标层、参数层的同心圆结构。① 圆心的外围是维度层，包括暴露性、敏感性、适应性 3 个维度。维度层的外围选取能够解释说明各维度的指标，即参数层是关于各指标可观察特征的测量值，测量值根据各地数据的可获取性确定。这种圈层式的表达方式可以直观地体现脆弱性与维度、指标、参数之间的逻辑关系，有助于理解高温热浪脆弱性产生的原因与机理，同时，便于将这种圈层式结构应用于其他类型的脆弱性评估。

图 6 – 5 高温热浪脆弱性模型示意

资料来源：参考 Polsky 等（2003）的 VSD 图绘制。

（3）研究方法

利用式 6 – 1、6 – 2 对原始数据进行归一化处理，消除量纲的影响。采用加权求和的方法，由式 6 – 3、6 – 4 与 6 – 5 层层递进，获取评价值。首先，分别计算暴露性、敏感性、适应性 3 个维度层下的各指标值；其次，得到 3 个维度的评价值；最后，计算高温热浪脆弱性的综合评价值。

正向指标公式：

① 图 6 – 5 为对表 6 – 2 的可视化表达，相当于一个模型，核心在于维度层、指标层、参数层的各参数可根据各地实际情况灵活选取。

$$X_{ij} = -\frac{X_i - \min X_i}{\max X_i - \min X_i} \qquad (6-1)$$

负向指标公式：

$$X_{ij} = \frac{\max X_i - X_i}{\max X_i - \min X_i} \qquad (6-2)$$

式中：X_{ij}表示第 j 年（$j=1$，2，…，20）第 i 个参数（$i=1$，2，…，14），$\max X_i$ 表示取第 i 个参数数据的最大值，$\min X_i$ 表示取第 i 个参数数据的最小值，X_i 表示原始参数值。然后，通过 AHP 方法，请若干位相关领域专家根据 3 个维度的因子、指标因子、参数因子的相对重要性赋值并取平均值（见表 6-2）。

最后，利用加权综合评价法计算两辖区的高温热浪综合评价值，计算公式为：

$$C_j = \sum_{i=1}^{n} W_i \times X_{ij} \qquad (6-3)$$

$$Z_j = \sum_{r=1}^{n} W_k \times C_k \qquad (6-4)$$

$$Q_j = \sum_{t=1}^{n} W_t \times Z_t \qquad (6-5)$$

式 6-3 中：C_j 是 j 指标层的评价值；W_i 是各指标下参数 i 的权重；X_{ij} 是第 j 年参数 i 的归一化值；n 为指标层下的参数个数。式 6-4 中：Z_j 表示 j 维度层的评价值；W_k 是各维度下指标 k 的权重；C_k 为对应指标评价值。式 6-5 中：Q_j 为 j 地区高温热浪脆弱性评价总值；W_t 为 t 维度的权重；Z_t 为对应维度评价值。通过计算结果可知，福州市辖区与南平市辖区 1994～2013 年的高温热浪脆弱性指数在 0.32～0.65。参考国内高温热浪脆弱性评价成果（谢盼等，2015），根据高温热浪脆弱性的计算结果，将高温热浪的脆弱程度划分为微度脆弱（0.3～0.4）、轻度脆弱（0.4～0.5）、中度脆弱（0.5～0.6）、强度脆弱（0.6～0.7）、极度脆弱（0.7～0.8）等 5 个等级。

6.2.1.2　结果与分析

（1）暴露性

利用 1994～2013 年的高温日数、高温热浪频次和高温强度 3 个指标来反映福州市与南平市辖区高温热浪暴露性的长期变化趋势（分别见图 6 − 6、图 6 − 7、图 6 − 8）。1994～2013 年，两辖区的高温日数、高温热浪频次和高温强度的变化趋于一致，均有上升趋势。除了个别年份，位于内陆的南平市辖区各项指标均高于位于沿海的福州市辖区，但二者的差距逐渐缩小，将来福州市辖区各指标有可能超过南平市辖区。就各年份而言，南平市辖区与福州市辖区高温日数最少（9 天）的年份都为 1997 年，相应的，2003 年为两市辖区高温日数最多的年份，分别为 74 天和 63 天。20 年间两市辖区年均高温日数分别为 41.35 天和 34 天。结合高温日数的 5 年移动平均曲线，1994～2013 年，两市辖区的高温日数变化趋势大致为先快速上升（1994～2003 年）后略微下降（2004～2013 年）。

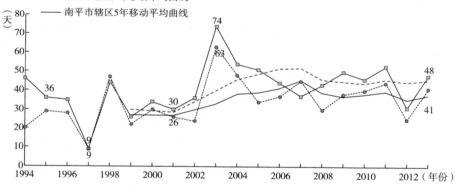

图 6 − 6　福州市辖区与南平市辖区高温日数比较（1994～2013 年）

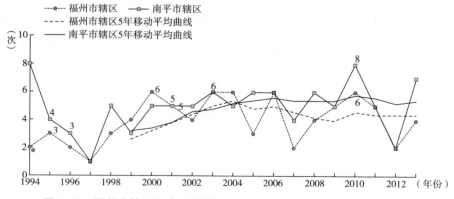

图 6 − 7　福州市辖区与南平市辖区高温热浪次数比较（1994～2013 年）

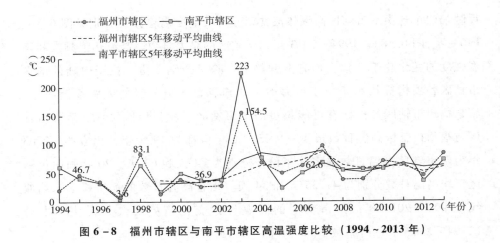

图 6 - 8 福州市辖区与南平市辖区高温强度比较（1994～2013 年）

从 1994～2013 年高温热浪频次 5 年移动平均值来看，南平市辖区与福州市辖区的高温热浪频次均具有较大的起伏变化过程且呈现略微的上升趋势。两市辖区的年均高温热浪频次分别为 4.95 次和 3.95 次。南平市辖区高温热浪频次的最大值为 8 次，分别在 1994 年和 2010 年；福州市辖区的高温热浪频次最大值为 6 次，分别出现在 2000 年、2003 年和 2010 年。

南平市辖区与福州市辖区的年均高温热浪强度分别为 57.35℃和 53.31℃，两市辖区高温热浪强度最小值同时出现在 1997 年，分别为 3.6℃和 6.9℃。南平市辖区与福州市辖区的高温热浪强度最大值也都出现在同一年份（2003 年），分别为 223℃和 154.5℃。2003 年夏季，笼罩亚欧大陆的异常高温使福建省在当年 6 月下旬，出现了持续的高温天气，造成两市辖区的高温日数与高温热浪频次达 20 年间的最大值（谈建国，2008a）。

从图 6 - 9 福州市辖区与南平市辖区高温热浪的暴露性对比中可见，除个别年份外，绝大多数年份高温热浪的暴露性指数都在 0.2 至 0.6 之间波动。1994～2013 年，两市辖区高温热浪的暴露性稳步上升。

（2）敏感性

1994～2013 年，福州市辖区与南平市辖区敏感性指数在 0.17 至 0.67 之间波动（见图 6 - 10）。福州市辖区高温热浪的敏感性指数呈上升趋势，增幅为 0.014/年；南平市辖区则正好相反，下降幅度为 0.0015/年。1994～2013 年，福州市辖区高温热浪的敏感性指数大于南平市辖区。这是由于地处沿海的福州市辖区经济快速发展，进而带动了城镇化进程，地区开发强度的增强导致土地利用方式的转变以及生产活动对能源需求量的增大，加之区域内部城乡居民收入差距增大，使得福州市辖区整个社会经济系统易受高温热浪不断增强的影响。而南平市辖区地处内陆山区，受地理位置的影响，社会经济发展和城镇化进程相对缓慢，城乡居民的收入差距较小，因此，整个区域的经济社会系统相对稳定，敏感性较低，受到高温热浪的影响较轻。

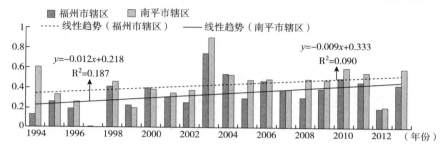

图 6 – 9　福州市辖区与南平市辖区高温热浪的暴露性对比（1994 ~ 2013 年）

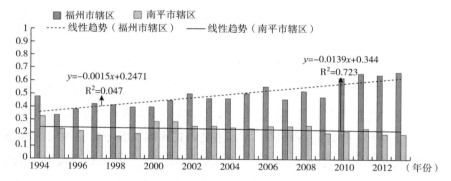

图 6 – 10　福州市辖区与南平市辖区高温热浪的敏感性对比（1994 ~ 2013 年）

（3）适应性

对于高温热浪的适应程度，福州与南平两市辖区同样表现出较为明显的差异性（见图 6 – 11）。1994 ~ 2013 年，福州市辖区高温热浪适应性指数在 0.24 至 0.69 之间，并呈显著上升趋势；南平市辖区高温热浪适应性指数在 0.22 至 0.42 之间，呈略微上升态势。可见，两市辖区对高温热浪的适应能力都在增强，且福州市辖区的适应能力在多数年份强于南平市辖区；二者的适应性指数增幅分别为 0.022/年和 0.008/年，对高温热浪的适应性差距正在不断加大。这 20 年间，福州市辖区依托沿海的区位优势，加快经济发展和城镇化建设，积极提高医疗卫生水平，加强基础设施建设，加大对科技教育的投入，并注重城市绿化空间规划，这对防御高温热浪及减小高温热浪的影响有重要意义。而南平市辖区的经济实力相对较弱，医疗卫生水平相对较低，基础设施还相对欠缺，对城市绿化建设投入不足，因而，应对高温热浪侵袭的能力还较弱。

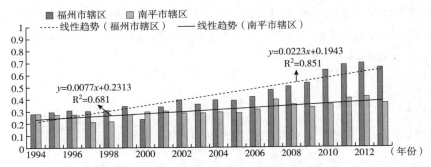

图 6–11　福州市辖区与南平市辖区高温热浪的适应性对比（1994～2013 年）

（4）脆弱性指数对比

从脆弱性程度看，1994～2013 年大多数年份福州与南平两市辖区高温热浪脆弱性都属于轻度脆弱。2003 年，两市辖区高温热浪脆弱性都属于强度脆弱，而 1997 年与 2012 年都属于微度脆弱。两市辖区的高温热浪脆弱性变化趋势存在一定的一致性（见图 6–12），大多数年份福州市辖区高温热浪的脆弱性指数低于南平市辖区。这 20 年间，福州市辖区高温热浪的脆弱性在增强，但增强趋势缓慢，幅度约为 0.001/年；南平市辖区高温热浪的脆弱性在减轻，减轻的幅度也较小，约为 0.001/年。可见，福州市辖区高温热浪脆弱性的增强速率近似于南平市辖区的降低速率，两市辖区的脆弱程度差距将会逐渐缩小，未来福州市辖区的高温热浪脆弱性甚至有可能高于南平市辖区。

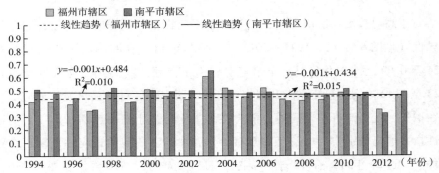

图 6–12　福州市辖区与南平市辖区高温热浪的脆弱性对比（1994～2013 年）

6.2.2 高温热浪的胁迫 - 脆弱性评估

当前国内学者在这一研究问题上大多沿用国外脆弱性理论进行实证分析，实验技术和方法依赖气象、统计数据，评估工作无突破性进展；尚未完善的评估方法对高温热浪预警、热点区定点识别具有附带影响。鉴于此，本部分在 IPCC 脆弱性体系基础上，构建"高温胁迫 - 社会脆弱性"概念框架，利用地热遥感反演数据以及主成分分析法（PCA）对福州市进行研究，以期通过空间识别的连续性真实反映研究区内的脆弱性分异程度，为未来我国高温热浪脆弱性评估工作的开展提供实例参考。

6.2.2.1 研究方法

（1）概念框架

由于不同系统在属性、构成等方面各有差异，且其内部的关联作用往往更为复杂多样，所以不同系统的脆弱性形成背景不尽相同，从而使评价脆弱性的概念框架存在多种模式。本章尝试在 IPCC 第三次研究报告中提出的脆弱性体系（Mccarthy 等，2001；Zhu 等，2014）基础上，构建刻画系统间耦合关系的"高温胁迫 - 社会脆弱性"框架（见图 6 - 13）。在高温热浪所集合的自然、社会环境中，高温胁迫与社会脆弱性的度量共同构成脆弱性评价工作的主体。其中，社会脆弱性由表征正向的敏感程度与表征负向的适应能力组成，二者对高温热浪的发生过程各自产生正向、负向反馈。比如表征敏感程度的城镇化率，它的高低水平往往对城市地区高温热浪灾害出现的频率和强度造成影响（霍飞等，2010），而表征适应能力的城镇居民人均可支配收入水平的高低则会决定其在高温热浪发生前后的适应程度。

需进一步说明的是，高温胁迫与社会脆弱性在脆弱性系统中相互影响与作用的关系：高温胁迫会提高系统自身的不稳定性，抵消其抵御高温热浪灾害的适应能力；社会脆弱性中的敏感程度一旦提高，会弱化系统内部调整和适应高温热浪影响的能力，反之，其适应能力的提高则会从根本上降低灾害的脆弱性（王义臣，2015）。

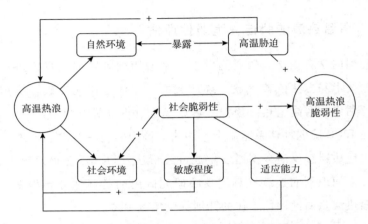

图 6 – 13   "高温胁迫 – 社会脆弱性"概念框架

（2）评价模型

1）特征指标的解释

对于暴露程度的测度，学者当前多依靠气象统计资料，整理出符合高温热浪发生条件的气温数据。但通常多年份气象数据存在资料采集不全、非重要市/县无连续气象统计年鉴的问题，导致学者在研究区的选择上受限。GIS 空间插值方法的引入在一定程度上解决了局地站点缺少气温数据资料的难题，但前提是仍需获取足够的监测站点数据，而且监测站点的分布会影响插值估算的准确度。热红外遥感则是一种记录地物的热红外信息，用以识别地物和反演地表参数的技术。利用遥感影像反演具有较强的空间连续性，能够明显识别出地表温度的空间分布状况，对于研究高温热浪不同区域尺度精细评价有重要作用（谢盼，2015），该技术在国外已被广泛运用到相关研究领域中（Depietri 等，2013；Harlan 等，2013）。考虑到数据的可获得性、研究区的空间尺度以及技术的掌握程度，本章基于大气校正法，利用 Landsat 8 TIRS（30m）数据反演地表温度，在ArcGIS 10.3 的支持下将地表温度由低到高划分为 6 个区间，分区统计各地表温度等级所占面积比例，求和得到各区县的地表温度等级得分 E_1。

高温热浪是否对人体健康产生影响的临界值暂无相关研究实证，且其是否导致灾害发生也受到自然、社会双重因素的制约，所以尽管高温热浪现象日渐被人们熟知，但其定义在世界范围内尚未统一。对于高温热浪的发生条件，中国一般把日最高气温达到或超过 35℃称为高温，连续 3 天以上高温称为高温热浪或高温酷暑（杨红龙等，2010）。因此，我们首先统计了 2011~2015 年福州市各区县 7~9 月高温热浪日数（日最高气温≥35℃且持续 3 天以上），将其平均值（高温热浪多年平均日数）作为高温胁迫的另一代表变量，记作 E_2。

　　按照社会脆弱性敏感程度与适应能力将代表人口特征和社会经济状况的指标归类（见表 6-3）。敏感程度的表征主要从系统或人所处的社会经济状况考虑，包括女性人口比重、流动人口比重、城镇化率以及城镇居民最低生活保障人口比重。将女性、流动人口以及低保人数纳入考虑范围主要是因为在高温热浪发生时，上述敏感人群受制于灾害恢复的经济能力（王义臣，2015；Yip 等，2008）；将城镇化水平纳入考虑范围则是因为其能较好地反映城镇化引起的"热岛效应"对高温热浪灾害所造成负面影响的剧烈程度（Gabriel 等，2011）。适应能力主要由政府综合治理能力、卫生机构数、城镇居民人均可支配收入等方面组成（Cutter 等，2003；Reid 等，2009；Cutter 等，2008）。其中，政府综合治理能力主要涵盖社会保障与就业支出、住房保障支出、文化体育与传媒支出、教育支出以及科学技术支出五个方面，以反映政府在灾害发生前后的预警、处置能力。

表 6-3　高温热浪脆弱性特征指标

目标层	准则层	要素指标	增加（+）减缓（-）脆弱性	资料来源
高温胁迫	暴露程度	E_1：地表温度等级得分	+	地理空间数据云
		E_2：高温热浪平均日数	+	中国天气网
社会脆弱性	敏感程度	S_1：女性人口比重	+	福州市 2015 年统计年鉴
		S_2：流动人口比重	+	福州市 2015 年统计年鉴
		S_3：城镇化率	+	福州市 2015 年统计年鉴
		S_4：城镇居民最低生活保障人口比重	+	福州市 2015 年统计年鉴
	适应能力	A_1：政府综合治理能力	-	福州市 2015 年统计年鉴
		A_2：卫生机构数	-	福州市 2015 年统计年鉴
		A_3：城镇居民人均可支配收入	-	福州市 2015 年统计年鉴
		A_4：参加城乡居民社会养老保险人口比重	-	福州市 2015 年统计年鉴

2）特征指标的确权

指标体系评价系统的决策过程是将最终评价结果量化，得出能够反映结果的综合值。是否对指标权重给予合理的赋值对最终评价结果会产生极其重要的影响（王义臣，2015）。在高温热浪脆弱性特征指标的确权中，主成分分析（PCA）、层次分析（AHP）、熵值赋权、图层叠置等方法较为常见（Harlan 等，2013；Johnson 等，2012；Maier 等，2014；Rinner 等，2006）。面对复杂多样的指标，采用两种确权方法，对权重结果进行对比分析或相互补充也成为国内学者研究我国高温热浪脆弱性问题的思路。王义臣（2015）曾用熵值赋权对层次分析的结果进行验证，以保证权重的合理、准确；Zhu（2014）运用层次分析和主成分分析这两种主、客观方法对广东省县级尺度高温热浪脆弱性进行评价，二者结果均显示广东省北部脆弱性程度高于南部。

主成分分析能够在众多变量之间通过梳理各自间的关系，在原有数据的基础上进行数据降维与指标削减，是一种较为客观的确权方法（Maier 等，2014）。本章对社会脆弱性数据的确权采用主成分分析方法，前三个主成分的方差贡献率依次为45%、23%和21%，累计方差贡献率达89%（>85%），因此可选取前三个主成分。其中，第一主成分变量包括表征敏感程度的女性人口比重（S_1）、流动人口比重（S_2）、城镇化率（S_3）与表征适应能力的城镇居民人均可支配收入（A_3）和参加城乡居民社会养老保险人口比重（A_4）；第二主成分变量由表征敏感程度的城镇居民最低生活保障人口比重（S_4）与卫生机构数（A_2）组成；表征适应能力的政府综合治理能力（A_1）为第三主成分变量（见表6-4）。

表6-4 社会脆弱性指标的主成分载荷值

指　标	成分载荷			公因子方差	成分唯一性
	PC_1	PC_2	PC_3	H_2	U_2
S_1：女性人口比重	0.95	-0.23	-0.14	0.97	0.030
S_2：流动人口比重	0.93	-0.06	-0.27	0.94	0.063
S_3：城镇化率	0.79	-0.24	-0.51	0.94	0.056
S_4：城镇居民最低生活保障人口比重	0.42	-0.81	0.02	0.84	0.164
A_1：政府综合治理能力	-0.30	0.07	0.92	0.95	0.052

指　标	成分载荷			公因子方差	成分唯一性
	PC_1	PC_2	PC_3	H_2	U_2
A_2：卫生机构数	0.09	0.91	0.10	0.85	0.152
A_3：城镇居民人均可支配收入	0.70	0.13	-0.49	0.75	0.253
A_4：参加城乡居民社会养老保险人口比重	-0.65	0.45	0.51	0.89	0.112

由于高温胁迫仅有两个变量表达，其权重的确定不大适合使用主成分分析方法；加之，本章认为遥感反演地表温度等级得分（E_1）与高温热浪多年平均日数（E_2）在解释"高温胁迫"的大小层面同等重要，故以二者等权相加的结果表征"高温胁迫"程度。

3）评价指数的综合

高温热浪作为一种自然灾害，对其脆弱性的度量结合 IPCC 的脆弱性指数（公式 6-6）（Mccarthy 等，2001），即高温热浪脆弱性（VI_j）是热浪的暴露程度（EI_j）、对灾害的敏感性程度（SI_j）以及适应能力（AI_j）三者间的函数表达。依据上文对高温胁迫与社会脆弱性的概念解释，本章将高温热浪脆弱性（VI_j）表述为高温胁迫（HS_j）与社会脆弱性（SV_j）之间的函数表达式（公式 6-7）。各区县高温热浪脆弱性大小取决于胁迫程度与社会脆弱性的乘积，胁迫程度不同，与之相配的表征敏感程度、适应能力的社会脆弱性往往也会存在区别。

$$VI_j = EI_j{}^* \frac{(1 + SI_j + AI_j)}{n} \qquad (6-6)$$

$$VI_j = HS_j{}^* \frac{(1 + SV_j)}{n} \qquad (6-7)$$

其中，j 代表各区县，高温胁迫值 $HS_j = \frac{1}{2}E_1 + \frac{1}{2}E_2$，各区县社会脆弱性 $SV_j = S_j + A_j$，由主成分分析方法计算各指标得到 3 个主成分 C_1、C_2、C_3，故模型 $n = 3$（公式 6-8）。

$$VI_j = HS_j{}^* \frac{(1 + C_1 + C_2 + C_3)}{3} \qquad (6-8)$$

6.2.2.2 结果分析

（1）高温胁迫分级与空间差异

通过福州市遥感地表温度等级分布（图6-14）发现，2013年8月4日14点，在福州市东部地区，地表温度等级总体高于西部地区，且气温等级差异较大。高值区（Ⅵ级：≥46℃）主要集中在福州市辖区，鼓楼区、台江区、仓山区，三环以内高温热浪等级最高，特别是火车站、汽车站、城市综合体周边等人群密集区；其次是长乐区沿海、福清市北部中心城区，也包括超过46℃沿沈海高速G15分布的条带状区域。包括低值区（Ⅰ级：≤25℃）则沿福州市西端顺势而下，以永泰、闽清两县为最。其中，永泰县西南部坐落着该县最高峰东湖尖，集中着全市最低温区域。此外，较低值区（Ⅱ级：26～30℃）在沿海的马尾区、连江县连续分布。

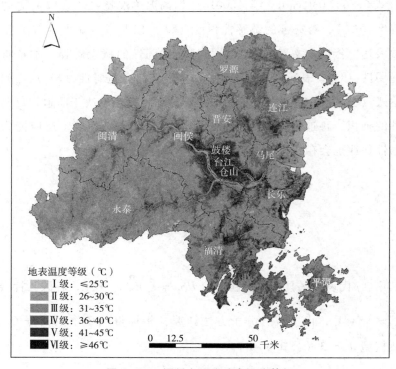

图6-14 福州市遥感地表温度等级

整体上看，Ⅲ级（31～35℃）地区占总体面积的4/5，其中散布着Ⅳ级和Ⅴ级区域。高温胁迫等级（参照式6-7、6-8）按照自然断点法分级，将高温胁迫分为低、较低、中、较高、高五级（见图6-15a）。地表温度等级与高温热浪日数偏高的鼓楼区、台江区、闽侯县等构成高温胁迫的较高值等级区。具体的，高值区由鼓楼区、台江区、仓山区组成；较高值区主要包括闽侯、永泰两县，占15.38%。其次是由闽清县、晋安区、马尾区组成的中值区，紧靠较高值区。而较低值区则集中在沿海的罗源县、连江县以及长乐区，这些地区在高温热浪日数与地表等级方面均呈较低数值。福清市与平潭县则因为高温热浪日数少成为全市受高温胁迫的最低等级区域。总体来看，高值、较高值区主要集中在福州市中部，从历年气温统计指标来看，这部分地区是高温多发区，日最高与最低气温较本市其他地区偏高，低值区则较为连续地分布在沿海一带。

（2）社会脆弱性分级与空间差异

社会脆弱性值由标准化的主成分得分（公式6-8）表征，低、较低、中、较高、高级分别占23.08%、15.38%、30.77%、23.08%和7.69%（见图6-15b）。相比其他地区，晋安区由于表征敏感程度的流动人口、城镇居民最低生活保障人口比重过高以及政府综合治理能力偏弱等，社会脆弱性最高。而仓山区、台江区、马尾区在上述标准下也保持较高数值，致使社会脆弱性值偏高，属于较高级。鼓楼区由于适应能力较强，制约了敏感程度数值，成为社会脆弱性等级最低的市辖区。闽侯县、长乐区、福清市和平潭县为中等社会脆弱性级别，这些地区较高的城镇居民人均可支配收入以及卫生机构数、养老保险人数比重，减小了政府综合治理能力偏低的负向值。虽然罗源县、闽清县、永泰县经济实力在全市处于较低水平，但大量人口迁出以及较低的城镇化率使这些区域受到的人为干涉最小，社会脆弱性等级属于低级。

（3）高温热浪脆弱性等级划分与差异分析

通过对"高温胁迫－社会脆弱性"的综合计算，得出福州市各区县高温热浪脆弱性的最终数值：研究区内，高温热浪脆弱性最低的地区集中在西部山区，与之相对的则是城镇化水平偏高、流动人口高度密集的晋安区、台江区、仓山区等高脆弱性地区（见图6-15c）。这是由于在这些人口稠密

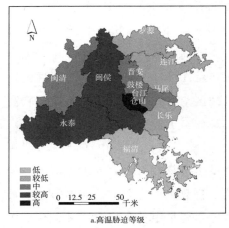 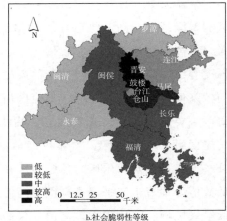

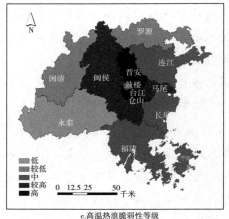

图 6 – 15　福州市高温胁迫、社会脆弱性、高温热浪脆弱性等级

地区，暴露在高温胁迫下的人口数远高于西部山地地区，而城镇化进程的加速又加剧了高温热浪造成负面影响的剧烈程度。城区生产、生活活动所排放的热量远高于周边郊区与农村，尤其在夜间。这种现象被学者理解为城镇化所导致的城市"热岛效应"对高温热浪的直接影响（王义臣，2015）。这些人口密集区聚集了大量流动人口，其中不乏外来务工人员。2015 年福州统计年鉴显示（福州市统计局等，2015），尽管台江区城镇化率达 100％，但 3000 多名城镇低保人员的存在使其成为拥有贫困人口最多的地区。敏感人群密集加之政府公共管理支出较少，使台江区最终成为高脆弱性地区。

　　但高温胁迫值高的地区不一定能够成为高脆弱性地区。不少高温胁迫值高的地区，因为社会脆弱性低，其高温热浪脆弱性指数也较低。例如，位于市中心的鼓楼区，高温胁迫值虽高，但因为该地政府综合能力、医疗卫生条件、居民人均可支配收入等适应能力较强，成为福州市辖区五区当中仅有的一个中等脆弱性地区。此外，在统计 2009~2013 年高温热浪平均日数的过程中发现永泰县以平均每年 37.6 天的记录成为福州市高温热浪最易爆发地区，但结合地表温度等级，最终得出该地区大部分区域地表温度等级为Ⅲ级（31~35℃），极个别地区的脆弱性等级甚至处于低值区的结果。本章认为，出现此种情况的一个可能性解释是两个指标在数据类型上的差异，E_1 为即时地表温度反演情况，E_2 则是日最高气温≥35℃且持续3 天以上的连续日数，两者的时序无可比性。另外，拥有高温热浪日数最多的地区不一定代表日最高气温值最大，国内外学者越来越关注城市发展所引起下垫面变化带来的气候变化的影响，就可以说明这一问题。大气相对湿度和绝对湿度的日变化幅度受到城市内部社会经济活动以及下垫面的特殊性质影响，导致城区和周边郊区之间存在较大差异，城区内的日变化幅度更加明显。城市周边郊区的大气湿度在白天会高于城区，城区出现典型的城市"热岛效应"，致使地表温度更高，城区气温值可能更大（何萍等，2004）。

　　与此同时，也存在高温胁迫低值区因较高的社会脆弱性最终导致高温热浪脆弱性值升高的现象。福清、平潭三面临海，常年受西风带及副热带环流交互影响，海洋性气候特征尤为突出，且西高东低的地势特点有利于季风降水作用，夏季气温较内陆凉爽的特点使该地区高温热浪出现的频率为全市最低。尽管如此，二者的社会脆弱性仍较高，其原因也不尽相同。脆弱性的敏感人群在平潭较为明显，女性人口比重、城镇低保人口比重均位于中等水平，尤其在表征适应能力的城镇居民人均可支配收入方面，平潭呈相对落后的水平。福清市是全国著名侨乡，旅居海外移民多，因此敏感人群较少，2014 年流动人口比重为 4.72%（福州市统计局等，2015）；拥有电子、塑胶、食品、玻璃、医药五大支柱产业的福清市，人均 GDP 在全市位居前列（福州市人民政府发展研究中心课题组等，2012）。但总体来看，其政府综合支出在应对高温热浪灾害处理方面仍表现出较低水平。

6.3 本章小结

本章主要从客观角度系统地评估高温热浪的风险、脆弱性的时空特征，揭示高温热浪风险与脆弱性区域差异及其形成机制，主要结论如下。

2000～2015 年，福建省高温热浪风险水平总体呈下降趋势，闽北和闽南一带的高（高、次高）风险区范围明显缩小，但局部地区的高风险隐患不可忽视；全省范围内不同等级风险区之间转移变化明显，以次高、中等和次低三个等级的风险区转移最为显著，其中次高风险区呈现大幅度减少态势且转化为较低及低风险区。

高温热浪风险整体呈"跳跃式"变化的"圈层"空间结构，即由中心向外围，风险值呈"低—高—低"变化趋势；高风险区数量少且稳定，尤其是福州市辖区的高风险应当引起高度关注；次高风险区分布范围缩减明显，呈"集中连片分布—集中连片＋半包围分布—'E'字形格局—分散零星分布"的变化特征；中等风险区分布范围先扩张后收缩，由分散到集中连片再到分散；次低风险区空间范围明显扩张；低风险区范围虽有所扩张，但分布零散且遍布全省。

2000～2015 年，高温热浪风险区集聚显著趋于弱化，低风险区集聚变化平稳，其中风险"热点区"空间分布由"多核心"到"双核心"，且数量减少，整体呈收缩状态，"冷点区"则集中稳定分布于闽东北地区的宁德市。基于 68 个研究单元，采用系统聚类的方法，福建省的高温热浪风险可分为五大类型，即省会—副省级高风险区、市辖区次高风险区、河谷中风险区、沿海平原次低风险区以及闽东—内陆山区低风险区。

主要由全球变暖引发的高温热浪风险是目前国内外研究的热点、难点问题（徐永明等，2009）。本书通过对高温热浪风险水平的时空特征、空间格局演化进行分析与研究，发现福建省高温热浪风险程度与等级总体降低以及"热点区"趋于集中且数量减少，这与以往的研究结论不同（叶殿秀等，2013；王艳姣等，2013）。全球气候变暖加剧高温热浪频度，加上人口数量的增长，使得高温热浪风险暴露性增强；人口老龄化、社会经济发展及其带来的环境本底改变等问题，加剧了风险敏感性。仅综合暴露性和敏感性两个维度，高温热浪风险应呈增强趋势。但实际上，暴露性增加幅度较小，加上在经济社会发展的同时，应对资金不断到位、基础设施不断完善、高温热浪风险信息传播加快等使得风险适应性水平处在不断提升的过程。因而，本研究提出有效的应对措施，可以有效地降低高温热浪风险。

从福州、南平两市辖区高温热浪脆弱性的变化趋势来看，沿海地区的高温热浪脆弱性略低于内陆，但是前者呈不断攀升趋势，后者却呈相反变化趋势，未来前者可能会超过后者。这主要是由于沿海地区高温热浪敏感性显著高于内陆地区，并且二者呈现相反的变化趋势。

在全球气候变暖的大背景下，沿海和内陆地区高温热浪暴露性均在逐渐增大，同时由于沿海与内陆地理环境特质的差异，二者地形、下垫面、周边环境等存在显著不同，沿海地区暴露程度低于内陆。这主要是由于在高温日数、高温热浪频次与高温热浪强度方面，沿海地区明显低于内陆地区。沿海地区城镇化发展迅速，经济、社会急剧变化，但是内部社会经济系统相对不稳定，对高温的敏感性较高；内陆地区城镇化进程相对缓慢，经济发展滞后于沿海地区，对高温的敏感性较低。沿海与内陆城市对高温热浪的适应性都在不断增强，但沿海的适应性指数大于内陆，并且二者的差距呈增大的趋势。经济的发展拉高了沿海地区的敏感性，但同时也因具备了一定经济实力，所以能从各个层面减缓、适应高温热浪。

高温热浪脆弱性最低的地区集中在西部山区，位于城镇化水平偏高、流动人口高度密集的晋安区、台江区、仓山区则成为高脆弱性地区。高温胁迫区并不意味着最终能够成为高脆弱性地区。在低高温胁迫区，较高的社会脆弱性可导致最终高温热浪脆弱性值的升高。需要说明的是，受城市"热岛效应"的影响，拥有高温热浪日数最多的地区不一定代表日最高气温值最大。

第七章 高温热浪的支付意愿

本章摘要 支付意愿是民众采取适应策略与支持政府相关政策的重要表征。然而，迄今为止，鲜有学者从支付意愿的角度探讨高温热浪应对问题。本章以高温热浪现象突出的福州市为典型研究区域，通过962份有效问卷，利用条件价值评估法（CVM）与Spike修正模型，探究本地居民与外来流动人口在支付意愿上存在的人群分异及其影响因素。结果显示以下三点：第一，本地居民和外来流动人口的高温热浪支付意愿总体较高，且前者高于后者；第二，本地居民支付金额 $E(WTP)_{非负}$ 为68.78元/月，而流动人口支付金额 $E(WTP)_{非负}$ 为46.78元/月，存在明显差异（WTP指支付意愿）；第三，导致高温热浪支付意愿相对较低的因素包括居民类型、性别、受教育程度、职业、在福州时间和经济实力等。本地居民与外来流动人口在高温热浪支付意愿和支付金额上的差异及其影响因素将为福州及同类地区制定相关政策提供借鉴。

随着高温热浪问题的突显，国内外关于高温天气的研究开始趋向于适应与减缓措施（Arthur等，1998；Lindley等，2006；郑艳，2012；孙通等，2014；Briony等，2015）。譬如Briony等人（2015）提出优先考虑建设城市绿色基础设施的框架，并以澳大利亚墨尔本为案例验证了该框架实现市区降温的可行性。Lindley等人（2006）则提出城市环境气候变化的适应性战略用于评估英国市区气候变化的相关风险，并协助市区提升对气候变化的了解和适应能力。然而，鲜有学者从支付意愿的角度探讨高温热浪应对问题，基于人群分异的高温热浪支付意愿研究更未见于报告。本章以福州市为例，通过问卷调查首次尝试运用条件价值评估法（Contingent Valuation Method，简称CVM）进行减缓高温热浪的价值评估，探讨两种不同人群

（本地居民与外来流动人口）在减缓高温热浪上存在的支付意愿差异，并剖析高温热浪支付意愿的人群分异及其影响因素，从而为福州市相关部门减缓高温天气及时制定并实施具体对策提供科学依据。

7.1　研究方法与样本属性

7.1.1　研究方法

7.1.1.1　问卷调查与深度访谈

本次调查采用简单随机抽样进行面对面访谈的方法，将问卷发放至福州市五个区（仓山区、鼓楼区、晋安区、马尾区和台江区），经由培训过的调查人员随机调查与深度访谈，并当场收回问卷。问卷题目以选择题（包括单选和多选）为主（附录1），主要包括三部分相关内容：公众的基本社会经济特征、高温热浪对公众的影响、公众的支付意愿。

7.1.1.2　条件价值评估法

通过借鉴国内外的相关研究，此次支付意愿研究决定采用条件价值评估法（CVM）（Hanemann 等，1994；Markantonis 等，2010；蔡春光，2009；曾贤刚，2011），询问公众为减缓或适应高温热浪所愿意支付的金额（Willingness To Pay，简称 WTP）。一般来说，大多数受访者即便愿意为减缓高温热浪支付一定金额，也无法给定一个具体的 WTP 值。因此，在预调研的基础上，本次调查问卷设计了 6 个支付金额区间：<20 元/月、20~50 元/月、51~100 元/月、101~300 元/月、301~500元/月和≥501 元/月，以供受访者选择。

关于减缓高温热浪的正支付意愿期望值，可以根据选择金额及其相应的概率来计算（刘亚萍等，2008）：

$$E(WTP)_{正} = \sum_{i=1}^{n} b_i P_i \qquad (7-1)$$

公式 7-1 中，$E(WTP)_{正}$ 为正支付意愿期望值，b_i 为支付金额（元/

月），P_i 为受访者选择相应支付金额的概率，n 为可供选择的支付金额个数。在计算公众愿意为减缓高温热浪所支付的金额时，为保证统计合理性，将采用支付金额区间的中位值来代替相对应的区间值作为式中的支付金额（b_i）。本研究中，剔除最大支付金额中选"不知道"者，$n = 6$；$b_i = 10$ 元/月、35 元/月、75 元/月、200 元/月、400 元/月、500 元/月。

7.1.2 问卷调查与样本属性

问卷调查于 2013 年 10 月至 2014 年 1 月（主要考虑到民众刚经历过高温热浪，记忆较为深刻）进行，历时三个月，共发放 1050 份问卷，收回有效问卷 962 份。其中福州市本地居民 650 份，回收率 94.0%，剔除漏选率超过 20.0% 的问卷，有效问卷 585 份，有效率 90.0%；外来流动人口共发放 400 份，回收率 95.0%，剔除漏选率超过 20.0% 的问卷后，获得 377 份有效问卷，有效率 94.3%。

根据对受访者基本情况的调查，统计出了受访者的社会经济特征（见表7－1）。受访者中，本地居民和流动人口的男女比例均接近 1∶1，福建省 2010 年（第六次）人口普查数据显示，福州市男女比例为 104.03∶100（福建省人口普查办公室等，2012），总体上符合福州市近年来的人口性别结构特征。大多数受访者年龄在 18～55 岁，其中本地居民处于该年龄段的有 85.98%，流动人口则有 96.81%，总体符合福州市近年来的人口年龄结构特征（福建省人口普查办公室等，2012）。本地居民以大专及本科（占 58.97%）和高中/中专（占 19.83%）学历为主；流动人口则以大专及本科（占 34.22%）、初中（占 28.91%）和高中/中专（占 27.59%）学历为主。至于月收入与月支出，本地居民月收入以 >3000 元为主（占 79.28%），月支出以 >1600 元为主（占 84.27%）；流动人口月收入以 1601～3000 元居多（占 46.68%），月支出则以 800～3000 元居多（占 69.76%）。

同时，为检验本地居民与流动人口在样本基础属性上的统计学差异，运用 SPSS 交叉表卡方检验法进行检验，结果（见表 7－1）显示，除性别外，本地居民与流动人口在年龄、受教育程度、月收入与月支出上均通过 0.1 的显著性水平检验（P < 0.001），说明本地居民与流动人口之间存在显著的人群分异。

表 7-1　受访者样本属性

属　　性		本地居民（$n=585$）		流动人口（$n=377$）	
		人数（人）	比例（%）	人数（人）	比例（%）
性别	男	304	51.97	205	54.38
	女	281	48.03	172	45.62
年龄	18～25 岁	153	26.15	162	42.97
	26～35 岁	204	34.87	136	36.07
	36～55 岁	146	24.96	67	17.77
	56～60 岁	27	4.62	9	2.39
	61 岁及以上	55	9.40	3	0.80
受教育程度	不识字或识字很少	9	1.54	8	2.12
	小学	18	3.08	27	7.16
	初中	45	7.69	109	28.91
	高中/中专	116	19.83	104	27.59
	大专及本科	345	58.97	129	34.22
	研究生及以上	52	8.89	0	0
家庭月收入	<1601 元	32	5.48	56	14.85
	1601～3000 元	89	15.24	176	46.68
	3001～6000 元	190	32.53	105	27.85
	6001～10000 元	167	28.60	25	6.63
	≥10001 元	106	18.15	15	3.98
	其他*	1	0.17	0	0
家庭月支出	<800 元	22	3.76	58	15.38
	800～1600 元	66	11.28	147	38.99
	1601～3000 元	173	29.57	116	30.77
	3001～6000 元	207	35.38	38	10.08
	≥6001 元	113	19.32	18	4.77

注：除"性别"外，其他属性皆通过 0.1 的显著性检验。* 为受访人未做选择。

7.2　高温热浪支付意愿分析

7.2.1　支付意愿比例与分布

支付意愿（WTP）在本章主要是用来表示个人为减缓高温天气所愿意支付的费用，可以是为减缓气温升高而减少一定数量的消费物品，也可以是付诸相应行动来减缓高温天气。

首先，询问受访者"是否愿意支付一些费用用于减缓气温升高"，本地居民的支付率高达80.85%，而流动人口的支付率（43.24%）仅为本地居民的一半，甚至有33.95%的流动人口表示不愿意为减缓气温升高支付费用。至于"不知道自己是否愿意支付"这一选项，流动人口选择的比重更是接近本地居民的4倍。

其次，询问受访者"若以家庭为单位，您每月愿意支付的最大金额大约是多少"，本地居民和流动人口的回答较为一致，均以<20元/月、20~50元/月和51~100元/月这3个区间的正支付意愿值居多，分别为29.2%、26.6%与27.9%（见图7-1）。

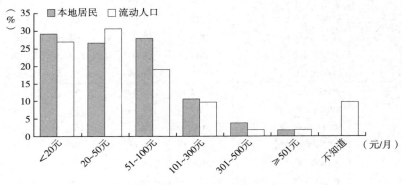

图7-1 正支付意愿分布

7.2.2 支付值计算及其结果

福州市本地居民585份有效问卷中，愿意为减缓高温热浪支付（WTP >0）的受访者有473人；外来流动人口的377份有效问卷中，剔除16份支付金额为"不知道"的问卷，支付意愿值为正（WTP >0）的受访者有147人。由于部分受访者在回答"是否愿意支付一些费用用于减缓气温升高"时选择"不知道"，此时支付意愿值可能为WTP >0，也可能为WTP =0，因此将这部分支付意愿值视为"WTP≥0"。根据前文所列的正支付意愿期望值计算公式7-1可知，选择个数$n=6$，取支付金额区间的中位值作为选择金额，即$b_i=$10元/月、35元/月、75元/月、200元/月、400元/月和500元/月，如表7-2所示，表中N代表频数，P_i代表受访者选择相应金额的概率。计算结果为：

本地居民 $E\,(WTP)_{正} = 79.05$ 元/月，流动人口 $E\,(WTP)_{正} = 70.83$ 元/月。

表 7 - 2　受访者的正支付意愿

支付金额（元/月）	选择金额（元/月）	本地居民		流动人口	
		N/人	P_i（%）	N/人	P_i（%）
< 20	10	138	29.18	44	29.93
21 ~ 50	35	126	26.64	50	34.01
51 ~ 100	75	132	27.91	31	21.09
101 ~ 300	200	50	10.57	16	10.88
301 ~ 500	400	18	3.81	3	2.04
≥501	500	9	1.90	3	2.04
合　计	—	473	100	147	100

注：Pearson 卡方值为 6.483，P 值为 0.371。

　　然而，由于这种正支付意愿期望值的计算未纳入 WTP = 0 的支付值，且本次调查又存在一定比重的 "零响应" 现象（585 份本地居民有效问卷中存在 112 个 "零支付" 样本，377 份流动人口有效问卷中存在 214 个 "零支付" 样本，分别占 19.14% 和 56.76%）。因此，上述计算结果与实际支付值之间可能存在一定偏差。考虑到这一点，为尽可能缩小支付意愿期望值与实际值之间的偏差，借鉴 Kriström 提出的 Spike 模型对支付意愿期望值进行修正（Kriström，1997），公式如下：

$$E\,(WTP)_{非负} = E\,(WTP)_{正} \cdot (1 - WTPR_{零}) \tag{7 - 2}$$

　　公式 7 - 2 中，$E\,(WTP)_{非负}$ 为修正后的支付意愿期望值，$E\,(WTP)_{正}$ 即未修正的正支付意愿期望值，$WTPR_{零}$ 为零支付率，即不愿意支付。

　　结果显示，本地居民 $WTPR_{零} = 12.99\%$，本地居民的 $E\,(WTP)_{非负}$ 为 68.78 元/月；而流动人口的 $WTPR_{零} = 33.95\%$，因此其 $E\,(WTP)_{非负}$ 为 46.78 元/月。最终结果显示，福州市本地居民修正后的支付意愿期望值比外来流动人口平均高出 22 元/月。为检验本地居民与流动人口之间的支付意愿金额差异性，利用卡方检验法对两类人群的支付意愿金额差异性进行检验，得出 Pearson 卡方值为 6.483，P > 0.05，见表 7 - 2。表明两类人群在减缓高温天气方面存在一定的差异性，且本地居民的支付意愿远比流动人口高。至于这两类人群内部的结构性差异及其影响因素，将在下文中通过二元逻辑回归分析对其做出解释。

7.3 支付意愿的影响因素分析

如前文所述，公众减缓高温天气的支付意愿总体水平偏低，且流动人口的支付意愿比本地居民更低。为了解支付意愿（愿意／不愿意）的影响因素，将剔除支付意愿为"不知道"的部分，运用统计软件 SPSS18.0 对相关数据进行二元逻辑回归分析。

在对数据进行二元逻辑回归分析之前，先对有可能影响支付意愿的因素进行独立样本 T 检验，从而筛选出与支付意愿有关的因素。从检验结果（通过95%的信度检验）可以看出，与支付意愿相关的因素有：居民类型、性别、受教育程度、职业、在福州时间、月收入和月支出，但这只能证明各因素分别与支付意愿有一定的相关性，需要运用二元逻辑回归分析法对这几个因素做进一步的显著性检验。

在二元逻辑回归分析中，支付意愿（0 = 不愿意，1 = 愿意）作为因变量，其他 7 个因素（居民类型、性别、受教育程度、职业、在福州时间、月收入和月支出）作为自变量，如表7 – 3 所示。

表7 – 3 高温热浪支付意愿变量及其定义描述

变量名		定　义
因变量	支付意愿	0 = 不愿意；1 = 愿意
自变量	居民类型	0 = 流动人口；1 = 本地居民
	性别	0 = 女性；1 = 男性
	受教育程度	0 = 小学及以下；1 = 初中；2 = 高中或中专；3 = 大专及以上
	职业	0 = 职业类型 I；1 = 职业类型 II
	在福州时间	0 = <5 年；1 = 5～10 年；2 = ≥10 年
	月收入	0 = <3000 元；1 = 3000～6000 元；2 = ≥6000 元
	月支出	0 = <3000 元；1 = 3000～6000 元；2 = ≥6000 元

注：职业类型 I 表示收入较高、工作较稳定、技术含量较高的职业，在本章主要包含国家机关、党群组织、企业、事业单位负责人，专业技术人员，办事人员和有关人员；职业类型 II 表示收入较低、工作较稳定、技术含量较低的职业，本章主要包含商业、服务业人员，农、林、牧、渔、水利业生产人员，生产、运输设备操作人员及有关人员，军人，离退休人员，待业或在校学生，其他不便分类的从业人员。

因这 7 个自变量均为非连续变量，故须将它们设置为分类协变量，并且均以各自变量的最高水平作为参考类别，如受教育程度这一自变量的"大专及以上"为最高水平。从模型的汇总结果来看，－2 对数似然值为 849.804，Cox & Snell R^2 为 0.118，Nagelkerke R^2 为 0.174，预测概率为 75.2%，模型拟合度较好。回归分析结果显示，在 95% 的置信区间下，居民类型对支付意愿的影响最为显著（P < 0.001），性别和受教育程度具有较显著影响（P < 0.05），其他因素（职业、在福州时间、月收入和月支出）的影响较不显著（见表 7－4）。

表 7－4　高温热浪支付意愿的二元逻辑回归分析结果

自变量	回归系数	标准误差	Wals 值	优势比	95% 信度区间	
居民类型（ref. = 本地居民）	—	—	—	—	—	—
流动人口	－ 1.581 * * *	0.253	39.164	0.206	0.125	0.338
性别（ref. = 男）	—	—	—	—	—	—
女	0.371 *	0.175	4.480	1.449	1.028	2.042
受教育程度（ref. = 大专及以上）	—	—	—	—	—	—
小学及以下	－ 0.995 * *	0.357	7.778	0.370	0.184	0.744
初中	－ 0.590 *	0.250	5.552	0.554	0.339	0.906
高中或中专	－ 0.201	0.223	0.813	0.818	0.528	1.267
职业（ref. = 职业类型 I）	—	—	—	—	—	—
职业类型 II	0.056	0.260	0.046	1.058	0.636	1.759
在福州时间（ref. = ≥ 10 年）	—	—	—	—	—	—
< 5 年	0.381	0.255	2.233	1.464	0.888	2.414
5 ~ 10 年	0.436	0.276	2.488	1.546	0.900	2.656
月收入（ref. = ≥ 6000 元）	—	—	—	—	—	—
< 3000 元	－ 0.040	0.299	0.018	0.961	0.535	1.726
3000 ~ 6000 元	0.266	0.265	1.008	1.304	0.776	2.192
月支出（ref. = ≥ 6000 元）	—	—	—	—	—	—
< 3000 元	0.425	0.331	1.643	1.529	0.799	2.926
3000 ~ 6000 元	0.293	0.296	0.980	1.340	0.751	2.394
常量	1.126 * * *	0.279	16.301	3.085	—	—

注：* * *、* *、* 分别表示通过 0.001、0.01 和 0.05 的显著性检验；模型系数的综合检验中，卡方 = 106.107，df = 12，P < 0.001；ref. 即自变量中作为"参考类别"的变量。

7.3.1 居民类型

居民类型对支付意愿的影响达到显著水平（通过 0.001 的显著性检验），且根据表 7−4 中的回归系数为负得知流动人口的支付意愿比本地居民弱，即更不愿意支付。究其原因可能是本地居民长期居于本地，自然有一种保护本地环境的使命感，因此对本地气候环境也就更为关心。这也验证了前文支付值的计算结果（福州市本地居民的支付值比外来流动人口多 22 元/月）。

7.3.2 性别

性别对支付意愿具有显著影响（通过 0.05 的显著性检验），且女性的支付意愿比男性强，这可能是因为女性属于高温热浪脆弱性人群，无论在身体上还是精神上，对高温热浪的承受能力都要比男性弱，因此女性比男性更愿意为此支付一定费用。而大部分男性可能因肩负着家庭重任，更多的是考虑家庭支出，不愿意为减缓高温热浪再支付额外费用。

7.3.3 受教育程度

总的来说，受教育程度对支付意愿具有较显著影响（通过 0.05 的显著性检验），受访者受教育程度越高，支付意愿越强。从表 7−4 可以看出，小学及以下、初中、高中或中专学历受访者的支付意愿均比大专及以上学历者低。但值得注意的是，从回归系数中可以看出，学历越低者，回归系数越大，负支付意愿越强烈。受教育程度越高，关于高温天气信息的获取途径与接受的相关知识越多，高温热浪感知度越强，从而更愿意为此负责，并更愿意为减缓高温热浪支付费用。

7.3.4 职业与在福州时间

从回归系数可以看出，职业类型 I 的支付意愿比职业类型 II 强，这或许是由于受访者的职业在大多数情况下会受到受教育程度的影响，在一定程度上来说，受教育程度高的大多数受访者的职业收入可能相对较高，进一步降低了高温热浪支付金额占其工资的比重，因此支付意愿较强，这也从另一个角度证实受教育程度对支付意愿的影响显著。

与长时间（≥10 年）居住在福州的受访者相比，在福州居住、生活和学习的时间少于 10 年者，支付意愿更强。这可能要从环境适应的角度来解释，受访者在一个地方的居住时间达到一定程度后适应了周边环境，对该地区的气候不适应程度随居住时间的增长而降低，因此居住时间较短的受访者对高温热浪的感知程度相对于居住时间较长者来说更为强烈，支付意愿更强。

7.3.5　月收入与月支出

由表 7-4 可知，月收入对支付意愿不具有显著影响。但从某种程度上可知，相对于月收入≥6000 元的受访者来说，月收入 <3000 元者更不愿意为减缓高温热浪支付费用，这或许是因为后者支付能力较弱。然而，分析结果还表明，月收入 3000～6000 元者的支付意愿比月收入≥6000 元者强，这或许是由于社会上月收入处于 3000～6000 元的人群大多为户外工作者，对高温热浪的感知较为直接和强烈，因此，相对于月收入≥6000 元的受访者，该收入水平的人群更愿意为减缓高温热浪支付相应费用。而月支出则与支付意愿成反比，即月支出 <3000 元的受访者支付意愿最强，月支出≥6000 元的受访者支付意愿最弱，但月支出对于支付意愿的影响不显著。

7.4　本章小结

本章主要从居民支付意愿的角度探讨高温热浪的应对问题。利用条件价值评估法（CVM）与 Spike 修正模型，基于 962 份有效问卷，探究福州市本地居民与外来流动人口在支付意愿上存在的人群分异及其影响因素。主要结论如下。福州市本地居民与外来流动人口的支付意愿之间存在较大的人群分异，且流动人口的支付意愿低于本地居民。通过对问卷调查结果的统计得出，本地居民的支付率高达 80.85%，流动人口仅有 43.24%；Spike 模型计算得出，本地居民支付金额 $E(WTP)_{非负}$ 为 68.78 元/月，流动人口支付金额 $E(WTP)_{非负}$ 为 46.78 元/月；二元逻辑回归分析结果亦表明，居民类型对支付意愿的影响最显著（通过 0.001 的显著性检验）。这些结果均反映了高温热浪支付意愿存在显著的人群分异，且本地居民的支付意愿比流动人口强烈，支付金额亦较流动人口高。

二元逻辑回归分析的结果表明，社会经济特征中影响受访者高温热浪支付意愿强弱的因素包括：居民类型、性别、受教育程度、职业、居住时间和经济实力等。居民类型对支付意愿的影响尤为突出，与流动人口相比，本地居民的支付意愿更高。性别和受教育程度也存在较为显著的人群分异。与男性相比，女性的支付意愿更强，这一结果与 Li 等人（2004）的结果一致，这可能是因为女性属于高温热浪脆弱性人群，对高温热浪的承受能力要比男性弱，因此更愿意支付。受访者受教育程度越高，支付意愿越强，因获取相关知识的途径较多，故更愿意支付，这一结果支持了曾贤刚（2011）和 Masud 等人（2014）的研究结果。而职业、居住时间和经济实力虽然对支付意愿的影响不显著，但同样是支付意愿的主要影响因素。关于经济实力这一因素，此前大多数研究结果是月收入与月支出对支付意愿具有显著影响且正相关（蔡春光，2009；曾贤刚，2011），但此次研究结果表明，经济实力这一因素与支付意愿之间的关系较复杂，且其对支付意愿的影响并不显著，具体原因与机理尚需更多案例检验。这些影响因素同时影响受访者的高温热浪感知能力（叶士琳等，2015），当然，有些影响支付意愿的因素是相互影响的，至于它们之间的相互关系具体是什么还有待进一步讨论与研究。

福州市本地居民和外来流动人口对于高温热浪的减缓均具备一定的支付能力。根据 2014 年福建省流动人口发展报告数据统计，福州市外来流动人口在本地的家庭平均月支出与月收入均约 2038 元（福建省卫生和计划生育委员会，2014）。同时，由 2015 年福州市国民经济和社会发展统计公报可知，2015 年全年城镇居民人均可支配收入与人均生活消费支出分别为 34982 元和 24825 元（福州市统计局等，2016），即城镇居民的人均月收入与月支出分别约为 2915 元和 2069 元。上述统计结果均表明，受访者的月支出和月收入与福州市的实际情况基本吻合。这也说明，福州市本地居民和外来流动人口均具备一定的经济基础，对高温热浪具备一定的支付能力，政府有望将支付意愿转变为减缓高温热浪的实际措施。

由于问卷调查范围和调查力度受限，加之受访者完成问卷时的主观因素较强，调查结果不可能与实际情况完全吻合。同时，目前环境或气候类型的非市场物品支付意愿尚无统一的评估方法，只能计算非市场物品的相对价值，因此，公众对高温热浪支付意愿和支付值是否精确今后需要更多精准的检验。总的来说，高温热浪支付意愿的人群分异及其影响因素在某种程度上都将为相关部门制定并实施具体减缓与适应高温天气的政策与措施提供科学依据。

第八章　高温热浪背景下的居民行为

本章摘要　随着中国各大中型城市夏季高温风险加剧，避暑旅游市场逐渐呈现巨大潜力。本章以福州市为典型研究区，基于福州市历年高温数据和 563 份有效问卷数据，对福州市民旅游活动偏好进行分析。同时，采用二元 logistic 回归分析方法，实证分析高温热浪对城市居民健身行为的影响。结果表明以下两点。第一，在温度达到 35～40℃时，73% 的居民有意愿选择避暑旅游活动，朋友结伴旅游和家庭自助游的方式更受大众青睐；福州市民旅游目的地选择更倾向于市郊和省内。第二，城市居民对高温热浪的健身影响感知存在明显差异，且绝大多数均能感知到高温热浪对其健身行为的影响；其感知差异不仅反映了是否经常健身的影响结果，同时反映了受教育程度、收入水平对感知差异具有重要影响。

8.1　高温热浪背景下避暑旅游偏好

2013 年中国旅游研究院与中国气象局公共服务中心共同发布了《中国城市避暑旅游发展报告》，指出避暑旅游存在的弊端和巨大潜力，并以气候舒适度、景观游赏度、游客满意度和综合风险度四个结构指标对 60 个全国主要旅游城市进行评估排名（中国旅游研究院，2013）。同时，避暑旅游也成为学术界关注的热点之一，Bigano 等（2006）人曾对 45 个国家的旅游者进行了偏好分析，发现来自较热地区的旅游者表现出更强的旅游意愿。Kaim（1999）发现，德国游客在选择旅游目的地时，对气象气候状况的重视程度居所有考虑因素的第三位。目前，关于旅游偏好的研究多探讨价格（Akis，1998）、心理（Muñoz，2007）等因素的影响，较少关注气候因素导向性；针对避暑旅游的探究仍处于萌芽期，且以现象分析和政策指导为主，理论研究和需求发掘较少，相关文献的探讨多集中在目的地的形象建设与产业链拓展方面（Lise 等，2002）。国内学者中，吴普等人（2010）发现，人均可支配收入、温度和日照时数依次是影响赴琼旅游需求的前三位因素；滕丽等人（2004）则从旅游消费占收入的比例、区域旅游供给强度与交通等方面探讨了 39 个城市的居民旅游需求。而在高温热浪背景下基于游客调查的旅游偏好研究较为鲜见。本章以高温热浪表现突出的福州市为典型案例，从旅游客源地角度出发，参考前人的研究，根据避暑旅游需求的特殊性，以气候因素和个人偏好为出发点设计问卷，研究高温天气下城市居民对避暑旅游的可承受费用、目的地偏好、信息来源渠道和阻碍因素等，希望通过不同的视角去发现客源地市场需求，为相关产品开发与市场开拓提供有益借鉴。

8.1.1　研究方法与样本属性

8.1.1.1　研究方法与分析框架

为获取福州市民避暑旅游偏好的数据资料，本章以问卷调查的方式（附录 4），于 2015 年 3 月 1～20 日在福州市主要公园和居民区对不同年龄、性别、职业的居民进行了调查。问卷内容包括三部分：第一部分甄别问卷填写的有效人群，排除在本地居住少于 6 个月和从事旅游工作的人，以确保问卷的真实性；第二部分是问卷主体，即市民旅游偏好调查；第三部分是样本的人口和社会属性甄别。调查方式分为问卷在线填写与实地发放两种，共发放问卷 300 份，收回 281 份，获得有效问卷 242 份，问卷有效率为 80.7%。

旅游偏好是指潜在或现实旅游者对某一旅游产品和旅游目的地所表现出的以认知因素为主导的具有情感和意向成分的心理倾向（白凯等，2007），是影响旅游者对旅游目的地选择的一个重要心理因素。本章以吴必虎（1998）的旅游系统为基础，参照相关文献并通过严谨的问卷设计，将影响旅游偏好的众多因素进行分类，总结出旅游偏好系统（见表 8－1）。

表 8 - 1　旅游偏好系统

旅游偏好		
客源地	目的地	出　行
闲暇时间	旅游资源、产品	交通
出游方式、频率	重视因素	信息渠道
消费水平	基础设施建设	—
阻碍因素	—	—

资料来源：根据吴必虎（1998）旅游体系图改编。

8.1.1.2　样本属性

样本属性见表 8 - 2。第一，性别构成中，男性占 47.9%，女性占 52.1%。第二，年龄构成中，以 18～60 岁为主。处于该年龄层的人，有较充沛的体力和一定的经济能力，是旅游的主体。第三，职业分布中，以学生（占 39.7%）为主，他们尚未有家庭负担，时间较宽裕，喜欢追求自由和享受生活，所以更愿意选择避暑出游来减压放松，而且现在多数的避暑旅游景点推出冲浪漂流及登山露营等项目，面向的也是年轻群体。第四，本次研究只针对福州市区，受访者常住地中鼓楼区（占 31.8%）最多，马尾区（占 7.9%）最少，被调查者在各区的分布比例与各个市区实际的人口比例基本一致。样本的男女比例基本持平，年龄结构趋向年轻化，职业以学生和企业职工为主，能代表福州市民的避暑出行偏好。

表 8 - 2　旅游偏好调查样本属性

项　目	分　类	样本数量（人）	占比（%）
性别	男	116	47.9
	女	126	52.1
年龄	18 岁以下	17	7.0
	18～22 岁	65	26.9
	23～30 岁	90	37.2
	30～60 岁	61	25.2
	60 岁以上	9	3.7

续表

项　目	分　类	样本数量（人）	占比（％）
职业	学生	96	39.7
	教师	9	3.7
	家庭主妇	2	0.8
	企业职工	61	25.2
	个体工商业、服务业人员	30	12.4
	农、林、牧、渔生产人员	2	0.8
	公务员或其他事业单位人员	31	12.8
	退休或离职人员	11	4.6
常住地	鼓楼区	77	31.8
	仓山区	61	25.2
	晋安区	50	20.7
	台江区	35	14.5
	马尾区	19	7.9

8.1.2　避暑旅游偏好结果分析

8.1.2.1　出游温度偏好分析

高温是促成避暑旅游行为的最直接因素。陆林（1994）认为气候因素是影响旅游客流季节变化的重要因素，由此观点可推测持续的高温热浪会使人产生较强烈的避暑旅游意愿。调查结果表明11%的市民选择在温度达到30℃时出游避暑，当温度攀升至35～40℃，这一比例高达73%（见图8-1）。福州高温天数（日最高温35℃以上）逐年增多，2003年甚至达到了63天的历史最高值。高温热浪将推动避暑旅游需求进一步增长。在出游频率和方式的选择上，以1～3次为主，大多数人偏好朋友结伴游和家庭自助游，较少人选择参加旅行团。据此可推断，避暑旅游人群更注重高质量的休闲度假游，而不是高效率的景点观光旅游。

8.1.2.2　避暑旅游开支能力分析

在旅游开支方面，调查结果显示，501～3000元是样本人群普遍接受的避暑旅游消费范围（见图8-2）。随着居民生活水平的不断提高，休闲、健康成为旅游消费新热点，避暑旅游市场也迎来了新的机遇。

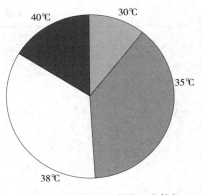

图 8-1 福州市民出游温度偏好

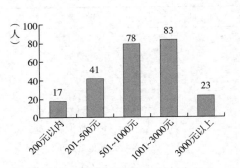

图 8-2 福州市民避暑旅游花费

8.1.2.3 障碍因素分析

对避暑旅游意愿造成阻碍的因素主要有：花费太高、时间不足及缺乏相关避暑旅游线路和产品信息。前两项是各地、各类旅游的共有问题，也很难在短时间内发生改变。而第三项较容易实现：设计出针对性强、以避暑旅游为亮点和有创意的旅游线路，并加大宣传力度，使避暑旅游拥有稳定的客源和良好的发展前景。

8.1.2.4 旅游因素偏好分析

本次调查涵盖了多方面的旅游因素（见表8-3），个人偏好中最受关注的旅游因素依次是：景点环境（64.5%）、住宿条件（61.5%）、饮食卫生（49.6%）。可见，游客最重视的旅游因素为景区本身的自然环境条件及饮食、住宿等基本需要。这些最基础的旅游要素是游客对景区评价的重要参考项，有研究显示重游游客比初游游客更注重景点环境及住宿条件（Alegre等，2006）。

表 8-3 最重视的旅游因素

选项	交通	住宿条件	景点环境	饮食卫生	服务质量	景区物价	景点活动	安全
人数（人）	108	149	156	120	88	79	59	87
百分比（%）	44.6	61.5	64.5	49.6	36.4	32.6	24.3	36.0

8.1.2.5　避暑旅游活动偏好分析

吸引力排名前五的旅游活动分别为：温泉养生、农家乐采摘、海浴冲浪、竹林氧吧和溪涧漂流。其中温泉、冲浪、漂流是传统的亲水项目，温泉、竹林氧吧和农家乐采摘则推崇健康养生。可见，避暑旅游首先考虑是否能降温；其次，在身心感受清凉的同时，远离城市的尘霾喧嚣，呼吸新鲜空气，享受田园风光并进行一些有意义的体验活动是目前的避暑游趋势。这与福州的自然地理条件有十分密切的关系：第一，福州位于我国东南沿海地区，邻近台湾海峡，有充分的条件开展滨海活动；第二，福州盆地是中国三大温泉区之一，地热资源储量丰富，以市区为中心，且有泉脉广、温度高、水质优、流量大、埋藏浅等特点，如此优质易开发的温泉资源在全国省会城市中是独一无二的；第三，盆地地形被丘陵包围，溪流发育广泛，水量稳定，地势崎岖适合进行漂流运动；第四，福建森林覆盖率为65.95%，总林区和竹林面积均居全国首位。

8.1.2.6　实际避暑景点偏好分析

问卷调查数据表明，福州市民更倾向于选择市郊和省内旅游景点作为避暑旅游的目的地，这与吴必虎（1997）的研究结论有相似之处：我国城市居民休闲出游的意愿呈现随距离的增加而减弱的特征，80%的出游集中在距离城市500公里的范围内。实际避暑景点热衷度调查结果见表8-4。

表8-4　福州市民偏好的避暑景点排名

区域	市　郊	省　内	省　外
1	贵安水世界	厦门鼓浪屿	四川九寨沟
2	十八重溪	平潭海岸	云南丽江/香格里拉
3	旗山森林公园	南平武夷山	湖南张家界

其一，市郊景点中贵安水世界超过传统避暑胜地鼓山以及交通便捷的江滨公园成为最热门的避暑地点，可能与这类大型主题乐园在福州尚且不

多又符合年轻人追求新鲜感和刺激感有关。其二，鼓浪屿、平潭及武夷山成为省内最受欢迎的避暑景点。其中，鼓浪屿和武夷山是福建省最早最有名的 5A 级风景区，因此人气较高。平潭拥有独特的海蚀地貌、沙雕文化和闽台特色，并在 2010 年 11 月建成跨海大桥，便利的交通为输送大量游客打下了坚实的基础。其三，省外景点中，九寨沟和丽江的领先优势突出，内蒙古草原、黑龙江哈尔滨、吉林长白山、山东青岛等一些在气温上有明显优势的地区却不在福州市民的避暑胜地名单上。九寨沟和丽江的领先优势与四川、云南两省对旅游产业的成功经营有极大的关联，两省均位于西南地区，旅游业发展较早，基础设施完善，并拥有多民族文化的特色，再加上宣传力度大、从业人员素质较高、政策支持等因素，吸引了全国乃至世界各地的游客慕名而来。

8.1.2.7　媒介偏好分析

避暑旅游媒介包括出行方式和获取信息的渠道。在出行方式的选择中，公共交通、自驾和火车更受欢迎。以上交通方式性价比高，尤其是随着私家车数量的飞速增长，自驾游以其高自由度成为众多市民偏好的选择。随着互联网的普及，网络成为丰富便捷的旅游咨询渠道，通过电脑、手机等终端设备获取信息已成为游客了解旅游目的地的主要途径（见图 8－3）。另外，传统的口碑传播仍是游客获取旅游信息的重要渠道及做出旅游决策的重要参考。

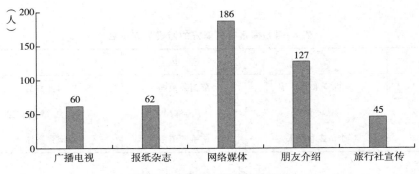

图 8－3　获取旅游信息的渠道

8.2　高温热浪背景下健身行为

近年来，中国的高温热浪不仅发生在长江流域或"火炉城市"，全国其他地方也频繁出现最高气温的历史纪录被打破的现象（谈建国等，2013）。高温热浪不仅对生产生活造成严重影响（张可慧等，2011；岳伟等，2008；刘建军等，2008；姚凤梅等，2009；罗孳孳等，2011；彭少麟等，2005），同时对人体健康产生严重威胁。相关学者对南京、武汉等城市进行的研究发现，在发生高温热浪期间，死亡人数会随着温度的升高和持续时间的延长而增加（王佳佳等，2009；吴凡等，2013；李永红等，2012）。高温热浪已经成为国内外学者共同关注的焦点。与此同时，随着生活水平的提高，人们对健康越来越重视，户外健身活动也越来越频繁。户外健身活动受天气的影响大，尤其是在夏天受高温热浪的影响很大；健身行为不当，不仅起不到健身的作用，反而可能对健康造成负面的影响。然而，目前学术界鲜有专家从感知角度研究高温热浪对城市居民健身行为的影响。因此，本章通过分析居民对高温热浪产生的健身行为感知的特征与差异，认识不同健身程度、受教育程度、收入水平人群的影响感知状况，希望能探究高温热浪对居民健身行为的影响，为其合理调整健身行为、保护身心健康提供科学依据。

8.2.1　研究方法与样本属性

首先设计了"高温热浪对城市居民体育锻炼的影响及其健康效应"问卷调查表（附录5）。根据2014年年末福州市辖区人口数量，分层抽取了福州市五区（鼓楼区、台江区、仓山区、晋安区、马尾区）的城市居民为研究对象（除学生外）。为保证样本的代表性，五区问卷发放数量如下：鼓楼区146份、台江区97份、仓山区162份、晋安区191份、马尾区54份。共发放650份问卷，剔除无效问卷，最终获得有效问卷563份，有效回收率为86.62%。受访对象的基本特征如表8-5所示。

表 8 - 5　受访对象基本特征

指　标	样本数（人）	比例（%）	指　标	样本数（人）	比例（%）
性别			已婚	299	53.1
男	271	48.0	其他	5	0.9
女	292	52.0	受教育程度		
年龄构成			小学	28	4.9
19 岁以下	55	9.8	初中	22	3.9
20 ~ 29 岁	80	14.2	高中/中专	68	12.1
30 ~ 49 岁	185	32.9	大学及以上	445	79.0
50 ~ 59 岁	145	25.7	职业类型		
60 岁及以上	98	17.4	国家机关、企事业单位管理者	66	11.7
月收入			专业技术人员	186	33.0
2500 元以下	142	25.2	办事人员和有关人员	70	12.4
2501 ~ 5500 元	292	51.9	商业与服务性工作人员	109	19.4
5501 ~ 8500 元	83	14.7	农、林、牧、渔、水利业生产人员	38	6.8
8501 元及以上	46	8.2	生产、运输工人和有关人员	41	7.3
婚姻状况			无固定职业	19	3.4
未婚	259	46.0	其他	34	6.0

8.2.2　结果与分析

8.2.2.1　城市居民对高温热浪及其对健身行为影响的感知

福州市居民对高温热浪的感知程度较高，绝大多数居民都经历过高温热浪天气（叶士琳等，2015）。本次调查结果如表 8 - 6 所示，有 90.4% 的居民感知到福州市夏季气温在升高，95.4% 的居民经历过高温热浪天气，说明福州市居民对高温热浪的感知程度及经历基本一致。调查结果显示有超过一半（65.8%）的人认为高温热浪天气对其健身行为的影响很大或较大，21.8% 的人认为有影响，认为影响不大和不影响的仅占 12.4%。以此作为本书探讨高温热浪对城市居民健身行为的影响依据。以下分析部分把高温热浪对城市居民健身行为"影响很大""影响较大""有影响"归列为"有影响"，共 493 人，占总样本数的 87.6%；而"影响不大""不影响"则归列为"无影响"，有 70 人，占总样本数的 12.4%。

表 8 - 6　福州市居民对高温热浪及其对健身行为影响的感知

对福州市夏季气温变化感知			是否经历过高温热浪			高温热浪对健身行为的影响		
高温感知	人数 （人）	比例 （%）	经历	人数 （人）	比例 （%）	影响	人数 （人）	比例 （%）
明显升高	358	63.6	是	537	95.4	很大	167	29.7
升高	151	26.8	否	26	4.6	较大	203	36.1
没什么变化	50	8.9				有影响	123	21.8
降低	3	0.5				不大	57	10.1
明显降低	1	0.2				不影响	13	2.3

8.2.2.2　高温热浪感知对健身行为影响的结构性分析

（1）城市居民感知高温热浪对健身行为影响的差异分析

衡量健身行为的重要指标之一是健身参与程度。本章将"每周参加体育锻炼 3 次及以上，每次持续时间 30 分钟及以上，每次运动强度达到中等强度及以上"的城市居民视为经常健身，除此之外视为不经常健身。经筛选，经常健身的居民为 81 人，占总样本的 14.4%，而不经常参加健身的为 482 人，占 85.6%。经常健身和不经常健身的城市居民在高温热浪对健身行为影响方面的感知程度差异检验如表 8 - 7 所示。

表 8 - 7　城市居民感知高温热浪对健身行为影响的差异检验

是否经常健身	无影响		有影响		x^2	P	比值的比（OR） （95% 置信区间）
	人数 （人）	比例 （%）	人数 （人）	比例 （%）			
经常健身	20	23.7	61	76.3	13.057	0	1
不经常健身	50	10.4	432	89.6			2.833（1.580~5.078）*
总　　计	70		493				

注：* 表示 $P < 0.05$，OR 值为与影响率最低的比较结果。

表 8 - 7 分析表明，经常健身和不经常健身的城市居民在感知高温热浪对健身行为是否造成影响方面存在高度显著性差异。经常健身的城市居民中有 76.3% 的能感知到高温热浪对其健身行为带来影响；不经常健身的城市居民有 89.6% 的感知到高温热浪对其健身行为造成影响。在感知高温热

浪会对健身行为造成影响上，不经常健身的城市居民的可能性是经常健身的城市居民的 2.833 倍。

（2）不同人口学特征的城市居民感知高温热浪对健身行为影响的差异分析

不同受教育程度和收入水平的城市居民在感知高温热浪对健身行为造成的影响上均存在显著性差异。小学及以下、初中、高中/中专、大学及以上四类学历的城市居民感知高温热浪对健身行为带来影响的人数比例分别为 78.6%、72.7%、85.3%、89.2%（见表 8 - 8）。进行两两比较，结果如下，小学及以下和初中、高中/中专、大学及以上学历的城市居民的感知均不存在显著性差异（$x^2 = 0.231$，$P = 0.631$；$x^2 = 0.645$，$P = 0.442$；$x^2 = 2.950$，$P = 0.086$）；初中和高中/中专学历亦没有显著性差异（$x^2 = 1.796$，$P = 0.180$）；初中和大学及以上学历存在高度显著性差异（$x^2 = 5.572$，$P = 0.018$）；高中/中专和大学及以上学历无显著性差异（$x^2 = 0.904$，$P = 0.342$）。此外，虽然大学及以上跟小学及以下学历在高温热浪对健身行为影响的感知上不存在显著性影响（$P = 0.086$），但仍然具有一定相关性。在感知高温热浪对健身行为的影响上，大学及以上学历的城市居民可能性是初中学历的 3.102 倍。由此表明，受教育程度高的城市居民感知高温热浪对健身行为带来影响程度最高，同时，初中学历城市居民感知高温热浪对健身行为带来影响程度较低。

月收入在"2500 元以下""2501～5500 元""5501～8500 元""8501 元以上"四个收入水平的城市居民在感知高温热浪对健身行为造成的影响上存在显著性差异，认为有影响的分别有 127 人、262 人、69 人、35 人，人数比例分别为 89.4%、89.7%、83.1%、76.1%（见表 8 - 8）。多重比较结果如下："2500 元以下"和"2501～5500 元"、"5501～8500 元"收入水平之间无显著性差异（$x^2 = 0.009$，$P = 0.926$；$x^2 = 1.854$，$P = 0.173$），但与"8501 元以上"收入水平之间有存在显著性差异（$x^2 = 5.196$，$P = 0.023$）；"2501～5500 元"与"5501～8500 元"收入水平之间无显著性差异（$x^2 = 2.713$，$P = 0.100$），而与"8501 以上"收入水平有显著性差异（$x^2 = 6.936$，$P = 0.008$）；"5501～8500 元"和"8501 元以上"收入水平无显著性差异（$x^2 = 0.940$，$P = 0.332$）。同时，月收入在"2500 元以下"的城市

居民在感知高温热浪对健身行为影响上的可能性是"8501 元以上"城市居民的 2.661 倍。通过以上分析得出，高收入的城市居民在感知高温热浪对健身行为造成的影响上要显著低于中低收入群体。

表 8 - 8　不同受教育程度和收入水平的城市居民感知高温热浪对健身行为影响的差异检验

人口学特征		无影响		有影响		x^2	P	比值的比（OR）(95% 置信区间)
		人数（人）	比例（%）	人数（人）	比例（%）			
受教育程度	小学及以下	6	21.4	22	78.6	7.962	0.047	1.375（0.374 - 5.055）
	初中	6	27.3	16	72.7			1
	高中/中专	10	14.7	58	85.3			2.175（0.686 - 6.894）
	大学及以上	48	10.8	397	89.2			3.102（1.158 - 8.305）＊＊
	总计	70		493				
收入水平	2500 元以下	15	10.6	127	89.4	8.773	0.032	2.661（1.122 - 6.3097）＊
	2501~5500 元	30	10.3	262	89.7			2.745（1.264 - 5.962）＊＊
	5501~8500 元	14	16.9	69	83.1			1.549（0.637 - 3.765）
	8501 元以上	11	23.9	35	76.1			1
	总计	70		493				

注：＊表示 P < 0.05，＊＊表示 P < 0.01，OR 值为与影响率最低的比较结果。

（3）高温热浪感知对健身行为影响的人群分异

为进一步确证城市居民在感知高温热浪对健身行为是否造成影响的制约因素，本章结合问卷调查结果选择性别、年龄、受教育程度、婚姻状况、职业、收入水平、健康满意度、居住时间、是否经常健身作为自变量来考察，以高温热浪对健身行为是否有影响作为因变量（1 = 有影响，0 = 无影响），进行二元 Logistic 回归分析，模型结构为：

$$p = \frac{\exp(\beta_0 + \sum_{i=0}^{k} \beta_i x_i)}{1 + \exp(\beta_0 + \sum_{i=0}^{k} \beta_i x_i)} \qquad (8 - 1)$$

式中：p 表示给定自变量 x_i 时的概率，x_i 为各类自变量，β_0 表示常量，β_i 为回归系数。模型各自变量赋值参见表 8 - 9。

表 8 – 9　二元 Logistic 回归模型自变量

变量	变量赋值
性别	1 = 男；2 = 女
年龄	1 = 19 岁以下；2 = 20 ~ 29 岁；3 = 30 ~ 49 岁；4 = 50 ~ 59 岁；5 = 60 岁以上
受教育程度	1 = 小学以下；2 = 初中；3 = 高中/中专；4 = 大学以上
婚姻状况	1 = 未婚；2 = 已婚；3 = 其他
职业	1 = 国家机关、企事业单位管理者；2 = 专业技术人员；3 = 办事人员和有关人员；4 = 商业与服务性工作人员；5 = 农、林、牧、渔、水利业生产人员；6 = 生产、运输工人和有关人员；7 = 无固定职业；8 = 其他不便分类的
收入水平	1 = 2500 元以下；2 = 2501 ~ 5500 元；3 = 5501 ~ 8500 元；4 = 8501 元以上
健康满意度	1 = 很不满意；2 = 较不满意；3 = 一般；4 = 较满意；5 = 很满意
居住时间	1 = 3 年以下；2 = 3 ~ 5 年；3 = 5 ~ 10 年；4 = 10 年以上
是否经常健身	1 = 经常健身（每周参加体育锻炼 3 次及以上，每次持续时间 30 分钟及以上，每次运动强度达到中等强度及以上）；2 = 不经常健身

把上述自变量导入 Logistic 回归模型，采用"逐步回归"，进入和剔出模型自变量标准均按系统默认，在回归模型系数综合检验 $\chi^2 = 23.520$，P < 0.01，同时在 Homer – lemeshow 检验统计量 $\chi^2 = 6.378$，P > 0.05，说明回归模型整体拟合度较理想，如表 8 – 10 所示。

表 8 – 10　模型参数估计结果

变量	B（回归系数）	S.E（标准误）	P	Exp（B）	Exp（B）的 95% 置信区间	
					下限	上限
是否经常健身	– 1.069	0.304	0.000	0.346	0.191	0.629
受教育程度	0.460	0.147	0.002	1.584	1.188	2.111
收入水平	– 0.369	0.147	0.012	0.692	0.519	0.922
常量	1.310	0.543	0.016	3.707		

从表 8 – 10 可看出，留在回归方程中的三个变量分别为"是否经常健身""受教育程度""收入水平"。由此说明，此三个变量对城市居民在感知高温热浪对健身行为是否造成影响上具有统计学意义。

在其他变量条件相同的情况下，就健身行为程度而言，是否经常参加健身与感知高温热浪对健身行为造成影响上呈负相关关系，即经常参加健身的城市居民感知高温热浪对其健身行为造成影响仅为不经常参加健身的

0.346 倍（P < 0.01），这与经常健身的城市居民已经形成的健身惯性密切相关，外部的环境变化较少会对他们的健身行为产生影响。从不同人口学特征来看，受教育程度每提高一个单位，感知高温热浪对健身行为造成的影响就增加 58.4%（P < 0.01），即受教育程度越高对外部环境变化信息的接收和处理速度越快，导致其对高温热浪产生的健身行为影响的感知度越高。收入水平与感知高温热浪对健身行为造成影响呈负相关关系，收入水平每增加一个单位，感知高温热浪对健身行为造成的影响就下降 44.5%（P < 0.05），与收入高者享受的健身场所的优势密切相关。

8.2.3　讨论

8.2.3.1　是否经常健身与高温热浪对健身行为影响的感知

研究显示不经常参加健身的城市居民对高温热浪对健身行为造成影响的感知要显著于经常健身的城市居民。国外学者对希腊城市家庭健身行为进行了调查，结果表明自我约束感在运动者和不运动者之间存在显著差异，不运动者有更强的自我约束感，尤其是内省维度（Alexandris 等，2006）。换言之，不运动者有更多的理由不参与健身，尤其是主观感知外在因素对健身行为干扰上。同时，社会心理学认为"习惯"是个体为了实现某种目的而逐步养成的对特定刺激无意识的行为反应（Neal 等，2012），这解释了经常健身的城市居民在感知高温热浪对健身行为造成的影响上较不经常健身的城市居民小。此外，经常健身者对健身的需求和意识要强于非经常健身者，对健身的需求和意识转化为其发生健身行为的内部动机，而内部动机对健身者的推动力量较大，维持健身行为的时间也越长（季浏等，2010），不易受外部因素的干扰而中断健身行为，故经常健身的城市居民在感知高温热浪对健身行为影响上要弱于非经常健身的城市居民。

8.2.3.2　不同受教育程度、收入水平城市居民与高温热浪对健身行为影响的感知

已有研究显示，在对广州城市居民的热浪风险评估中，受教育程度亦是一个重要影响因素（许燕君等，2012）。研究结果显示，具有大学及以上

学历的城市居民在感知高温热浪对健身行为影响上最强，初中和小学及以下学历的感知程度较弱。人的知识结构差异很大程度上依赖于受教育程度，受教育程度越高，接收和了解信息的渠道更加多样，对信息的处理能力比受教育程度低的更强，在对健身行为影响上的感知更加敏锐。此外，受教育程度高的城市居民相比受教育程度较低的而言，更有机会获得优越的工作环境，因而外延出来的是对健身环境发生改变时的敏感度比较高，所以受教育程度越高的城市居民更容易感知高温热浪对其健身行为带来的影响。

国外的诸多研究表明，在高温热浪发生期间，低收入群体易受其影响，主要源于防暑降温设备的不足和较差的居住环境。本章研究结果显示，较低收入（2500 元以下）和高收入（8501 元以上）的城市居民在感知高温热浪对健身行为的影响上有显著差异，低收入的城市居民在高温热浪对健身行为影响的感知上要强于高收入的城市居民。从客观上来说，健身资源的消费往往是建立在一定的经济基础上，经济收入对健身活动起保障作用。对于低收入群体而言，由于经济能力的限制和社会组织资源的匮乏，影响他们健身行为的往往是场地器材等因素（骆秉全等，2006；汤国杰等，2009；陈小蓉等，2010）。一般而言，露天场地、免费开放的室外田径场等是他们进行健身的首选，他们更能感受高温热浪给健身行为带来的影响。从主观上分析，马斯洛需求理论认为人在满足基本的生存需要之后会追求更高的社交、尊重等需要。低收入群体需要更多的时间和精力专注于生计，解决生存需要，健身对于他们而言可能只是生活的附加品而非刚性需求，因此总体而言这个群体在健身上没有多大的"进取心"，外部因素的干扰会进一步削弱其健身的可能性，因此高温热浪对其健身行为造成影响较大。而高收入群体拥有较雄厚的经济能力，在进行健身时不仅仅是出于健康的追求，而且在健身中往往伴随强烈的精神诉求和社交需要，他们多会选择条件较好的"经营性体育场馆"进行健身，以彰显其社会身份，这极有可能是他们在高温热浪对健身行为影响的感知程度上弱于低收入群体的原因。

8.3　本章小结

本章基于福州市历年高温数据和 805 份问卷调查数据，采用二元 Logistic 回归分析方法，探讨高温热浪背景下福州市民旅游活动偏好、健身行为及其影响机理。主要结论如下。

福州市高温日数持续增长，平均每年有 32.6 个高温天，跃居"火炉"省会城市前列。有 11% 的市民选择在温度达到 30℃ 时出游避暑，当气温攀升至 35～40℃ 时，这一比例高达 73%。

福州市民多采取自助形式进行避暑旅游，大多数人可接受的花费范围是 501～3000 元。景点环境、住宿条件和饮食卫生等基础设施和服务质量是最受重视的因素，对游客的体验评价有决定性的影响。

温泉养生、农家乐采摘、海滨冲浪、竹林氧吧和溪涧漂流是吸引力最大的避暑旅游活动。福州市内有温泉、海滨、溪涧、竹海等众多可开发的后备资源，相关部门可根据消费者的属性偏好设计有针对性的避暑旅游产品。

福州市民在市郊、省内、省外三个地域范围内最偏好的避暑景点分别为贵安水世界、厦门鼓浪屿和四川九寨沟。

在高温热浪对健身行为的影响感知程度上，经常健身的城市居民感知程度显著低于不经常健身的。以不同人口学特征要素进行分析，结果表明教育和收入是影响城市居民感知高温热浪对健身行为影响程度的两个重要因素。大学及以上学历的城市居民对健身影响的感知程度上最高，初中学历群体的感知程度最低；性别、年龄、婚姻状况、职业、健康满意度、居住时间均无影响。

二元 Logistic 回归分析进一步确证，"是否经常健身""受教育程度""收入水平"是城市居民感知差异的主要影响要素。

第九章　高温热浪的应对

本章摘要　首先，本章基于高温热浪的事件判别，针对公共服务设施不足与纳凉点满意度不高（与高温热浪匹配性较差）的现状，提出高温热浪的城市规划调控策略，以"缓解"和"适应"为主要方针；其次，以高温热浪为预警对象，从预警目标、流程体系及主要功能设计等方面提出基于 GIS 的数字化高温热浪预警机制；再次，分析我国气象灾害处置方面所普遍存在的问题，引入了整体性治理理论和自组织理论，结合高温热浪生命周期过程，构建高温热浪应急管理的基础模型，提出一个多层次、多部门、分等级的处置平台，即高温热浪应急管理协同联动模式与机制；从次，有针对性地提出应急预案的建构；最后，提出应对高温热浪的政策启示。

9.1　高温热浪的规划调控

城市是高温事件高频发生的区域，也是人口高度密集、经济社会活动高度集中的区域，高温热浪事件对城市带来的负面影响将比对农村危及更多的居民，程度也更深。因此，如何应对城市高温热浪无疑成为政府与学术界关注的焦点。

目前的学术研究主要有两条比较清晰的脉络。一是在高温热浪影响中城市扮演主要成因与应对主体的"双重"角色。高温热浪的形成主要与气候变化、大气环流异常以及人为热源的大量排放等因素有关，其中，城市人为热能的排放是高温事件频发的重要推手。据 2008 年国际能源署（International Energy Agency，简称 IEA）统计，城市消耗能源排出的温室气体数量约占世界总量的 71%，并且随着城镇化的不断推进，这一比重仍在不断上升（IEA，2008）。由此可见，城镇化对高温热浪事件的发生具有极大的推动作用。另外，城市在应对高温热浪事件上存在极大优势。研究指出，城市是应对气候变化的前沿阵地，是决定其成败的关键，而城市规划即应战的有力武器（张波等，2011）。

第二条脉络是城市遵循"减缓"与"适应"双管齐下的策略应对高温热浪。其中，"减缓"策略主要围绕构建低碳城市展开。有学者从技术层面出发，提倡低能耗、低污染、高效能的低碳能源在工业、交通、建筑等方面的使用，促进低碳结构的构建和低碳产业的建立（袁贺等，2011）；有的提倡从社会经济发展模式、消费理念和生活方式等多方面实现减碳目标（刘志林等，2009）。从空间层面上，学者们提出了"紧凑城市"的概念，以适度紧凑的空间格局和土地功能区混合为核心，缩小居民出行距离，做到一定范围内的自给自足，从而抑制交通等方面能耗的产生（方创琳等，2007）。尽管目前社会各界对紧凑城市的用地控制、生活成本、城市环境等方面仍存在很大争议，但紧凑城市及其相关理论的提出以及欧美城市对紧凑城市的实践对我国城市未来发展仍有较高的借鉴意义（马奕鸣，2007）。"适应"策略主要是通过完善城市规划与管理体制，如城市蓝带系统规划、绿色空间规划、产业规划、城市交通管理、空间布局、城市基础设施建设等。也有学者提出通过完善公共医疗设施、绿化系统、城市风道，建设纳凉点等来提高城市对高温热浪的适应能力（姜允芳等，2012）。2004年，巴黎在PCP计划中加入了"低碳节能和阻止城市气候恶化"的强制性条款，同时推出了《巴黎出行管理计划》等一系列管理办法（杨辰，2013）。苗世光以成都市为例展开研究，并提出分散型的绿地规划能够更有效地降低城市温度，缓解热岛效应（苗世光等，2013）。李鹃、余庄（2006）通过调节城市建筑密度与高度，建立通风道，并结合城市道路、绿地等因素帮助城市排风降温。除此之外，学者们还以巴黎（杨辰，2013）、纽约（叶祖达，2009）、英国（姜允芳等，2012）等为例，分析应对气候变化的城市规划方法，为我国的城市规划提供有效参考。事实上在实践层面，为应对高温热浪，国内多个城市（中国网，2014；新华网，2013；郑州晚报，2012）尝试建设公共纳凉点，向市民免费开放。

总体而言，目前的学术研究与实践主要围绕城市基本气候特征或城市热岛效应展开相应的城市规划调控，针对高温热浪配置公共服务设施、纳凉点设施的城市规划调控则较为鲜见，本章将针对上述问题进行一些有益探索。

9.1.1　应对高温热浪的公共服务设施匹配性分析

公共设施是为市民提供公共服务产品的各种公共性、服务性设施，具体分为教育、医疗卫生、文化娱乐、交通、体育、社会福利与保障、行政管理与社区服务、邮政电信和商业金融服务等（宋正娜等，2010）。本研究涉及的公共服务设施主要指应对高温热浪风险的部分，包括公共纳凉点（公园）和医疗设施（综合医院）。对后者的选择，主要是考虑高温热浪造成就诊和急救人数增加（郑山等，2016；Hajat 等，2006；Andrea 等，2012；刘玲等，2010a），导致对医疗设施的需求量不断增加。

9.1.1.1　福建省公共服务设施的空间分布

福建省应对高温热浪风险的公共服务设施整体上呈现东部沿海多西部内陆少的空间特征（见图 9-1）。具体而言，公共纳凉点（公园）的分布更为明显地集聚在东部沿海的福州市辖区、泉州市辖区以及厦门市（岛内）这三个地区，其余地区分布较为零星；医疗设施（综合医院）集中分布于东部沿海的福州市辖区—漳州市辖区一带，其他地区虽然数量较少但也有一定数量的综合医院分布。

9.1.1.2　匹配性分析

应对高温热浪风险的公共服务设施的分布合理与否将影响资源使用的公平性与效率，关系到市民是否能及时有效地缓解与应对高温热浪所带来的风险。因而，有必要对应对高温热浪的公共服务设施进行相关的匹配性分析。

（1）公共纳凉点匹配性

公共纳凉点包括社区及可利用公共场所等，但对于高温热浪脆弱性人群而言，其中大多数纳凉点（如社区）是其无法使用的，而公园作为一种对外开放程度较高的公共区域，对于纳凉而言是首要的选择。综合风险等级越高的区域，公园数量越多，公共纳凉点–高温热浪综合风险匹配性越

图 9 - 1　福建省应对高温热浪风险的公共服务设施空间分布
资料来源：天地图数据整理。

高。通过将福建省公园分布与高温热浪风险区划图叠加（见图 9 - 2），发现匹配度最高的为福州市辖区、厦门，这两个地区内的纳凉点数量较多，占纳凉点总数的 43.97%；风险等级最低的为宁德的大部分县（市）、平潭综合实验区、德化、武平、诏安、东山，这些地区纳凉点数量较少，仅占纳凉点总数的 5.13%；处于风险次高区的永安、沙县等，除了龙海的匹配度较高外，其他县（市）均较差。综上，福建省公共纳凉点主要集中在省会福州市辖区、副省级城市厦门（岛内），其余地区数量较少，匹配性较差。

（2）医疗设施匹配性

本研究中涉及的应对高温热浪风险的医疗设施用综合医院数及卫生机构床位数来表征。

1）福建省卫生机构及其床位数概况

本研究对高温热浪综合风险区的划分以县域为基本单位，因而也对医

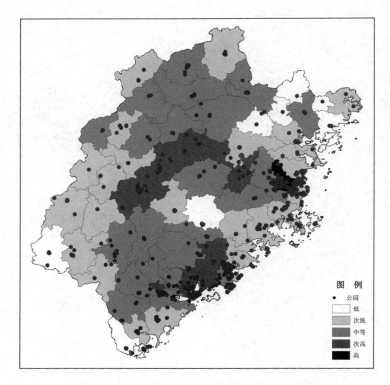

图9-2 公共纳凉点-高温热浪综合风险匹配性

疗设施进行相应处理，与综合风险进行匹配分析。用自然断点法将医疗设施按数量分为5个等级（见图9-3），生成福建省卫生机构及其床位数的空间分布图。由图9-3可见，福建省综合医院数总体上呈现东部沿海县（市）多于西部内陆县（市）、南部县（市）整体上多于北部县（市）的空间分布特征。综合医院数超过222所的只有省会福州、副省级城市厦门以及晋江三个地区，其中福州以571所为全省数量最多的地区；综合医院数在139~221所的地区主要分布在沿海几个地级市（泉州、漳州、莆田）市辖区、龙海以及福清；综合医院数处于全省中间水平（89~138所）的地区分布比较分散，泉州的石狮、龙岩的新罗、宁德、三明、漳州均有零散分布；宁德、南平和三明的大部分县（市）的数量在21~51所，为全省数量最少的地区；其余地区数量均在52~88所。对比综合医院数空间分布图分析可知，福建省各地区卫生机构床位数总体上与综合医院数量分布规律一致，见图9-3，以东部沿海地区床位数多、西部内陆地区少为主要特征。

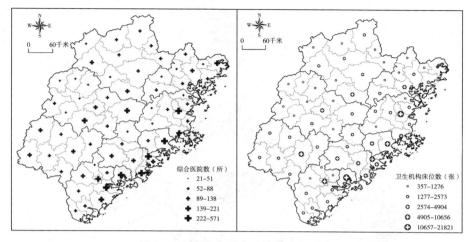

图 9 - 3　福建省医疗设施的空间分布

2）福建省医疗设施与高温热浪风险分布匹配性

如果综合风险值越高的地区综合医疗设施数量越多，那么该地区人群在遭受高温热浪风险后引发身体不适时到达医院、接受诊治的时间就越短，医疗设施-高温热浪风险的匹配性就越高。由图 9 - 4 可知，医疗设施与高温热浪风险在整体上匹配性较差。完全匹配的县（市）只占全省的 19.40%，主要分布于宁德的几个山区县（市）、南平北部的浦城、福州的东北部和东南部、龙岩的中部县（市）以及漳州南部县（市），这些地区的综合医院等级较低，卫生机构床位数量较少，但这些地区的高温热浪综合风险等级本身较低，对应对的医疗设施需求也较小，因而匹配性最高；此外，福州市辖区、厦门市、漳州市辖区为综合风险等级高（次高）的地区，但与之相对应的医疗设施数量等级高，因而匹配度高。其余 80.60% 的县（市）都处于各种不同程度的不匹配状态。综上所述，福建省各县（市）应对高温热浪风险的医疗设施与高温热浪风险的空间分布匹配度较低，医疗设施数量满足不了应对高温热浪风险的需求。

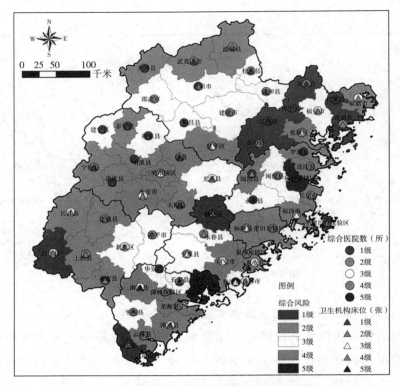

图 9 - 4　医疗设施 - 高温热浪风险匹配性

9.1.2　公共纳凉点满意度调查

由于公共纳凉点的建设处于尝试阶段，学者较少对其进行研究，已有的研究主要集中在建筑规划层面，而未见对其使用情况的评价研究。公共纳凉点满意度是反映公共纳凉点环境品质高低、景观设计合理与否的重要标准。本章继续以高温热浪频发和城市热岛效应显著的福州市为研究对象，调查市民对公共纳凉点的满意度，评价福州市城市公共纳凉点的使用情况。

9.1.2.1　福州公共纳凉点分布

2011 年起，福州市开始进行老年人夏季纳凉点建设，2013 年 7 月，福州市政府再次发布《关于加强老年人夏季纳凉点建设有关工作的通知》（福州市人民政府办公厅，2013）。虽然最初纳凉点的服务对象是老年人，但是在实际生活中，广大市民均为公共纳凉点的使用者。福州市公共纳凉点建设分别由园林、人防和各县（市）区落实，福州市所有公园都是公共纳凉点，同时，乌山北坡广场人防工程口部通道与于山人防工程南口也被开辟为公共纳凉点（福州市12345便民服务平台，2014）。福州市的公共纳凉点共计56个（杨江鹏，2014；福州市台江区人民政府，2012），具体分布情况如图9-5所示。

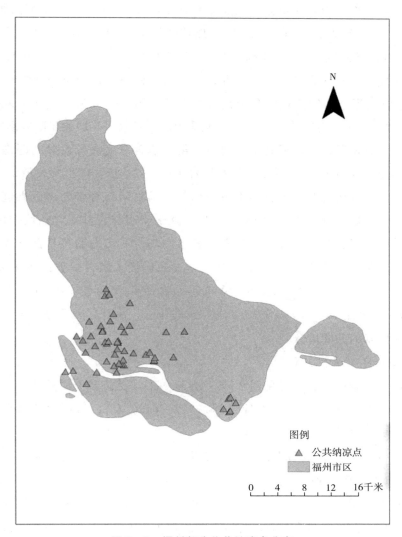

图9-5　福州部分公共纳凉点分布

9.1.2.2 资料来源与样本属性

（1）问卷调查与资料来源

本章数据源于"大城市公共纳凉点满意度问卷调查"。问卷共分为三个部分：第一部分为"城市公共纳凉点需求度调查"，该部分与本章研究内容无关；第二部分为"城市公共纳凉点满意度调查"，主要从"纳凉点数量""纳凉点位置""可活动区域面积""座椅数量""座椅位置""避暑降温设施""其他基础设施""卫生保洁""治安管理""交通便捷"等10个角度分析市民对公共纳凉点的满意情况，并针对市民整体满意度设置了一个问题："您认为公共纳凉点的利用是否方便？"；第三部分为"受访者基本资料"，其中包括性别、年龄、职业、文化程度、月收入、居住年限等问题。

为了解调研问卷是否易于受访者理解、是否有遗漏及设置问题是否有针对性等，编写组成员于2014年5月初在仓山万达广场随机发放了50份问卷，并根据发放情况及回收结果进行修改，调整问卷符合要求后再进行正式调研。问卷调查集中于2015年1月，由专业调查人员在宝龙城市广场、台江万达广场、东街口百货、学生街城市广场、三坊七巷风景区、福州国家森林公园、西湖公园、罗星塔公园、五一广场、烟台山公园等处发放，并当场收回。调查共发放300份问卷，收回有效问卷248份，有效率82.67%。采用Excel与SPSS16.0进行数据分析，并通过因子分析确定满意度影响因素的共同成分。

（2）样本属性

调查问卷样本属性（见图9-6）列示如下。受访者中的男性占调查总数的51.61%（128人），女性占48.39%（120人），男性比例略高于女性，但男性和女性受访人数相差不大。年龄分布方面，以"19~30岁"（57.26%）所占比重最大，"31~45岁"（22.18%）次之，而"46~60岁"（4.84%）所占的比例最小。学历构成方面，"本科/大专"学历（48.39%）的受访者最多，"研究生及以上"学历（10.48%）的受访者比例最小。在从事职业方面，受访者以"学生"（40.37%）为主，这主要是由于问卷发放地点集中于商业区及文教区。同时，由于"学生"所占比例较大，个人收入中选择"1000元以下"（40.73%）的比例最高。居住年限以"5 年以下"（46.37%）与"15 年以上"（25.40%）为主。受访者结构较为合理，可以代表福州市城市公共纳凉点的使用对象。

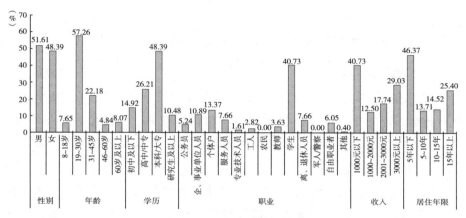

图 9-6 受访者的统计特征

（3）信度和效度检验

在进行问卷数据分析之前，为确保数据质量，需要对问卷数据进行信度和效度的检验。本章采用克朗巴哈信度系数法与 KMO 和 Bartlett 球形检验对调查问卷的内在信度和结果的效度进行分析。

一般认为，某份问卷或量表的克朗巴哈信度系数如果在 0.70 以上，则其内在信度较高；如果在 0.35~0.70，则其内在信度可以接受；如果小于 0.35，则其内在信度较低，不能用于分析。对本研究中 10 个涉及纳凉点使用满意度的问题进行了内部一致性检测，得到克朗巴哈信度系数为 0.764，说明此次问卷信度较高，可以进行相应的分析。

KMO 和 Bartlett 球形检验用于评价结果的效度。通常认为，KMO 值大于 0.90，表明结果非常适合进行因子分析；KMO 值在 0.80~0.90，表明结果适合进行因子分析；KMO 值在 0.70~0.80，表明结果可以进行因子分析；KMO 值在 0.60~0.70，表明结果勉强适合进行因子分析；KMO 值在 0.50~0.60，表明不太适合进行因子分析；KMO 值小于 0.50，表明结果不适合进行因子分析。若 Bartlett 球形检验的统计观测值较大，且其对应的相伴概率值小于给定的显著水平 α，则应拒绝零假设，表明适合做因子分析；反之，则不适合做因子分析。本研究中，KMO 值为 0.764，介于 0.70 和 0.80 之间；Bartlett 球形检验的近似卡方值为 867.425，在自由度是 45 的条件下达到显著，且对应的相伴概率值为 0.000，则拒绝零假设，可以进一步进行因子分析。

9.1.2.3 满意度分析与因子分析

（1）满意度分析

利用 Excel 软件对调查问卷中影响城市公共纳凉点满意度的 10 个因素进行数据处理，分别计算出各因素的均值、标准差、满意率和不满意率。其中，不满意率是"不满意"和"很不满意"或"不太方便"和"很不方便"所占比例之和。

图 9-7 为受访者对"公共纳凉点总体满意度"的统计情况，居民对公共纳凉点利用总体评价的满意率接近 38%，略高于不满意率，但是其均值为 2.90，总体评价仅属于"不满意"，且其标准差为 1.05，可见受访者对公共纳凉点的评价差异较大。

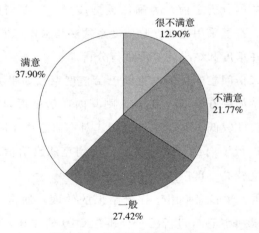

图 9-7 总体满意度饼状示意

公共纳凉点的服务功能是由多个要素共同组成的。在对总体满意度进行分析后，有必要进一步探讨公共纳凉点各因素满意度情况。调查结果如表 9-1 所示。市民对各因素满意度的均值均属于"不满意"的水平，其中"交通便捷"均值最低，仅为 2.62。从满意率与不满意率看，除"座椅数量""避暑降温设施""其他基础设施"外，其余各因素满意率均未高于不满意率。"交通便捷"不满意率最高，达到45.16%，表明交通可达性严重影响了公共纳凉点的使用。"纳凉点数量"的不满意率仅次于"交通便捷"，为41.53%。"其他基础设施"不满意率最低，为36.69%，这可能是由于该选项表达内容较多，受访者难以对其形成确定的认知。"避暑降温设施"满意率最高，表明公共纳凉点的服务功能尚可。除"交通便捷"外，"治安管理"满意率最低，表明其管理水平有待提升。

表9-1　各因素满意度描述性统计

项　目	不满意率（%）	满意率（%）	均　值	标准差
纳凉点数量	41.53	40.32	2.78	1.18
纳凉点位置	38.71	38.71	2.82	1.13
可活动区域面积	40.32	36.69	2.72	1.19
座椅数量	39.92	41.13	2.79	1.20
座椅位置	41.13	40.32	2.73	1.24
避暑降温设施	41.13	43.15	2.76	1.25
其他基础设施	36.69	42.34	2.83	1.20
卫生保洁	41.13	40.73	2.76	1.21
治安管理	41.13	35.08	2.71	1.17
交通便捷	45.16	31.85	2.62	1.17

（2）因子分析

城市公共纳凉点的组成要素共有10个，数量较多。为了简化问题，在保留原资料的大部分信息的基础上，对各因素满意度进行了因子分析，结果如表9-2所示。提取因子的方法为主成分分析法，保留所有特征值大于1的公因子。分析结果显示，10个预设项目中提取出了3个公因子，并解释了原有变量总方差的73.982%。总体上来说，包括了原有变量的大部分信息。为使提取的公因子便于辨认和命名，采用方差最大正交旋转法对公因子进行正交旋转。通常情况下，若某个项目在所有因子上的负荷量小于0.50，则应予以删除；若某个项目在两个或两个以上因子上的负荷量大于0.50，也应予以删除。本研究中除"交通便捷"之外的9个题项均符合要求，可以看出该问卷有良好的构建效度。删除"交通便捷"后，对各因子变量进行归类，对公因子进行重命名，并进行信度检验。

表 9 - 2 公共纳凉点因子分析

因子命名	要素	因子载荷	累计方差贡献率（%）	克朗巴哈系数
F₁ 硬件设施	可活动区域面积	0.806	37.609	0.880
	座椅数量	0.801		
	座椅位置	0.823		
	避暑降温设施	0.863		
	其他基础设施	0.817		
F₂ 基本情况	纳凉点数量	0.904	55.992	0.786
	纳凉点位置	0.908		
F₃ 管理服务	卫生保洁	0.894	73.982	0.753
	治安管理	0.893		

其中，公因子 F_1 负荷较高的有可活动区域面积、座椅数量、座椅位置、避暑降温设施、其他基础设施这 5 个变量。该因子主要反映了受访者对公共纳凉点硬件设施的要求，可命名为"硬件设施"。旋转后公因子 F_1 的特征值为 3.385，能解释总方差的 37.609%。公因子 F_2 负荷较高的有纳凉点数量、纳凉点位置两个变量。该因子主要反映了受访者对公共纳凉点整体设置的要求，可命名为"基本情况"。旋转后公因子 F_2 的特征值为 1.655，能解释总方差的 55.992%。公因子 F_3 负荷较高的有卫生保洁、治安管理两个变量。该因子主要反映了受访者对公共纳凉点管理服务的要求，可命名为"管理服务"。旋转后公因子 F_3 的特征值为 1.619，能解释总方差的 73.982%。

9.1.3 基于高温事件判定的规划调控

9.1.3.1 福州部分相关规划

事实上，目前为止福州市的相关规划中已经提出了一些策略来缓解高温热浪情况。例如，福州市城市总体规划（2011～2020 年）中制定了对公共交通以及中心城区绿地系统的规划目标，生态福州总体规划中也提出了对福州市风道、绿地、工业区的诸多规划策略。除此之外，福州市环保局、城乡规划局、交通局、园林局等政府部门出台的相关规划中，也都包含了部分对高温热浪的应对策略，主要包括城市总体或具体片区森林绿地建设、城市风道总体规划、公交以及慢行系统建设、产业园区生态化建设等，详见表9-3。

表9-3　福州市应对高温热浪的相关规划

类型	规划内容	主要目的	主管部门
绿地系统规划	沿海防护林、江河流域和库区生态修复、城乡绿化一体化、湿地和自然保护区建设及森林灾害防治"五大工程"	环境保护和利用	福州市环保局
	"一环六楔，两带一网，十一山多园"	改善主城区绿化结构，提升人均绿地面积	福州市环保局
	低冲击开发，减少不透水表面，优化绿地系统结构	缓解城市热岛现象	福州市城乡规划局
	城市绿道网建设及公路铁路沿线整治绿化	恢复自然生态，改善公路铁路沿线景观	福州市城乡建设委员会
	推进"创森"工作，实施"四绿"工程	提升城乡绿化水平，创建"国家森林城市"	福州市林业局
	"显山露水"工程以及奥体片区、浦东路、南江滨绿化建设	改善生态环境，促进生态宜居城市建设	福州市园林局
风道规划	"一轴十廊"城市通风廊道格局	传送主导风，缓解城市热岛现象，降低雾霾风险	福州市城乡规划局
交通规划	强化机动车污染防治	降低城市交通碳排放	福州市环保局
	公交优先走廊建设，倡导节能环保车型	降低城市碳排放，构建可持续交通系统	福州市交通局
	提升公交运行能力，构建特色慢行系统	构建"绿色交通系统"，实现智慧低碳	福州市城乡规划局
产业规划	发展生态工业，推进节能减排	形成经济社会发展与资源环境承载力相适应的生态经济发展格局	福州市环保局
	污染企业外迁，保留园区生态化建设	推动产业园区升级，缓解工业区热岛效应	福州市城乡规划局

资料来源：根据福州市政府部门各规划整理所得。

然而，对高温热浪的规划调控是一个系统工程，上述规划举措分散于不同规划中，分属不同的部门管理，很难形成统一的规划体系，也就难以有效应对高温热浪事件。因此，面对越发严峻的热环境形势，首先要判定高温热浪事件，并通过科学系统的规划，减缓高温热浪影响。

9.1.3.2 高温热浪事件判定

本节采用中国气象数据网提供的 1961~2014 年福州市气象基准站夏季逐日最高气温以及相对湿度数据，根据 2012 年颁布的高温热浪等级标准，计算出 1961~2014 年 6 月至 8 月逐日的炎热指数及炎热临界值，从而将连续 3 天及以上大于等于炎热临界值的天气过程划定为高温热浪，并对高温热浪指数进行判定。各指标定义及算法如下（黄卓等，2011）。

炎热指数（TI）：综合日最高温度及相对湿度计算出每日的炎热程度。

炎热临界值（TI'）：选取日最高气温 ≥33℃ 的样本进行排序，其第 50 百分位数为炎热临界值。

计算公式为：

$$TI = 1.8 \times T_{max} - 0.55 \times (1.8 \times T_{max} - 26) \times (1 - 0.6) + 32 \ （当 RH \leqslant 60\% \ 时）$$
$$TI' = 1.8 \times T_{max} - 0.55 \times (1.8 \times T_{max} - 26) \times (1 - RH) + 32 \ （当 RH \leqslant 60\% \ 时）$$

$$(9-1)$$

热浪指数（HI）：考虑炎热程度以及过程积累效应共同作用的热浪过程指标。计算公式为：

$$HI = 1.2 \times (TI - TI') + 0.35 \sum_{i=1}^{N-1} 1/nd_i (TI_i - TI') + 0.15 \sum_{i=1}^{N-1} 1/nd_i + 1 \quad (9-2)$$

以上各指标定义中，T_{max} 为日最高气温，RH 为日平均相对湿度，TI_i 为当日之前第 i 日的炎热指数，nd_i 为当日之前第 i 日的日数，N 为炎热天气过程持续的时间。

根据以上高温热浪判定方法得出，福州市 1961~2014 年夏季炎热临界值为 89.81，并在不同湿度情况下有其相对的温度值（见表 9-4）。由此，可以判定出福州市 1961~2014 年 6 月至 8 月出现的高温日及高温热浪过程，并对福州市高温热浪的时空分布特征进行描述分析（详见第三章）。

表 9-4 福州市 1961~2014 年夏季炎热临界值及其在不同湿度情况下对应的温度

炎热临界值	$RH \leqslant 60\%$	$RH = 70\%$	$RH = 80\%$	$RH = 90\%$
89.81	37.1 ℃	35.6 ℃	34.3 ℃	33.1 ℃

资料来源：根据中国气象数据网气象数据整理所得。

9.1.3.3 规划调控策略

到目前为止,福州市总体高温热浪频次与强度均呈逐年增强的趋势,并且从空间分布上看,高温区域集中于中心城区,与福州市建成区范围基本吻合,其中部分繁华区域地表温度超过45℃,高温形势严峻。因此,提出应对高温热浪的系统城市规划方案显得尤为重要。本章即根据福州市具体自然条件以及城市建设现状,从城市通风道、绿色空间、城市公共配套设施、城市公共交通网络、产业规划五个方面,提出贴合当地实际的规划建议。

(1)城市通风道

城市通风道有助于打破城市热岛环流,提高城市空气的流动性,从而使城市温度降低,缓解高温热浪所带来的不利影响。本章根据1961~2014年福州市基准站夏季每日最大风速风向统计得出,福州市夏季盛行东南风,其次为南风、东北风,多年平均风速2.86米/秒。基于福州市自然基底以及热环境状况,福州市风道规划宜从以下三个层面出发。

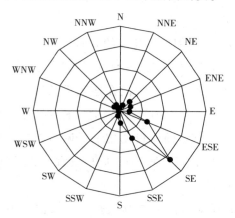

图9-8 福州市1961~2014年夏季盛行风向
资料来源:根据1961~2014年福州6~8月日最大风速风向绘制。

1)在宏观层面建立与闽江流向及夏季盛行风向一致的广义通风道

福州地势西北高、东南低,并被闽江、乌龙江两大水系贯穿,两江整体流向与夏季盛行风向一致,有利于凉爽海洋气流进入市区。因此,以闽江、乌龙江开敞河流界面作为福州市一级通风廊道,能够充分引风入城,有效分割福州市城区,提高城市夏季热舒适度。另外,良好的城市总体布局也有利于城市风环境的塑造。从建筑格局上看，高密度的高层建筑不利于城市通风（李军等，2012），因此城市建筑分布宜将高层建筑布局在盛行风下风向，并遵循中心高、四周低的原则，减少风进入城市的阻碍，形成广义通风道。就城市形态而言，应充分借助福州市山水格局，形成包括河流、绿地、山体的小规模城市组团，使组团内拥有舒适清洁的风环境，促进城市整体良好风环境的建立。

2）在中观层面建立多级城市通风系统

在中观层面上，宜充分借助城市已有绿地、水体、街道等自然和人为基底，建立多级城市通风系统。福州市内河网络发达，南北方向上有晋安河、白马河、磨洋河、新店溪、湖前河等，东西方向上有光明港、达道河、安泰河、解放溪、洋洽河等。因此夏季盛行风沿闽江河道进入后可沿内河网络逐级向城市内部蔓延，形成城市内部多级河道风廊。除此之外，福州市还拥有大量绿色空间以及湖泊水体，如金鸡山、金牛山、屏山、乌山、森林公园、西湖、琴亭湖、登云水库等。在河道风廊的基础上，结合山水节点，促进城市风环境的循环。

3）在微观层面营造低粗糙度建筑的界面

在微观层面上，应用风道规划指标，引进低粗糙度的建筑界面材质。根据目前的通风道规划研究，学者们在通风道长度、宽度、障碍物指标等多方面进行了设定（陈宏等，2014）。因此，福州市通风廊道的建设应有选择地采用相应指标，在原有的建设基础上，调整布局、引进新型低粗糙度界面材质，减小城市建筑对风的阻力，因地制宜，展开建设和改造。

（2）绿地系统规划

城市绿地系统建设对缓解城市高温热浪以及热岛效应有不可忽视的作用。福州市总体绿化程度较高，公园数量充足，城市绿化率达88.6%。绿地主要分布在鼓山以东、国家森林公园以北，但高温热浪高发地带的市区植被覆盖率较低，其中零星绿色空间也主要布局在鼓楼区以及台江区闽江沿线，仓山区、晋安区分布较少。由此可见，福州市绿地系统分布不均匀，高温热浪高发地带绿化率不足，市民享受绿色空间的公平性有待提高。基于此，本章提出了"点—线—面"三位一体的城市绿地系统规划。

1）均匀布点，设置小型绿色斑块

城市建成区土地利用情况紧张，为避免城市用地与绿地建设矛盾，中心城区绿地建设以均匀设置小型绿色斑块为主。通过设置小型绿地广场、小型花园及居住区绿化等，将绿地均匀地布置在居民理想的绿色空间距离内，在缓解小范围高温情况的同时也为市民提供更多享受绿色资源的机会。

2）以线带点，实现景观有机串联

在现有蓝带、灰带的基础上进行绿地景观建设，以形成沿河、沿街景观，并且融汇小型绿色斑块，实现景观串联，搭建全城绿色脉络。与此同时，注重将本土特色引入绿化带，建成集人文情怀与游憩功能于一体的城市绿廊，以此提高绿色空间的可达性，延伸服务半径，为市民提供精致的游憩、避暑空间。

3）维护大型绿色面源，提升绿地质量

福州市大型绿地主要包括城郊的风景区、林场等，以及城区内的大型公园，它们是缓解福州市城市高温热浪的重要"冷源"。大型绿色面源的建设应在已有的数量基础上，不断提高质量，恢复生态系统多样性，增强绿色空间功能的多向性和稳定性，以满足城市发展和居民生活的要求，同时应加强对绿地的管理和维护，使其得以永续发展。除此之外，福州市绿地系统建设还应深度挖掘城市"立体绿化"潜力，充分利用建筑屋顶、墙体展开城市绿化，减少城市硬化面积，增加绿地面积或使用透水砖，从小处改善城市绿化状况，进行精致的城市绿地规划。

（3）城市公共配套设施分布

城市公共配套设施的合理设置能够有效提高城市应对高温热浪事件的弹性，对于应对高温热浪有重要意义。本节就城市综合性医疗中心布点及城市纳凉点设置，提出相关建议。

1）增加新城区综合性医疗中心，提高匹配度

由于城市历史发展进程与政策不同，福州市综合性医院主要分布在鼓楼区和台江区，而晋安区、仓山区以及马尾区分布较少，详见图 9-9（江晓欢等，2011）。因此，应适当加大大型综合性医疗中心在新城区的布局，从而容纳不断向其迁移的人口。再加上城市夏季高温在晋安区、仓山区表现尤为显著，因此加强综合性大型医疗中心均衡布局，提高其与高温热浪事件发生的匹配度，对缓解高温影响、保障市民人身安全有重要意义。

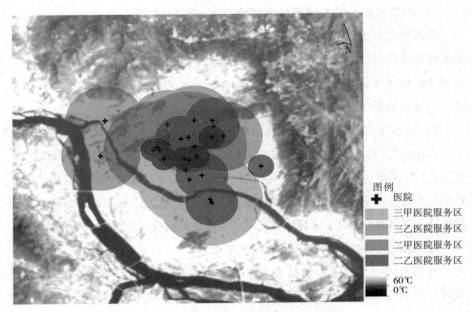

图9-9 福州市大型综合性医院分布

2）推广纳凉点使用，提升服务质量

到目前为止，福州市陆续开设了371处纳凉示范点，范围遍及全市12个县区。尽管福州市政府已大力推广城市纳凉点的使用，但总体而言，福州市纳凉点仍存在认知度不高、适用人群有限、交通通达度不足等缺点。对此，政府应加强相关宣传力度，让更多市民了解纳凉点的功能。通过合理布局，提高城市纳凉点的交通通达度和便捷度，完善硬件设施、提高服务质量，从而提高居民满意度，使城市纳凉点得以更好地发挥作用。

除医疗点、纳凉点的布置以外，城市消防及水电供应也是应对高温热浪的关键部分。就消防而言，一方面，消防部门需提高高温天气出警效率，确保及时控制高温热浪所引起的火灾；另一方面，对于建筑内消防设施需进行及时排查，确保火灾发生时，市民可以及时自救。而且城市水电供应在高温热浪情况下也尤为重要。有关部门需做好排查故障、快速恢复水电供应工作，保证市民可以正常使用水电减小高温影响。在目前的诸多降温手段中，空调的使用非常广泛，但空调在降低室内温度的同时会向室外排放热气、废气，因此对于空调的使用目前仍存在争议。

（4）城市公共交通系统

高温热浪的形成与温室气体的排放息息相关，而交通作为温室气体的第二大排放源，是高温热浪发生的重要原因。因此，缓解高温热浪状况，交通规划是其中的重要一环，应秉持"公交优先"原则，减少小汽车的使用。

1）扩大公交辐射范围，提升公交舒适度

从公交供给数量上看，东街口等老城区公交资源几近饱和，但随着福州市建成区的不断扩大，城市外缘区域的公共交通尚未能与之匹配。因此，应进一步增加城乡接合部公交线路，满足市民需求。从公交服务舒适度上看，部分公交硬件设施老旧，存在通风不畅、空调损坏等情况。公交站点缺乏遮阳设施，站牌更新速度慢，为市民乘坐公共交通带来极大不便。因此，福州市公交应加速老旧车型更新换代，采用低能耗、高舒适度的车型，并改善公交站点候车环境，为市民带来更为优质的乘车体验，吸引更多市民选择公交出行。

2）建立规范的城市慢行系统，推进自行车租借点的合理布局

福州市自行车道设置并不规范，有的路段设有专门的非机动车道，但有的路段自行车只能与行人并行。再加上非机动车道常被小汽车挤占，部分路段路面状况不佳，极大阻碍了自行车的正常行驶。因此，加强城市慢行系统建设，设置规范车道，对推进城市自行车使用有重要意义。另外，福州市已有170余个便民自行车站点投入使用，但调查显示近60%的被访者仍认为福州市自行车租赁点设置不足（陈慧等，2014），并且布局合理性也亟待提高。因此，在接下来的站点建设中，应进一步补充稀疏区域的站点建设，合理布局，使更多居民能够享受这项服务。

3）改变用车习惯，倡导绿色出行

在为市民提供便捷的公共交通服务的基础上，政府也应积极倡导市民改变用车习惯，从观念上接受、认可绿色出行，减少小汽车的使用，选择公交、共享单车、自行车或者步行出行。

（5）产业规划

产业的规划升级对城市高温热浪事件的缓解具有重要意义，是建设低碳城市的关键。福州市工业区主要分布在晋安区、仓山区以及马尾区，与

福州市较高温（地表温度 >45℃）区域基本重合。因此，福州市产业规划应从以下几个方面出发。

1）合理布局，形成工业组团

从整体布局上，宜将工业区布局在盛行风下风向或垂直风向上，以防止废气入城，并且通过工业集聚形成工业组团以降低生产能耗。就工业园区内部而言，进一步整合工业园区各功能区布局，促进园区内结构优化、提升园区内运输效率，从而减少碳排放。

2）推动环境友好型产业发展，减少工业排放

迁出高能耗、高排放的传统制造业，淘汰园区内不合格、不规范的旧厂房，保留环境友好型产业并促进其发展，使产业发展与环境可持续齐头并进。

3）技术革新，提高能源利用效率

通过引进新技术提高能源利用效率，降低能源排放，促进产业朝适应城市要求的环保型工业发展。在满足绿色生产的同时，实现经济效益。

4）推进园区绿化，建设生态化园区

在注重经济效益的同时应注重工业区生态化发展。对此，园区应积极改善绿化情况，可通过在园区周边布置绿色隔离带、对厂房屋顶进行绿化等方法进行景观改造，从而提高工业园区对高温热浪的适应能力。

9.2 高温热浪的预警机制

预警机制是指能灵敏、准确地昭示风险，并能及时提供警示的由机构、制度、网络、举措等所组成的预警系统（张维平，2006）。城市作为人口、经济活动高度密集区，在高温热浪强度、持续时间与频率不断增强的背景下（Karl 等，2003；Meehl 等，2004），城市人群、产业经济、自然环境等均会受到不同程度的影响。高温热浪事件的发生及防控与地理空间密切相关，对其进行预警预报往往涉及大规模的时间、空间预测。传统高温预警系统在管理、分析、表达等方面具有时空上的局限性，已不能进一步满足高温热浪预警的需要。

因此，对城市高温风险进行模拟分析与分级预警，研究制定包含政府、

社会、民众等多组织机构与涉及公共健康、自然环境、产业经济等多层次类别的高温热浪预警机制，对提高地区应对高温热浪事件的响应与适应能力，降低甚至消除高温热浪的负面影响等均具有重要意义。

9.2.1　国内外高温热浪预警研究进展

目前的高温热浪预警机制研究侧重于公共健康领域。欧美国家经验表明，向公众提供早期预警等防护措施与相关服务可有效降低热浪对健康造成的影响（张翼等，2015；Lowe 等，2011；Morabito 等，2012）。在 1995年，美国费城率先建立高温健康风险预警系统（Kalkstein 等，1995），随后华盛顿、俄亥俄州、罗马、上海、多伦多等地也分别建立了高温健康风险预警系统（孙庆华等，2015）。其中，2001 年上海市基于极端高温、"侵入型"气团和人类死亡率的关系，研制出了上海热浪与健康监测预警系统（谈建国等，2002）。在 2003 年欧洲遭受热浪袭击（Bouchama，2004）后，世界卫生组织在欧洲开展了加强公共卫生高温应急的反应项目，包括基于网络的气候信息和热相关健康应急预案指南，以及热浪健康风险预警系统（WHO，2009；孙庆华等，2015）。2011 年，世界卫生组织（WHO）、全球环境基金（GEF）、联合国开发计划署（UNDP）对包括中国在内的全球不同地区的 7 个发展中国家开展"适应气候变化，保护人类健康"项目研究。哈尔滨市在健康风险预警预测工作的基础上，进一步开展了突发极端天气事件人群健康风险预警技术研究（兰莉等，2014）；南京市亦建立了高温热浪与健康风险早期预警系统，并根据心脑血管疾病、呼吸系统疾病、儿童呼吸系统疾病、中暑等疾病对热浪风险预警进行分类分级（汪庆庆等，2104）。

其他研究则局限于指标性气温预报预警（张劲梅等，2008；袁成松等，2012）以及高温与疾病或死亡关系研究，包括中暑（王晓婷，2013；许明佳等，2015；崔亮亮，2015）、呼吸系统疾病（陈横，2009；刘玲等，2010a）、心脑血管疾病（程义斌等，2009；刘玲等，2010b）、精神疾病（刘雪娜等，2012；张翼等，2015）、死亡率（李永红等，2005；杨宏青，2013）等。

总体上，现有高温热浪预警研究主要针对公共健康这一单一事件，利用气象学指标（如气温、湿度等），结合疾病发病率、死亡率、年龄、性别等信息构建高温健康风险预警模型，并在此基础上进行分类分级，而后根据不同预警等级制定、实施相应的应急预案与措施，包括及时有效地预报（利用广播电台、电视台、报纸、互联网等媒体）。然而，针对公众健康以外的高温风险预警项目（如水资源、粮食生产）还存在欠缺，如何进一步识别高温热浪敏感地区和人群，做出时空视角下的高温热浪预测预警，并由此制定一系列多部门、多类别的响应体系、应急预案等，仍需要大量的研究工作。

地理信息系统（Geographical Information System，简称 GIS）是将计算机和地理空间信息技术有效集成的技术系统，通过采用现代化方法采集、存储、分析、管理和显示、模拟与地理空间分布有关的数据和图形，为管理和决策提供服务（迟文学，2009），其核心是管理、计算、分析地理坐标位置信息及相关位置上属性信息的数据库系统（陈正江等，2005）。GIS 因其强大的空间分析与管理功能被广泛应用于灾害预警与管理领域（尹贻林等，2009；王凯松等，2015），包括环境污染（王存美等，2008）、病虫害（李轩等，2012）、排水洪涝（张会等，2005）、疟疾监测（温亮等，2004）等，如迟文学等人（2009）使用 ArcGIS Engine 作为二次开发平台，设计了基于 GIS 的雷电监测预报服务信息系统。李涛等人以 GIS 技术为系统基础，选用 C/S（Client/Sever）开发模式，研制了基于 GIS 的海洋气象综合观测应用平台系统，实现对近海海域灾害性天气动态预警（李涛等，2015）。基于 GIS 平台、C/S（Client/Server）架构和 2D web GIS 服务平台，李雪丁等人（2014）研发了赤潮预警系统，实现赤潮动态监测。以上研究基本延续"灾情数据—灾情分析—区域预警"的单线程处理模式，对于机构部门协同联动、应急预案管理等内容研究较少，在整个预警系统框架中并未予以足够的重视。

9.2.2 高温热浪预警及机制目标

9.2.2.1 高温热浪预警内涵

基于前述分析，本节探讨的高温热浪预警是指在城市各职能部门、各行业应急预案基础上，利用现代信息技术，建立一个能综合应对高温热浪事件的响应网络、系统，进一步提高高温应急预案的响应速度，为政府组织、机构应对高温事件提供决策依据，并尽可能降低高温热浪带来的生命和财产损失。

9.2.2.2　高温热浪预警机制目标

高温热浪预警机制目标在于缩短对高温热浪事件的响应时间，在高温灾害发生前以最快的速度为决策者提供决策依据，使其能够快速、科学地制定相应应对措施，从而使高温灾害造成的损失减到最小。同时，为城市基础设施、重点防护目标、应急救援力量等进行统一、科学的管理，使应灾指挥信息化和科学化。

（1）基础应用层

结合地区实际（如天气指标、发病率等）制定高温热浪预警的标准、规范与政策法规；建成覆盖监测区（建成区、水域、公园、道路等）的气象监测点；建立、维护、更新涵盖城市基础信息及高温风险的数据库。

（2）数据分析层

基于 GIS 与其他模型方法，分析处理海量气象数据以及地域其他资料，对高温热浪的发生发展进行监测，并为高温热浪的警情程度划分、预判提供有用信息；利用 GIS 的空间信息分析与表达功能，定位高温警源，将抽象的预警数据转化成清晰简明的电子地图，直观显示高温热浪的灾害程度、趋势变化与地域分布。

（3）指挥管理层

统筹高温热浪灾情预警机构、人员组成、责任权力、应急预案，以及各相关职能部门、组织机构间的相互关系，指挥调度、协调对应专业的职能部门做好高温热浪预警防护工作。

高温热浪预警机制在准备阶段、灾前阶段、灾中阶段目标侧重点不同，具体如图 9-10 所示。

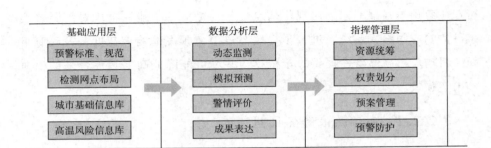

图 9 - 10   高温热浪预警机制目标

9.2.3   高温热浪预警流程体系

在流程体系方面，高温热浪预警机制利用 GIS 系统平台，形成以不同等级气象站、观测点等监测网点数据为依托，以省、市（区）、县防控机构为决策主体，以气象、卫生、农业等部门为防控实施机构的高温热浪预警网络，利用 GIS 实现高温热浪灾前、灾中的灾情分析、部门协调、预案管理等重要功能。

整体预警机制包括基础信息采集、灾情分析预警、决策支持以及灾情防控四大机制，其总体框架如图 9 - 11 所示。

9.2.3.1   基础信息采集机制

基础信息子系统在整个系统中起突出的信息支持作用。该系统首先实现管理、维护、更新城市基础信息和高温灾情风险信息，包括实现对城市地图、遥感影像、公共服务设施、自然环境等城市基础信息进行搜集，同时完成对地区气温数据、超额死亡率与发病率、人口学数据等的采集录入，具体包括掌握监测区（城镇建成区、郊区、公园、水域等）气象信息，各大小街道与建筑物空间格局，居民区（尤其老人与儿童）分布情况，消防、医疗卫生机构及避暑场所等救灾防灾力量详细信息，学校及体育场等人口密集单位分布等。其余各类系统可共享基础信息，有助于在整个高温热浪预警系统中统一管理、更新各基础数据，为精准预警预防高温热浪提供重要保障。

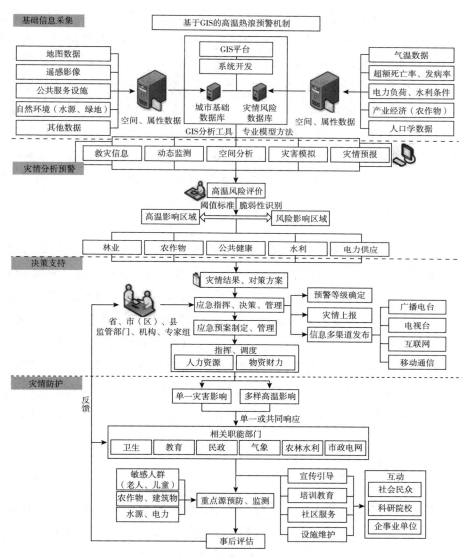

图 9 - 11　高温预警机制体系

9.2.3.2　灾情分析预警机制

高温预警不仅包含对风险项目某一时刻的预报,还应包括对某段时间变化趋势的预警,具有先觉性和预见性。该灾情分析预警机制主要基于 GIS 强大的空间分析、数据管理功能及其他统计模型方法,实现高温热浪的动态监测、数理分析、灾害预测、救灾力量信息统筹等处理功能。该机制根据高温热浪的灾害风险数据（如超额死亡率），设定、划分预警级别，识别高温热浪的影响范围、潜在隐患点及其所影响的脆弱性风险项目（如脆弱人群、农作物），完成高温灾情分类评价，并根据城市地形、水系及其他信息，提前对地区高温热浪进行模拟分析，进一步预测地区灾害险情影响程度、趋势，进而预测预警时间与持续过程。通过 GIS 的空间分析（路径分析），查找离高温源最近的防护力量，如医疗卫生、消防机构等部门及避暑点等，为下一步制定应对预案、疏散措施提供必要参考信息。

9.2.3.3　决策支持机制

决策支持子机制是以省、市（区）、县高温热浪灾情监管部门、机构及专家组为核心，以 GIS 灾情信息技术为支撑的应急救援保障系统。利用 GIS 系统平台将灾情结果与救援信息输出，以供省、市（区）、县监管部门与机构作为决策参考，制定相应的适应性措施，包括预警等级确定、灾情上报、信息多渠道发布等。该机制还可实现高温应急救援信息的搜集分析，以及应急预案的收录、编制和管理，为应急指挥调度人员提供必要参考，统一指挥、调度专业职能部门（如气象部门）及配合部门（如卫生部门）的人力资源与物资财力，共同实施工作方案，处理高温热浪事件，将灾害影响降至最小。

9.2.3.4　灾情防护机制

在灾情防护子机制下，多部门、多用户响应上级实施应急预案，快速处理高温热浪预防预警工作，并有效引导协调一线工作人员实施内容。该机制主要针对高温热浪警源（如脆弱性人群、农业生产等）的专业性问题，指定部门采取专业性重点监测，并根据灾情引发的其他次生灾害申请调配其他相关部门，共同完成灾情防护业务工作。各部门对社会民众，可选用宣传引导、培训教育、社区服务、设施维护等预防监管手段，以疏散群众、控制灾情。该机制还具备事故评估快报功能，针对风险项目一线的预警预防工作所存在的问题及实施效果进行总结评价，及时、有效地反馈至上级主管部门，为进一步优化预警系统资源配置、完善预警反应措施等高温抢险防护工作提供重要参考。

9.2.4　主要功能设计

在功能设计方面，高温预警系统应能够实现一定地域范围内气温观测数据及其他数据的采集，以及在一定时间内或实时对区域气温状况进行监测分析、模拟预测及评价，确定气温变化的趋势、速度、范围、程度等特征，并根据地区环境、弱势群体对高温事件的敏感性、适应能力以及高温热浪可能导致的不良后果，按需制定预警标准与级别，做出警戒信息与对策预案。高温热浪预警系统包括监测数据管理、GIS 数据处理以及灾情决策管理三大功能。

9.2.4.1　监测数据管理功能

该功能首先对监测数据（如天气学观测资料、地区卫星遥感影像、城市地形地貌、基础设施要素、人口学数据等）建立数据库，并进行以不同图层实时录入、更新等编辑操作，具体包括对属性数据和图形数据的增加、修改、删除及查询等操作。

9.2.4.2　GIS 数据处理功能

该功能主要负责监测信息的分析处理、数据挖掘，能对高温热浪的变化情况做出实时监测、模拟预测及预警，具体包括对高温热浪进行空间定位，统计分析高温影响范围、影响内容；根据数理统计和模型方法确定灾情类型、影响程度（可能造成的人员伤亡和财产损失），做出预警类型及等级的判断；根据路径分析寻找最近的且合适的救援机构和人员，如街道办事处、医疗卫生服务点等，并查找附近避暑点，为预警预案的制定提供决策依据。该功能还包括图层显示与控制、数据可视化、专题图制作等。

9.2.4.3　灾情管理功能

该功能在 GIS 数据处理结果基础上，实现对职能部门资源的数字化统筹、指挥、管理，统一调配防灾减灾救援力量，组织实施工作方案，如整合各部门专业应急预案措施及实施内容，建立、发布统一的高温热浪预警预案及相关文件等；根据预警类别、等级及影响内容，分配灾情防护任务，指定、批示具体负责高温热浪防灾减灾的职能部门及其相应工作内容，并召集其他部门共同处理，实现多级响应；对防护工作进行评估、总结、上报。

9.3 高温热浪的协同联动机制

在极端天气事件增多的趋势下，我国防灾减灾工作取得了不俗的成效。事实证明，这不仅是由于气象灾害应急保障能力提升，更得益于气象防灾减灾机制的日趋完善。气象法律法规和政策文件的出台推动了气象防灾减灾法制化，加强了我国的气象灾害防御工作，提高了气象灾害防御能力，降低了气象灾害造成的损失，为我国经济社会发展提供了制度上的保障。IPCC 第五次评估报告表明，在欧洲、亚洲和澳大利亚的大部分地区，高温热浪发生的频率可能已经增加，而这些地区大多人口比较密集。随着全球气候变暖和城市热岛效应的加剧，大部分陆地地区可能增加的高温热浪事件将对人体健康、工农业生产等产生严重的影响（杨红龙，2010；叶殿秀等，2013；孙智辉等，2010）。但是，在高温热浪的预警和应急管理上，相比于台风、暴雨、寒潮、暴雪等破坏结果较易为人所察觉的"明火型"气象灾害而言，高温热浪除了给人带来生理上和心理上双重的损害，还容易造成公共秩序混乱、事故伤亡以及中毒、火灾等次生自然灾害或突发事件，然而我国政府对这样"隐患型"自然灾害的重视明显不足，相关的应急管理研究也尚未完全开展。2003 年欧洲爆发的高温热浪事件导致数万人死亡（祁新华等，2016），这一方面说明即便是发达国家，应对高温热浪的准备仍显不足，其适应能力也有待加强（Poumadère 等，2006）；另一方面说明民众往往低估高温热浪带来的影响，对高温热浪的风险总体感知度不高。以上事实充分说明了我国亟待加强对高温热浪适应分析等方面的研究，从而提升对高温热浪的应对能力。鉴于此，本章基于整体政府的视角，对高温热浪协同联动机制进行初步的探讨，以期为后续制定高温热浪的适应政策和措施提供科学依据。

9.3.1　我国气象灾害应急管理中存在的问题及其成因

9.3.1.1　我国气象灾害应急管理体制机制尚未健全

与其他公共危机管理体制类似，我国政府在气象灾害应急管理上存在指挥联动失灵的情况：在横向上一般仅由气象部门进行专门管理，各行各业之间、社会组织之间、成员之间也缺乏必要的沟通；在纵向上由上级集中统一指挥，下级予以配合，依据气象灾害规模和影响来实施分级分类管理，这种条块分割的应急管理体制弱化了综合协调能力（祝燕德等，2009）。根据自身对灾情调查的侧重点的不同，各部门都建立了内部的灾害信息数据系统并设计各自领域内的减灾行动方案，这看似提高了防御气象灾害的管理水平，实际上是一个松散的应急管理体系，造成灾害发生时各部门各自为政的现象较为普遍，应急力量分散，资源和信息的整合在短时间内无法实现，从而贻误了救援时机。气象灾害复杂性、连带性的特点决定了其防灾减灾无法仅靠单一部门来完成，因而必须强化部门间的合作，作为一个气象灾害频繁发生且日渐严重的大国，我国在气象灾害应急管理体制机制的建设上任重道远。

9.3.1.2　联动机制不畅的成因分析

气象灾害应急管理中存在多部门指挥联动失灵，其最本质的原因在于负责应急管理的各级政府部门条块分割现象严重，应急协调能力弱，在灾害发生时，不能在第一时间迅速应对并将资源整合到位，从而造成了诸多不良影响：灾情信息沟通、共享不充分，导致应急管理决策效率低下；各应急管理机构水平参差不齐，相互间的协同合作程度不高；对应急物资的储备管理缺乏科学性，不但不能对资源进行优化配置，还造成储备的浪费。

区域联动协同能力与应急管理的现实需要差距较大，表现在以下这些方面：缺乏有效的风险管理和危机预警机制；专业预警机构欠缺，信息系统不完备；综合危机信息管理平台缺失。此外，在危机应对过程中的信息沟通是单向的，政府主导信息发布，而其他危机管理主体只是被动的信息受众；仅有的部门在政府内部，没有充分注重社会群体的作用，致使社会参与度低。

由于上述种种问题的存在，即便是气象部门已经做了准确的预报，由于缺乏部门间的协同联动，灾害发生时也得不到实时的灾情反馈，致使相关部门对灾情的评估无法跟上，灾害防御经验总结没有确切的现实基础，如果再次发生类似灾害，便难以寻找依据和借鉴。以2008年冰雪灾害为例，抗击冰灾就暴露出横向与纵向部门之间缺乏有效沟通的问题，其中气象信息未能对各级政府部门、交通部门和电力部门起到指导作用，未能在电力设施的建设和运行中起到应有的指导作用，引起电网大面积瘫痪，一度使煤、电、油运输十分紧张，牵一发而动全身。而且，气象信息也未能指导政府部门快速反应，积极启动预案预警，迅速开展灾害救助。能源、电力、通信、交通部门的资源共享和沟通协作也不够顺畅，出现相互配合难的局面，形成了多部门指挥联动失灵的现象，导致了初期灾害应急工作无法顺利展开甚至陷入停滞。

9.3.2 高温热浪应急管理的理论依据与必要性分析

9.3.2.1 理论依据

（1）整体性治理理论

整体性治理作为20世纪末出现的一种新兴理论，发展至今已经较为成熟，该理论以公民服务需求为基础，以协调、整合和责任为治理策略，依托现代信息技术的发展，通过完善政府内部机构与功能、加强与社会外部主体间协调合作，最终达成对原先碎片化的公共部门内外关系的整合，实现管理的一体化和资源信息共享（竺乾威，2008）。

现实中，政府组织中存在的孤岛现象、协调效率低、信任危机和职责同构（王晶晶，2014）等问题使得政府组织协调陷入困境，严重影响了政府组织的协调与合作，增加了运行成本，降低了运行效率，也使得公民对政府组织的信任处于普遍弱化甚至缺失的状态。而突发的高温热浪对政府组织协调提出了更高的要求，如果无法在第一时间内有效应对，将有可能成为公共危机的重要来源。除了通过加强对高温热浪的预警研究来应对突发的气象灾害，如何有效地加强政府部门间联系、减少信息孤岛的发生次数、提高政府的工作效率、最大限度地降低灾害带来的损失也是关键因素。

整体性治理强调预防，公民需求和结果导向为有效应对高温热浪奠定了坚实基础，更重要的是，其所倡导的从分散走向集中、从部分走向整体、从破碎走向整合为解决灾害应急管理中政府如何协调行政系统内部以及社会外部力量指明了方向。整体性治理理论框架下的高温热浪应急管理应该重视信息、组织与制度在其中的角色与地位，强调高温热浪应急管理中的政府协调需要以信息为纽带，以组织为载体，以制度为依托。在高温热浪发生乃至消亡的过程中，在制度的保障下，在组织的支撑下，汇集并传递各种灾害相关信息，促进政府协调过程中各主体履行职能，相互配合协作，提高政府协调工作的效果，实现灾害的有效治理。

（2）自组织理论

自组织理论是一套系统理论，它认为系统各要素之间的协同是自组织过程的基础，系统内各序参量之间的竞争和协同作用是系统产生新结构的直接根源（罗成琳，2009）。其中的"协同"正是研究系统内部各要素之间的协同机制。

在应对突发的自然灾害时，传统的组织机制主要采用集中控制、层层上报的形式，由上级决策后发布命令指挥各主体执行，属于典型的"他组织"形式，这种方式存在决策程序复杂、响应和处置缓慢的问题，无法满足快速响应的要求（杨虎等，2012）。

自组织系统是一个开放的系统，其内部的复杂构成要素及相互联系使得其内部呈现非线性特征，同时其内部各个要素的作用形成了复杂的因果反馈调节机制。该机制能在外部不同输入的情况下在内部做出调节和适应，通过协同作用达到系统的稳态。高温热浪的应急协同联动恰恰是基于这个复杂的巨系统在开放状态下对外部影响做出调整和完善，使系统不断优化，从而实现应急决策处置效率的提高。

9.3.2.2 整体性治理框架下协同的必要性

事实上，整体性治理理论在几个关键概念（如协调和整合）上都有自组织理论的影子：协调指的是两个机构能够根据协议在各自的领域内运作，彼此知道如何限制负外部性；整合即合作运作，但主要强调防止负外部性，防止对一些项目来说至关重要的使命之间的冲突（Professor Perri 等，2002）。整体性政府框架下的高温热浪应急管理应重视多元主体协同参与，因为协同能力日益成为灾害应急管理的关键因素，管理机制的协同程度直接决定了政府的灾害治理绩效。由于高温热浪的影响波及社会的方方面面，牵涉的政府部门较多，只有通过协同能力的建设，充分调动公共部门内外应急资源，实时分享灾害情报，降低应急资源配置成本，提高区域内灾害应急管理水平。

9.3.3　高温热浪应急管理协同联动平台的创建

9.3.3.1　高温热浪应急管理的基础模型

结合高温热浪应急管理的特性，根据霍尔"三维结构"理论，本节提出了高温热浪应急管理的三维结构模型（见图 9 - 12）。在该模型中，时间维表示高温热浪发生和发展的各个阶段，逻辑维表示系统在高温热浪发生的各个阶段依次要完成的任务，知识维则表示系统在时间维的各个时段中，完成逻辑维的任务所要使用的资源、方法和手段。

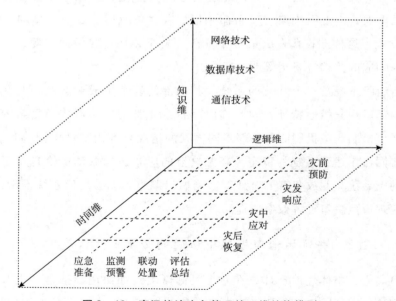

图 9 - 12　高温热浪应急管理的三维结构模型

三维结构中，根据高温热浪的生命周期全过程（Steven F. , 1986），本章将高温热浪灾害演变过程分为潜伏期、爆发期、延续期和恢复期四个阶段。相比地震等地质灾害发生的即时性，高温热浪持续时间较长，是一个致灾因子、孕灾环境、承灾体三者缓慢作用的过程。潜伏期是高温热浪未发生但其风险不断累积的过程；爆发期以高温热浪来袭且带来不利影响为标志；延续期中高温热浪产生持续的影响，在这个过程中需要各相关部门采取相应措施消除危机及其产生的影响；最后阶段的恢复期中高温热浪及其影响已经完全消除。逻辑维表示高温热浪应急管理在时间维的各个阶段所要完成的任务。根据以上四个阶段的特点，城市应对高温热浪的过程分为潜伏期的监测预警、爆发期的应急响应、延续期的协同联动和恢复期的善后总结。

三维结构模型中知识维是指在时间维和逻辑维框架中所使用的知识和手段，因此知识维是模型构建的基础。本书所构建的高温热浪协同联动机制的三维结构模型中，知识维是指在高温热浪灾前预防的应急准备、灾前响应的监测预警、灾中应对的联动处置和灾后恢复的评估总结所必需的灾害智囊团、灾害数据库以及信息技术支撑平台。

9.3.3.2　基于整体性治理下的高温热浪协同联动模式

整体性治理建立在国家的政治、经济、社会发展到一定程度的基础之上。在当代发达的信息技术条件下，信息部门破除部门本位思想，制定并遵循相关信息资源的标准和准则，由多个部门共同参与信息管理系统的建设，将与灾害相关的信息进行规划和整合，共同拥有信息资源的获取权和获取条件，并进行信息资源的相互交流与共同使用，这将大大提高高温热浪发生时政府内部的运转效率，从而实现对高温热浪的快速响应。基于这样缜密的信息管理系统，本章构建了如图 9 - 13 所示的模型。该模型由高温热浪应急处置指挥部、部门指挥中心两层应急联动指挥枢纽以及各个执行部门通过信息传递网络连接在一起。当一般性的高温热浪发生时，部门指挥中心可直接处置完成。而当较为严重及以上级别的高温热浪发生时，将由政府指挥中心扮演高温热浪应急处置指挥部的角色，通过协同各部门指挥中心及其下属的执行部门共同处置。政府指挥中心潜态下侧重于高温热浪的预防和监测，而实态下侧重于高温热浪应急的协调、决策和监管。部门指挥中心主要履行对分部门业务的响应，并责成其下级部门完成对高温热浪触发事故的具体处置。气象指挥中心、医疗指挥中心、电力指挥中心还分别对高温热浪的发生、蔓延所波及的工农业生产、居民日常生活提供技术支持、物资保障以及能源供应等处理机制。此外，气象指挥中心还承担着对接媒体、对高温热浪态势及时进行舆情发布及引导公众参与自救的重要责任。

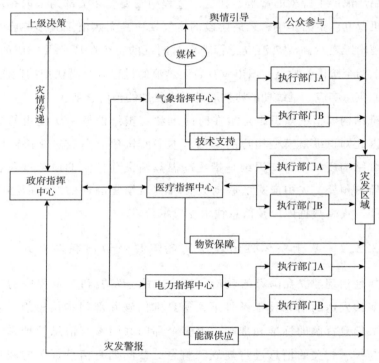

图 9 - 13　高温热浪应急管理的协同联动模式

　　这样的协同联动模式提升了信息管理的效率。一般性的高温热浪灾害情报由部门直接获取、直接处理，不仅避免了多个部门指挥中心之间建立信息共享平台，而且各处置部门之间也避免了信息冗余。在部门关系上，也有很大的改进：其一，充分利用了部门指挥中心的调度作用，直接指挥高温热浪处置；其二，执行部门只需接受各自上级部门指挥中心的指令，从而做到各尽其能。

　　总之，基于整体性治理的协同联动模式的建立可以让政府指挥中心和部门指挥中心做到职能清晰、重点分明，在高温热浪发生时避免了部门间冲突，大大提高了部门运转效率，特别是在灾发关头可以直接利用当前的行政体制，无须重建特定的应急管理组织机构，建设的难度小、投资少、反应快，是高温热浪协同联动的最佳模式。

9.3.3.3　高温热浪协同联动机制的时空构成

三维模型很好地为高温热浪应急管理提供了一个总体上的构架，但高温热浪应急管理是一个多元主体参与的救灾过程，要避免部门信息孤岛、指挥中心信息孤岛等导致联动失灵等抗灾不力的现象，就要基于整体性政府构建协同联动机制，事实上协同联动机制主要由时间序列运行和空间序列运行两个部分组成。时间序列运行是指依据自然灾害在不同时间状态，即潜态和实态下的特点采取有针对性的管理流程；空间序列运行是指高温热浪在空间状态下的特点，调用多个功能不同的子系统对高温热浪启动协同联动管理进行全过程的控制。由此可以看出，时空序列是在制度上优化、密切部门联系，构建多系统作用机制，同时实现对高温热浪信息的实时共享和即时汇总，有助于对灾情的综合研判和高效决策，是在整体性治理理论框架下对"三维模型"的延伸。

在时间序列上，高温热浪应急管理的运行可以二元化地分为潜态和实态两种状态，如图9－14所示。在高温热浪灾害演变过程中，潜态对应高温热浪的潜伏期，而实态对应延续期，高温热浪发生后，潜态向实态的转变过程对应高温热浪的爆发期；高温热浪消除后，实态向潜态的转变过程对应高温热浪的恢复期。这样，一旦监测到高温热浪的苗头，便可以及时对其做出预测评估，视情况启动高温热浪预警，由高温热浪应对的潜态转入实态，启动协同联动机制，这一机制的运行一直持续到高温热浪消除，之后再由实态转入潜态。

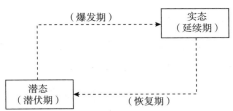

图 9－14　高温热浪协同联动的时间序列

在潜伏期，高温热浪应急处置指挥部应该着力于高温热浪预警系统的建设以及应急预案的编制。高温热浪预警系统是一个以信息网络为基础，集语音、图像和数据为一体的，以各分系统有机互动为特点的高科技信息系统，能够对高温热浪及时、准确地做出预测、预报和预警，降低高温热浪带来的危害。在爆发期即高温热浪发生的初期，高温热浪应急处置指挥部主要识别当前高温热浪的警情级别，高温热浪警情级别主要有高温黄色预警、高温橙色预警和高温红色预警，根据警情级别、可控性、影响范围以及其他要素，确定对应处置部门并进行警报传达。在高温热浪持续蔓延的延续期内，通过不断监测所得的灾害信息传递，结合有关部门现场处置的信息反馈，高温热浪应急处置指挥部综合信息情况按照高温热浪严重程度、可控性以及影响范围将高温热浪态势分为不同级别。根据高温热浪态势的实时分析结果，阶段性地调整协同联动单位以及所要采取的行动。除了统计受灾情况及灾害补偿，对高温热浪的应对效果进行评价、总结经验教训也应该成为恢复期着重进行的工作。当然，在对应急管理体系进行完善的同时要尽快组织恢复灾后生产，使社会在受到高温热浪影响后快速恢复并得以持续发展。

空间序列主要由指挥决策系统、资源保障系统、信息管理系统、公众参与系统以及调度执行系统组成（见图9-15）。指挥决策系统是协同联动机制的核心，负责高温热浪应急管理的统一指挥，向各支持系统提出要求。资源保障系统在潜态下负责应急资源的储存、评估和日常养护；在实态下负责应急资源调度。信息管理系统在潜态下对内负责高温热浪信息收集、交流和汇总分析等，对外负责防范高温热浪信息的发布，要特别注意根据高温热浪区域性强的特征，加强高温热浪风险区划，适时发布高温热浪避灾点；在实态下对内负责对信息的初步分析和预案的选择，对外负责高温热浪信息的舆情播报。公众参与系统在潜态下负责大众应对高温热浪的培训，提高灾害意识，重在预防；在实态下负责引导公众自救，稳定民心。调度执行系统主要负责落实指挥决策系统的具体指令，对相关政府责任部门的救灾力量进行调度，完成高温热浪应急抢险任务，也负责灾后的预案效果评估。

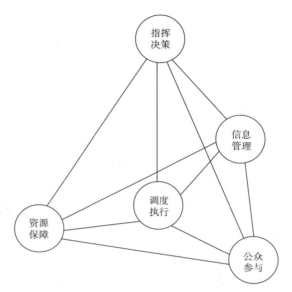

图 9-15 高温热浪协同联动的空间序列

9.4 高温热浪的应急预案

应急预案是出于防范突发的公共事件或者灾害的需要，主要为应急与救援行动迅速、有序、有效地开展提供保障，最大限度地降低人员伤亡和经济损失而预先制订的相关计划或方案。它是在对潜在的重大危险、事件类型、发生的可能性及发生过程、事件后果及影响严重程度进行辨识和评估的基础上，对应急机构与职责、救援人员与物资储备、灾害情报及其收集共享、救援行动及其指挥与协调等方面预先做出的具体安排（吴吉东等，2014）。它对上述的危害性事件在潜伏期、爆发期、延续期和恢复期等不同时期具体部门的角色扮演以及分工协调等做出了明确的规定。

作为我国"一案三制"应急体系建设工作中的重要组成部分，应急预案的编制是突发公共事件或者灾害应急准备的前提，目前我国基本建成了"纵向到底，横向到边"的应急预案体系，如何使这些应急预案的编制与应急平台建设对接，提高预案本身的适应性和多部门之间的协调性，并通过信息化的手段在公共事件或者灾害应急中充分发挥能效，从而更好地指导应急处置工作，是目前应急救灾工作需要考虑的重点。当然，当前仍有一些灾害没有现成的应急预案，即使有，也大多流于形式，编制多凭经验，在救援中发挥的作用也有限。特别是很多灾害涉及部门广，如地震、气象、水利、交通、医疗、通信等部门都在灾害应急管理中承担重要职责，但在交叉管理中存在协调失灵、责任模糊等诸多难题。

随着经济社会的发展，全球气候变化异常，高温热浪事件已经呈现多发态势，极强高温热浪可能会随着全球变暖而相应增加，加之城市热岛效应的不断增强（叶殿秀等，2013）与城镇化过程中内在的脆弱性等因素，高温热浪在不少城市以及郊区愈演愈烈，各个地区都面临极大的高温热浪的潜在威胁。然而，高温热浪的应急处置缺乏可供遵循的现成预案，更缺乏实践的检验。鉴于此，本节从协同联动的角度出发，对高温热浪应急预案进行研究，以期最大限度地降低高温热浪对社会生产、民众生活的影响，降低次生、衍生灾害发生的概率，为社会经济持续运行保驾护航。

9.4.1 高温热浪应急预案的意义

预案是应急联动系统的重要组成部分。目前人类只能在一定范围内做好防灾减灾工作，完全抵御和消除重大灾害带来的破坏和影响仍然不现实。这样的现实情况凸显了预案在应急管理中的重要地位。

针对不同的灾害编制具体有效的应急预案，通过预案指导救灾行动有序进行，不仅可以使救灾行动迅速高效，还可以用于指挥日常培训和演练，同时保障各类应急资源处于良好储备的状态，为灾害应急管理中潜态和实态的切换奠定基础。高温热浪应急预案的主要意义可以归纳为以下三个方面。其一是防患于未然。和绝大多数突发事件一样，高温热浪也是"防范胜于救援"，做好高温热浪发生初期的预防和应急准备工作，会使高温热浪带来的负面影响降到最小。如供水、供电部门要做好预测，准备"迎峰度夏"。其二是快速予以响应。一旦有高温热浪的兆头，就要及时拉响高温热浪警报，启动预警机制，对有关部门进行警报传达；而在高温热浪延续期内，要根据高温热浪态势的等级启动相应的预案，从而调配不同类别和级别的应急物资和救援力量，在短时间内将高温热浪造成的损失降到最低。其三是动态中调整。高温热浪发展态势的难以预见性及其次生灾害发生的可能性，决定了预案不能"以不变应万变"，而是要常常对预案的目标、内容以及资源配置做动态的调整。

9.4.2　高温热浪应急预案的基本结构

高温热浪应急预案与其他类型灾害的预案虽然在内容和侧重点上存在不小的差别，但它们的主体结构仍然相似，可以采用如图 9 - 16 所示的"1 + 4"预案结构来表示，即由基本预案、应急功能设置、风险区划、标准操作程序以及支持附件组合而成。

图 9 - 16　高温热浪应急预案的基本构成

9.4.2.1　风险区划

风险区划是预案编制的基础和前提，但在很多灾害防范中被忽视。事实上，高温热浪风险也是在特定的自然环境与人文环境背景下产生的，对于高温热浪风险区划，可以立足于区域灾害系统，选取高温热浪致灾因子的危险性、孕灾环境的敏感性、承灾体的脆弱性三个因素来构建评价指标体系（谢志清等，2015；祁新华等，2016）。危险性主要以高温热浪的强度和出现频次为代表；脆弱性主要表示研究区域内的人体健康、经济社会发展等受高温热浪影响的性质，主要选用常住人口、生产总值以及工业用电量作为评价指标；敏感性表示研究区域外部环境受高温热浪影响的敏感程度，主要选用地形地貌、河网密度、植被覆盖率作为评价指标。综合考虑高温热浪致灾因子的危险性、孕灾环境的敏感性、承灾体的脆弱性总结出区域内高温热浪风险区划图，这为高温热浪的防范奠定了基础，也提高了预案编制的针对性，特别是可以在高温热浪高风险区加强灾害预警、提高医疗水平和加大政府防灾减灾的投入，做到有的放矢。

9.4.2.2 基本预案

基本预案是对高温热浪应急预案的总体描述。其主要内容包括本区域高温热浪概况及其主要影响，以及应对这类极端天气事件的组织体系、指导方针、应急资源、总体思路。此外，还要大致明确各个应急组织在应急准备、监测和预警、应急处置和后期处置等各个阶段的主要任务，同时对应急预案的演练和管理等规定进行说明。

9.4.2.3 应急功能设置

应急功能设置是指在应对高温热浪过程中为要实施的一系列基本任务而编写的计划，如气温监测，高温热浪预警信息发布，水、电的"迎峰度夏"，开放人防工程纳凉点，高温中暑以及相关疾病的应急救治工作等。它着眼于城市对高温热浪响应时所要采取的紧急措施。由于应急功能设置主要是围绕上述任务的，因此他们的实施主体是那些任务执行部门。针对每一个功能，除了明确其负责机构外，还要具体到任务要求甚至细化到操作程序。

9.4.2.4 标准操作程序

由于基本预案、功能设置并不能说明高温热浪应急管理中各项功能的实施细节，各个任务执行部门必须要有对应的操作标准，为其在履行预案中规定的职责和任务时提供详细指导。这样的操作标准包括操作指令检查表和检查说明，一旦高温热浪发生，预案随之启动，工作人员可以根据检查表逐项落实行动。标准操作程序必须强调应急预案的协调性和一致性，有些操作程序甚至可以作为预案的附件呈现。

9.4.2.5 支持附件

支持附件主要包括关于高温热浪应急管理的支持保障系统的说明以及有关的图表资料。附件信息发生变化时应及时更新，以保证信息的准确性。高温热浪应急预案常见的附件有应急联动体系框架示意图，应急部门、主要联络人员名录，应急物资装备一览表，应急物资供应企业名录，医院、急救中心名录，纳凉点一览表、分布图，新闻媒体名录，技术参考（手册、后果预测和评估模型及有关支持软件等），专家名录等。

9.4.3　协同联动机制下的预案建构

既然高温热浪中各地方、各部门各自为战已成为大忌，那么，在预案制定过程中相关部门或地方就应该统筹兼顾，构建不同层级的预案体系，理顺各地方、各部门之间的协同联动关系，使高温热浪应急工作在一个完整且统一的联动体系下开展。

9.4.3.1　基于协同联动机制的组织架构分析

协同联动的组织结构体现为上下级政府纵向联动，职能部门间横向配合。在高温热浪应急管理联动中，要实现政府的协同联动，必须要设立一个政府与其他相关职能部门协调统一的指挥调度系统，使政府与参与抗灾的不同部门、不同单位之间得以妥善沟通，使之相互协调、配合，使统一指挥、协调抗灾成为可能，从而实现高温热浪应急管理的联合行动（见图9－17）。由于全球极端天气事件频繁发生，为了避免高温热浪灾害发生时缺乏常设协调部门而临时匆忙组建，政府常设的防汛抗旱指挥部很有必要扩充为图中的重大气象灾害应急处置指挥部，其主要任务是综合协调政府相关部门履行气象灾害管理相应职责，确保气象灾害应急联动畅通。当城市高温热浪灾害发生后，启动非常设指挥机构（市高温热浪应急指挥分部），统一协调各部门的应急处置工作，灾区所在的各区、各街道的高温热浪应急指挥部按照上级指挥机构的安排进行抗灾。政府需要借助现代化的信息、通信手段，凭借控制与指挥平台快速获取各方面信息，并正确、快速地做出决策，实现对各下属机构在高温热浪应急管理中联动指挥的作用。

政府的不同机构与部门在高温热浪应急管理中承担的职责不同，它们根据各自的职责"分兵把口"。各个层级的政府都存在不同的职能部门，分别对高温热浪应急指挥部进行职能辅助。这些职能部门受同级政府领导，但业务上同时受上级对口职能部门的领导。由于应对高温热浪存在诸如气象、电力、能源等垂直部门，各部门间能否建立有效的联动沟通机制尤为关键。只有建立有效的联动沟通机制，在高温热浪发生时其他部门才能更深刻地理解能源或电力供应现状，从而把握其自身正常运行的风险状态，应急措施也将会被考虑得更加周全。所以，高温热浪的应急管理不是气象单个部门的工作，而是由高温热浪应急指挥部协调指挥各相关部门向社会公众提供紧急救助服务，同时集中收集信息化平台反馈的社会情报，形成应急协同联动系统。该系统能够实现多个部门的统一报警、统一指挥、快速反应、联合行动，能够高效解决应急难题。

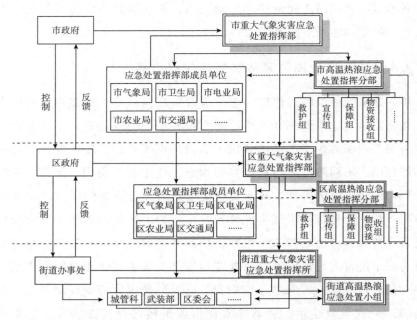

图 9 - 17 基于协同联动的高温热浪应急处置的组织架构体系

9.4.3.2 基于协同联动机制的预案体系

高温热浪应急预案编制的目的是提高政府相关部门应急处置高温热浪的能力，最大限度地预防和减少高温热浪造成的灾害损失。在遭遇高温热浪时，多个部门应急联动能够有案可依、有章可循，通过选择相应预案使多个部门实现有序的应急联动，来降低高温热浪灾害损失。

高温热浪预案按照处置过程主要分为预防和应急准备阶段、监测和预警阶段、应急处置阶段以及后期处置阶段。这些阶段的划分相对明确，特别是应急处置阶段由气象部门提出应急响应和终止建议而与其他阶段分隔。但各个阶段是循序渐进的，每一个阶段往往为下一个阶段提供决策和可行性分析依据。预防和应急准备指的是高温热浪发生之前的准备工作；监测预警是在应急行动启动之前，对高温热浪的监测和预警工作；应急响应是指在高温热浪发生期间所实施的救援行动；后期处置是指高温热浪应急状态结束后的各类恢复活动以及收集反馈信息工作，以便对预案进行调整。

要建立高温热浪协同联动应急预案体系，就要分层次编写预案。所谓分层次，是指高温热浪应急联动系统总目标预案包含各子系统分目标的预案，而子系统分目标的预案包含单元目标的预案（Poumadère 等，2006）。高温热浪应急预案，可分为市级、区级、街道级和社区级四个层次，这些应急预案在基本构成上各有偏重。其中，前三者又可分为成员单位的应急预案和具体高温热浪高风险区的应急预案。所谓高温热浪高风险区，一般是因为城市热岛效应，城区气温往往要比周围地区更高，因而容易导致高温中暑等群体性疾病的发生。此外，在一些农作物种植面积较大的地区，持续高温将影响农作物的收成，因而其风险等级较高。

如图 9－18 所示，市级高温热浪应急预案为专项预案，具体高温热浪高风险区或企事业单位的应急联动预案属现场预案，要求具有更强的可操作性，因此两者的内容一般存在较大差异。构建如此层层嵌套的预案体系，

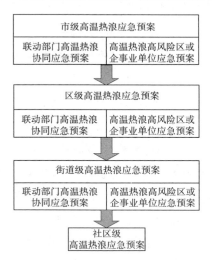

图 9－18 基于协同联动的高温热浪应急预案体系

有助于高温热浪的分级响应，也有利于各地方、各部门之间的协同联动，从而有效地节省社会资源，增强实态下应对高温热浪的实际效果。

9.4.3.3 基于协同联动机制的职责分配和分级响应

高温热浪灾害应急处置涉及众多部门，它们的职责并不完全相同，但最终目的是相同的，因此需要由专门的应急管理部门（重大气象灾害应急处置指挥部）统一指挥，各成员部门协同联动。非应急处置阶段，即预防和应急准备阶段、监测和预警阶段以及后期处置阶段，涉及的联动部门比较少。当夏季来临时，气象部门加强高温热浪天气监测、预报，应急管理部门做好应急联动体系的建设，储备应急物资。一旦发现高温热浪的征兆，便要及时向社会公众发布预警信号，提出防控建议。高温预警信号仅仅是初步的高温信息传递，应急管理部门往往在高温热浪持续的期间根据警情级别、可控性、影响范围以及其他反馈信息，将高温热浪态势进一步划分为若干不同级别。从而调整对应处置部门进行分级响应，在不同等级下主责部门所要采取的措施往往也会发生变化，如在橙色预警中教育部门一般要求学校采取停止户外活动的方式来应对高温热浪，但在红色预警下则要视情况采取停课措施。本章对高温热浪应急处置的主要部门及其职责做了梳理，如表9-5所示。

在应急处置阶段时，组织体系中的应急管理部门就应根据气象部门发布的高温热浪预警启动不同级别的预案，指挥调度部门（高温热浪应急指挥分部）及时结合高温热浪的实际影响程度，综合健康资料、环境资料、人口学以及社会实际生产情况等，对响应的方案不断做出调整，并交由执行部门具体落实。例如，气象部门做好气温监测，适时加密预报时次，加大相关防御知识宣传力度。卫生部门根据气象部门提供的信息，密切监测公众高温中暑的情况，做好高温中暑以及相关疾病的应急救治工作。各部门还得将自身所收集的信息和应对情况及时上报至高温热浪应急指挥分部，由指挥分部做出进一步的决策。在高温热浪应急处置中，气象部门具有关键的作用，要时刻与林业、农业、电力、水务等相关部门充分做好信息沟通。当高温热浪退去，要及时对高温天气影响情况进行评估，总结应急处置工作，提出问题与建议并上报，不断改进和完善各项应急措施，健全高温防御工作方案。

表 9 – 5　应急预案中应急过程划分和责任部门职责说明

应急过程	主责部门	部门主要职责
预防和应急准备	气象部门	加强高温热浪天气监测、预报
	应急管理部门	制订高温热浪灾害应急预案和处置措施；负责高温热浪灾害应急体系与设施建设；根据预案进行演练与及时修订
监测和预警	气象部门	对高温热浪信息进行监测，快速、准确地处理高温热浪信息，并及时呈报上级；预警信息及时通过新闻媒体向公众发布，同时向各成员单位及其下属重点防御单位发布；提出应急响应
应急处置	应急管理部门	调集高温热浪灾害应急处置所需的人力、物力、财力、技术装备等资源
	气象部门	加强气温变化监测和森林火险等级预报，必要时加密预报时次，适时开展人工增雨作业
	教育部门	指导、督促学校做好高温防御工作，必要时停止户外教学活动甚至停课
	公安部门	加强道路交通监控并及时发布安全行驶等相关提示信息
	建设部门	加强施工人员高温防范工作，停止非必要的户外施工；指导、督促小区物业做好水、电等设备、设施的检修工作
	农业部门	落实农业应对高温灾害应急工作
	媒体部门	向公众发布高温防御的应对措施，增强自我防护意识
	交通部门	加强对公共交通相关场所防暑降温的检查
	公用设施管理部门	采取有效措施应对水、电的"迎峰度夏"，确保突发故障在第一时间得到抢修
	食药监管部门	加强对餐饮业的监管，及时发布食物中毒预警
	卫生部门	加强对公众高温中暑的监测，做好高温中暑以及相关疾病的应急救治工作
	安监部门	加大安全生产监管力度，重点加强对危险化学品生产经营企业安全生产的监管，督促生产经营单位采取有效措施，确保生产安全
	林业部门	加密森林防火巡查
	发改部门	落实农产品等市场价格的监测、监管
	环保部门	做好行道树、绿化管理养护；加大垃圾清扫、清运工作；做好路面洒水工作
	人防部门	开放人防工程纳凉点，组织和协调开放政府机关大厅、会议室等场所，供市民夜间避暑纳凉

应急过程	主责部门	部门主要职责
	气象部门	提出终止建议
	社区、街道	组织开展高温天气防御知识宣传，提醒公众减少出行；做好社区防暑降温工作，组织人员为孤寡老人提供必要的服务
后期处置	民政部门	灾情统计和评估总结
	所有联动部门	及时对高温天气影响情况进行评估，总结应急处置工作，提出问题与建议并上报；不断改进和完善各项应急措施，健全高温防御工作方案
	农业部门	灾后恢复

9.4.4　信息不完全、动态发展不确定下的预案调整

应急预案的制定虽然明确了高温热浪在预防和应急准备阶段、监测和预警阶段以及后期处置阶段对应的主责部门及其相应需要履行的职责和储备的资源，但在实态下随着高温热浪态势的变化，其应对要求也必须是动态变化的。应急预案都是针对预设的场景来编制的，难以应对所有的场景，这往往造成预案缺乏针对性与可操作性。因此，要完善应急预案，就必须使应急预案所针对的场景合理，要具有代表性和可调性。代表性是指选择的场景与其他多数场景具有相似性，能够代表大多数情况；可调性是指在选择的场景下的应急方案在其他场景下也可以较为顺利地进行调整，这样才能保证应急预案在多种情况下的可操作性，增强应急工作的适应性（竺乾威，2008）。

在预案的实施过程中，鉴于高温热浪的发展态势，次生、衍生灾害发生的可能性，以及预案实施阶段效果的有限性，常常要对预案的目标、内容、资源配置进行动态调整（王晶晶，2014）。随着高温热浪灾害的发生和发展，应急联动体系的运行状态会随之切换到相应的级别。在高温热浪应急联动管理过程中，需要根据已采取措施获得的效果和新获取的信息不断调整应对方案。

因此，不仅要加强预案的针对性、可操作性研究，针对不同强度的高温热浪准备多种预案，而且要在高温热浪发展变化的过程中对预案实施效果进行监控，在协同联动的基础上通盘考虑调整方案，不断优化预案，在

灾害过后组织演练评估，更新预案，建立起如图 9 – 19 所示的预案全过程优化体系。该体系主要分为初始化模块、群决策模块、核心决策模块以及后处理模块。初始化模块对应预案设立阶段，在高温热浪发生之前，通过信息技术支撑平台、灾害智囊团以及灾害数据库的建设构架完整的知识合集，在虚拟系统内对高温热浪进行模拟，并综合区域防灾能力水平，提出适合本区域的高温热浪应急预案。群决策模块和核心决策模块都对应预案应用阶段，根据高温热浪预警的等级预先启动相应预案，同时根据灾害等级决定参与群决策联动部门的规模，同时成立调运中心，强化灾害信息共享，加强部门间的协同联动并实时将处置情况上报给应急管理部门即灾害指挥中心，灾害指挥中心根据整合的信息对当前预案的实施效果进行评判，如果认为联动部门正在应用的预案可以较好地应对当前灾害形势，则选择该预案为最终解决方案或构成方案的主体。如果当前方案应对效果不佳，则需根据出现的新问题、新情形密切跟踪演算推理过程，对目前执行的方案进行修改或替代，而后再将决策结果返回应急联动部门的群决策模块。后处理模块主要对应高温热浪消退之后的阶段，对此前实施的各种方案进行总结，决定是否将其并入预案库。在必要的情况下，将高温热浪处置方案用一定的知识维护方法做成方便提取和执行的方案纳入数据库。这个模块在潜态下还要进行日常维护，比如对预案的演练实施和检验等。

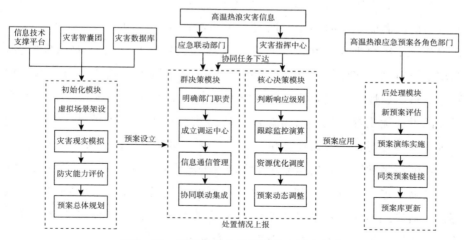

图 9 – 19　高温热浪应急预案的全过程优化

9.5　本章小结

本章主要从应对高温热浪的角度，分别探讨高温热浪的规划调控、高温热浪预警机制、高温热浪应急联动平台建设、高温热浪应急预案的建构和调整机制。主要结论如下。

首先，在高温热浪的规划调控层面做以下工作。其一，福建省的公共服务设施还不足以应对高温热浪风险，政府需要规划公共服务设施以应对高温热浪风险。其二，福州市公共纳凉点建设整体水平不高，总体满意率（38%）虽略高于不满意率（35%），但平均得分为2.90，处于"不满意"水平。城市公共纳凉点满意度的三个主要影响因子，分别为硬件设施、基本情况、管理服务。其三，从宏观、中观、微观三个视角建立各级通风道，并通过改善建筑界面，提高风的流动性。强调遵循"点—线—面"三位一体的绿地规划原则，建立小型斑块改善微观热环境，搭建城市绿廊联通绿色脉络，维护大型绿色面源，巩固主要冷源，全方位搭建城市绿地网络（李敏等，2002）。促进城市公共基础设施在城区合理配置，提高医疗点、纳凉点的可达性，以保证在高温热浪情况下市民能够享受更为优质、公平的服务。

其次，提出构建基于GIS的高温热浪预警机制。其一，形成覆盖整个监测区域的气温监测网络体系，同时，土地利用率、人口学数据、死亡率及病发率等多级数据需要国土、气象、民政、卫生等相关部门的积极配合，为城市应对气候变化提供必要支持。其二，由于城市基础数据与高温灾情数据图形、属性信息量较大，体系构成不统一，系统功能模块优化以及数据库的设计优化等问题仍有待解决；高温状态描述、趋势预测、潜在灾情分级预警等功能，涉及大量定性或定量描述，模型方法需要提高统计效力，并且如何将多种模型与数理统计方法进行程序代码设计并在GIS平台实现这一问题需要进一步解决。其三，由于不同地区气候类型和人群脆弱性、敏感性、适应性不同，高温灾情评价及预警级别设定、应急预案建立、多级响应具体措施等，需要政府职能部门、专家组、民众共同参与讨论。

再次，基于整体治理的视角，探讨高温热浪应急联动平台建设。协同联动机制需要纳入高温热浪全过程，注重高温热浪预案的研制，在高温热浪来袭之时可进行自由切换。高温热浪风险文化培育将大大优化协同联动机制政府外协同所能达到的效果（张华文，2008）。在微媒体矩阵发达的今天，通过微博、微信等社交工具设立微课堂，培养全民特别是青少年的危机意识、预见性思维方式，将会有效提高居民防暑降温方面的生活技能和高温热浪心理应对能力。政府应为高温热浪应急管理提供柔性制度保障，从政府角度更好地发挥政府内外的协同功能，提高应急管理的效率，从而减少高温热浪带来的损害。

最后，提出了高温热浪应急预案的建构和调整机制。其一，高温热浪的爆发会使每个人都成为承灾体，因此不仅要注重政府内部的协同联动，更要充分调动群众的防灾减灾积极性，格外重视社会组织、个人、企业等的作用，如高温热浪应急指挥部要及时成立社会管理服务组，有效组织并动员社会力量，加强志愿服务管理，及时广泛发布志愿服务需求指南，引导志愿者积极参与。其二，建立高温热浪企业应对联盟，积极与政府内协同工作有效地串联起来。引导企业维护高温热浪期间的物价稳定，通过捐助物资、资金等形式来履行企业的社会责任，对积极参与并贡献力量的企业进行表彰；通过相关社会组织、志愿者引导公众到避难场所避暑纳凉，避免公众在火车站、地铁站等人流量大的地区集聚纳凉；开通志愿服务联系电话等信息沟通方式，及时解决公众在高温热浪期间的问题；加强对脆弱性人群的重点防护，制定有针对性的适应措施和健康宣传方式，提高他们的适应能力。

第十章　应对高温热浪的政策启示

本章摘要　迄今为止，国内鲜有专门针对高温热浪灾害的专项规划和政策体系。鉴于此，本章基于前述章节的研究结论，有针对性地提出应对高温热浪的政策启示，包括完善应对高温热浪的规划调控体系、缓解城市热岛效应、保护城市居民免于高温热浪侵害、降低人群高温热浪脆弱性以及发展避暑旅游等，希望能够为相关部门制定应对高温热浪政策提供一些有益借鉴。

近年来，在全球气候变暖和高温热浪灾情愈演愈烈的背景下，有关公众如何响应和适应高温热浪、减小高温热浪不利影响的课题，不仅成为学者广泛关注的焦点之一，也受到各级政府和有关部门的高度重视。《中国应对气候变化国家方案》（2007 年）、《福建省应对气候变化实施方案》（2008年）、《中国应对气候变化的政策与行动》（2008 年）、《国家自然灾害救助应急预案》（2011 年）、《国家综合防灾减灾规划（2011—2015 年）》等国家级和地方性政策、法规、文件相继出台，并将高温热浪灾害列入其中，有效推动了我国应对高温热浪的工作。值得注意的是，由于当前我国对高温热浪灾害的认识和重视程度还远远不够，高温热浪适应策略也缺乏广泛的实证研究，上述规划与文件大多将高温热浪作为一种自然灾害笼统包含其中，对于高温热浪灾害具体该如何判别和实施防灾减灾工作还缺少针对性要求和具体措施，到目前为止鲜有专门针对高温热浪灾害的专项规划和政策体系。鉴于此，本章基于上述章节的研究结论，有针对性地提出应对高温热浪的政策启示，希望能够为相关部门制定应对高温热浪的政策提供一些有益借鉴。

10.1　完善应对高温热浪规划调控体系的政策启示

（1）提高规划师与政府主管部门对高温热浪的认识与重视程度

目前高温热浪的发生在我国已屡见不鲜，但从规划角度对高温热浪展开的研究不多。由此可见，目前规划师及相关政府主管部门对高温热浪的重视仍然不足。因此，应充分认识高温热浪可能带来的负面影响，提高政府的应对能力以及规划师的个人素质，加强对市民的宣传教育，从规划、政策、生活等各方面提出相关规划和调控办法。

（2）主动融入"多规合一"的政府部门运作框架

现阶段福州市已经提出的高温热浪相关规划分散于各个政府部门的规划和计划之中，主要以某一部门主导其余部门合作或是不同部门自行运作的方式展开，不利于城市规划的有效开展。因此，应充分借鉴"多规合一"的理念，在城市总体规划的基础上，各部门规划协同开展，落实于同一规划平台之上，从而建立高效的高温热浪应对机制。

（3）合理布局与设置公共纳凉点

问卷调查结果显示，目前福州市公共纳凉点的数量仍未能满足广大群众的需求。为解决这一问题，不仅要增加公共纳凉点的实际数量，同时应优化公共纳凉点的布局结构。做到点、线、面相结合，形成一个完整的服务系统，以更好地改善市民的生活质量，满足城市居民的需要。因子分析表明硬件设施是影响公共纳凉点使用的重要因素，这与纳凉点的实际服务功能有关。目前，该方面建设取得了一定成效，并被居民所认可，但是其满意度水平依旧不高，仍有很大的提升空间。政府部门应加大对硬件设施的投入，并充分挖掘其使用功能。与此同时，管理水平的高低在很大程度上影响了公共纳凉点的服务功能，进而影响了市民对公共纳凉点的满意度。目前，公共纳凉点的建设时间较为短暂，且大多数公共纳凉点为政府部门一次性投资，管理经验有所不足。主管部门在继续建造公共纳凉点的同时，也应对已建成的公共纳凉点进行检查维护和使用监督，提高其利用水平。

（4）健全健康与医疗保障体系

本研究发现居民健康状况与参与医疗保险情况是居民高温热浪影响感

知的重要影响因素，健康状况更好和参加了医疗保险的居民对高温热浪影响感知程度更高。这就要求各级政府充分重视医疗卫生服务在保护居民健康和提高居民对高温热浪影响感知与适应能力方面的作用，认真履行政府职责，不断健全健康与医疗保障体系，扩大基本医疗保险覆盖面，为广大居民提供高效的医疗卫生服务。同时，完善社区医疗服务体系，特别是城乡接合部、城中村、老城区等高温热浪脆弱性人群较多的地区，立足社区卫生服务中心开展高温热浪预防与健康保健相关知识的宣传教育工作，并为社区不同人群提供有针对性的医疗卫生服务。

（5）改进城市规划管理与建筑设计

热岛效应是城市高温热浪灾害频发的重要原因之一，科学的城市规划与管理是减缓高温热浪灾害的有效途径。今后，各级政府在制定城市规划时应借鉴国内外先进经验，优化城市空间结构，加强城市绿色空间系统规划与建设，保留城市水域面积，合理布局城市绿色空间，提高城市绿化覆盖率，控制沿江沿河两岸建筑高度，打通城市"通风道"，从而有效减小城市热岛效应的影响。重视和优化建筑设计，控制建筑体形系数，提高建筑物外围结构的保温隔热性能，减少热量进入室内。推行建筑物屋顶和墙壁绿化，提高城市绿化面积。同时，虽然空调能够有效减小高温热浪不利影响，但会显著增强城市热岛效应，从环境保护和可持续发展角度考虑，应努力控制和减少空调的使用。可以加强清洁新能源的开发利用，如太阳能、风能等。

（6）因地制宜，选择合理的应对方式

城市规划具有极强的地域性，因此规划应注重区域本位，发挥区域特色，根据特有的自然基底以及城市发展现状，因地制宜，有选择地引进规划模式，避免盲目套用理论模型。目前的规划已经对中心城区展开了诸多研究，却忽略了城乡接合部等城市弱势地区规划。城乡接合部作为城市建设的外缘，其规划合理与否直接影响未来城市的长远发展。因此在规划过程中，应更加注重对其进行长远规划，采取合理的规划方式。对于高温热浪频发的地区，无论是沿海城市还是内陆城市都应建立高温热浪预警、应急体系，预警是降低高温热浪脆弱性的核心，同时相关部门应联合起来建立协同应急预案。加强基础设施建设，确保高温热浪发生时，城市供水系统与通信基础设施能够正常运行。对于经济较为发达的沿海城市，不可一味地以发展经济为导向来进行规划，要注重城市绿化空间规划，特别是人口密集的中心城区，虽然空间可能较少，但可以考虑通过屋顶绿化来降低热量。对于城镇化进程较为缓慢的内陆地区，要倡导绿色低碳的城镇化，以此减弱高温热浪对城市发展的不利影响。同时，鼓励低耗、少排的产业拉动经济发展，以此增强对高温热浪的适应性。

10.2　缓解城市热岛效应的政策启示

研究表明，近年来福州市热岛效应以面状、连片分布为主，虽然公园绿地与地表裸地、城镇建设用地与农村用地、河谷盆地与山地丘陵、城镇非渗透面与水域环境等都与当地热岛效应有不同程度的关联性，并对其产生了大小不一的影响，但综合结果表明福州市热岛效应与人类活动有较强的关联性。因此，针对热岛效应问题，结合其演变趋势、空间分布特点及影响因子的时空特征，可以采取以下对策。

（1）合理调控主城区人口规模，引导产业向周边地区转移

福州市中心城区的工业产业园区主要分布于主城区周围，密集的人口、商业及公共服务设施遍布主城区内，特别是二环以内。剖面采样分析表明，密集的商业、居住区所产生的高温并不亚于工业用地。同时，高温演变趋势及夜间灯光强度分析表明了人类活动与地区高温呈明显的正相关关系，即当前福州市主城区中的高温调控对象应主要为商业、人口密集区。在当前及今后的城市发展导向中，应着重合理调整主城区的人口与产业密度，通过适度扩大、增加主城区以外卫星城、新城吸纳的人口与产业流，优化用地结构，控制主城区的城市规模与人口增长，以有效减小人类活动及人为热源排放所造成的热岛效应。

（2）合理控制城市建筑密度，改善旧城人居环境

在整个福州中心城区高温分布格局中，密集的棚户区、郊区（农村）住宅所在区域的高温环境与其密集程度呈明显的正相关关系。采样分析中，郊区密集的农村住宅甚至比工业厂房、仓库的亮温高，而且从亮温空间分布及夜间灯光强度的影响范围可以看出，高温区域有蔓延态势。因此，随

着城镇化的推进，在整个城市格局中，主城区内的旧城改造、居民小区与楼宇大厦建设等都应注重对建筑密度的管控，合理控制各建筑在空间上的布局，加强空气流动，以利于建筑间的散热。

（3）严格控制城市建设用地，合理开发土地发展空间

福州中心城区的发展用地已占据了整个城区的大部分区域，且目前开发的区域多为开阔、平坦的山间、河谷盆地，未来城市规划中的"东扩、南进"发展方向，将使得城市发展重心转移到闽江南岸的闽侯县南通镇、青口镇等地。而这些地区均为地表植被、地面高程影响较弱的叠加区域，即城镇化进程下的人类活动将在一定程度上直接决定地区高温现象，热岛效应也将直接扩散至上述区域。因此，针对未来城市的开发计划，上述地区应严格控制城市建设用地，限制城市"摊饼式"外扩，并根据主城区的产业、人口转移，科学地规划、分配城市发展用地，将人类活动及城市下垫面改造对局部气候的影响降至最低，以合理的土地利用格局防止、减缓甚至消除热岛效应蔓延之势。

（4）突出"山水围合"空间格局，构建完善的城市绿地系统

在整个福州中心城区的空间格局中，城镇活动范围基本被周围的山地、丘陵地区所围合，并被闽江南北两支横贯其中。前文的定量分析表明，地表植被相较于水域环境而言，更能对地区高温的缓解起到积极的作用。但福州目前的城市公共绿地偏少，绿地系统尚未成形。空间分布表明主城区东侧（晋安区）等区域更为缺少地表植被的覆盖。基于以上分析，福州市应重点突出相关地区不同等级的生态廊道、绿地系统的打造，严格控制廊道内建设用地的开发强度，并充分利用自然生态环境的有利因素，保证城区、郊区、乡村、海岛（琅岐岛）的山、水、林、田空间的应有规模和合理布局，强化"山水围合"的空间大势，以使自然环境起到减小甚至消除城市高温、热岛效应的作用。同时，福州城市建设格局已基本定型，调整余地受限，在水平扩大绿化面积、发展街道绿化的同时还应推广垂直绿化，充分利用建筑物的楼顶与墙壁，种植攀缘植物，增加绿化总量。

（5）优化产业结构，从源头上减少二氧化碳排放

加快第三产业发展进程，通过产业结构调整减少工业污染物排放，同时积极提倡公共交通，提高车用燃料质量标准，依靠科技进步提高能源利

用效率，淘汰落后生产工艺，从源头上减少二氧化碳等污染物排放。

10.3　保护城市居民免于高温热浪侵害的政策启示

针对城市居民对高温热浪的感知情况，应当制定与完善应对高温热浪的政策体系，以保护城市居民免于高温热浪的侵害。

（1）建立高温热浪预测预警系统

高温热浪预测预警系统是减缓高温热浪不利影响的重要途径，能够有效降低高温热浪期间的超额死亡率（Lowe D. 等，2011）。随着高温热浪灾害影响不断加剧，高温热浪预测预警系统的研究与应用逐渐受到重视，现已在许多国家和地区投入使用，如法国、英国、德国、意大利以及中国上海和深圳等。我国现已成为受高温热浪灾害影响最为严重的国家之一，各级政府和有关部门应高度重视高温热浪预测预警工作，借鉴国内外先进经验，加快本地区高温热浪预测预警系统的建立与完善。首先，加强高温热浪发生机理研究，不断提高高温热浪发生与发展态势的预测精准度；其次，重视和加强高温热浪社会风险评估工作，将高温热浪社会风险评估作为预测预警系统的重要内容；再次，高温热浪预警信息需明确提出居民应采取的适应行为，并努力实现预警信息多渠道实时发布；最后，不断加强高温热浪预测预警的体制机制建设，保障预测预警系统的有效运行，切实提高预测预警信息的公信力。

（2）完善高温热浪灾害应急预案

虽然近年来高温热浪作为一种自然灾害的概念逐渐被决策者和社会公众认知，但是有关高温热浪灾害的应急响应工作进展缓慢，还有很长一段路要走。各级地方政府应加快制定和完善高温热浪灾害应急预案，保障公众健康和生命安全。首先，应明确各级地方政府、有关部门和企业的责任，在高温热浪期间适时采取保护性措施，如调整户外作业时间、提供防暑药物、人工降雨、加强供水供电设施安全监控等。其次，重视和加快高温热浪应急避难场所建设和宣传工作，高温热浪期间开放体育馆、机关大厅、人防工程等场所，引导公众到避难场所避暑纳凉，避免公众在火车站、地铁站等人流量大的地区集聚纳凉。再次，应加强对高温热浪脆弱性人群

（如老年人、病人、重体力劳动者等）的重点保护，制定有针对性的适应措施和健康宣传方式，提高他们的适应能力。最后，要加强高温热浪灾害应急预案的演练与培训，从而有效提高公众的高温热浪安全意识和各部门的应急处置能力，并根据演练中的实际情况不断优化和完善应急预案，使之更加科学、合理和易操作。

（3）重视高温热浪教育与宣传

学校教育和大众媒体宣传是公众提高高温热浪感知和获取相关信息的重要渠道，有助于提高公众对高温热浪的适应能力，降低高温热浪脆弱性。一方面，各级政府和有关部门要充分认识到学校教育在提高公众对高温热浪感知与适应能力方面的重要作用，可借鉴日本等国家灾害教育的先进经验，编制符合我国自然、社会和经济实际情况的高温热浪防灾减灾教育系列教材；加强师资培训，提高教师高温热浪防灾教育的知识和技能；开设高温热浪防灾减灾相关课程，采取体验式灾害教育，提高防灾减灾教育效果。另一方面，各级政府和有关部门应积极利用大众媒体开展高温热浪防灾减灾教育，及时发布高温热浪预警信息，指导公众采取适应措施；同时，加强不同媒体间的配合，针对不同人群的特点和接收信息的习惯，在宣传内容、形式和传播方式上有所侧重，避免单一化；重点突出对脆弱性人群的宣传教育，明确不同脆弱性人群在高温热浪天气中应采取的适应措施。

10.4 降低人群高温热浪脆弱性的政策启示

研究发现，老人、小孩、妇女、流动人口、户外工作者甚至大学生在高温热浪过程中所受的影响最大，但适应能力最弱，本部分针对流动人口与大学生等弱势群体的需求，建议制定更有针对性、更为人性化的政策，以降低脆弱性，保护他们的身心健康。

（1）降低流动人口的高温热浪脆弱性

无论是从工作环境、人均可支配收入，还是保障水平等方面，流动人口都处于相对弱势地位，政府层面、社会层面与个人层面均应采取应对措施，以保护流动人口的健康与权益。在政府层面，相关部门可以尝试以居住证为载体，建立健全与流动人口的居住和工作年限相联系的基本公共服务和福利政策提供机制，缩小流动人口和本地居民的身份差别，让流动人口这一脆弱性群体在工作条件差的岗位上能够享受到相应的福利待遇和改善工作环境的权益；制定高温热浪的应对预案，让在露天环境工作的流动人口得到相应的高温补贴；加强应对高温热浪的宣传教育；出台严格政策，高温热浪严重情况下要停止室外露天作业。在社会层面，新闻媒体要普及宣传应对高温热浪的知识，积极关注在户外作业的流动人口，为流动人口的高温权益提供更多的保障。在流动人口个人层面，要提高高温热浪高发阶段的防范意识，采用多喝水、买凉快的衣服或遮阳设备等手段消除负面影响；加强职业培养和继续教育，增强和提高自身的职业素养和竞争能力，改善自身的工作环境。

（2）降低大学生的高温热浪脆弱性

高温热浪对大学生的学习、生活和健康都造成了一定影响，然而大学生的经济能力有限，学校和政府应该采取一些措施帮助大学生应对高温热浪。明确学校向学生传达高温热浪预警信息的职责，使在校大学生能及时获得高温热浪信息。重视高温热浪对大学生的影响，学校可以通过改善和完善校园的公共基础设施，来减少高温热浪对大学生的影响，如确保大学生活动的场所有足够的降温设备，以达到降低大学生活动场所温度的目的，在大学生活动的场所设置饮用水、消暑饮品的供应点，以满足学生饮水需求。重视高温热浪教育与宣传，开设高温热浪的相关课程，向大学生传播高温热浪的危害以及相关应对措施，使大学生对高温热浪有充分了解，使其能更好、更积极地去应对高温热浪。

10.5　发展避暑旅游的政策启示

根据福州市民避暑旅游偏好的问卷调查结果和《2014 中国城市避暑旅游发展报告》（中国气象局等，2014），对福州市及同类地区避暑旅游产业的规划与发展提出以下几个建议。

（1）规划与完善避暑旅游专项产品体系

福州市地处福州盆地的中心，夏季空气流动受阻易加剧热岛效应的作用，使市区温度远远高于郊区，而周边县市温度相对较低，又有旗山、青云山、大樟溪等众多天然避暑胜地。应充分利用这一距离优势，并参照双休日假期，制定 1~2 天避暑休闲度假产品。除了利用天然的气候资源以外，贵安水世界这类人工水上乐园也是目前可以开发的方向。

（2）延伸与完善避暑产业链

由避暑旅游向避暑经济发展，需要将单一的产业链延伸至各个领域。如福州低海拔、高森林覆盖率和独特的地热资源就可以打造成以"温泉养生"为主的康体保健旅游品牌，吸引省内甚至省外大批游客前来体验。又如平潭是福建自贸区中重要的一环，作为国家级综合实验区，享有免税贸易等众多政策的支持，可以将避暑旅游与会展节庆相融合，借此推动海峡两岸的文化交流互动。

（3）建设与提升基础设施服务能力

游客最重视的旅游因素除景点环境外，排名前三的为住宿条件、饮食卫生和交通条件。近年来许多报道指出著名景点在旅游旺季因大批游客的涌入而产生交通阻塞、住宿紧张、饮食卫生糟糕等现象。因此，控制人流量、保证环境和服务质量是避暑旅游高峰期对景点管理系统的考验。Alegre 等（2016）学者研究了游客对西班牙巴利阿里群岛旅游地宾馆及其周围环境质量的偏好，结果显示重游游客比首游游客更注重景点环境及住宿质量。宣传是吸引游客实现首游体验的关键，而要留住客源必须依靠持续的高质量服务。未来随着国民素质的提高，旅游景点的基础设施和服务要更人性化，更贴近各类群体的具体需求。

10.6　本章小结

本章针对上述研究结论，系统地提出了完善规划体系、缓解热岛效应、免于高温热浪侵害、降低脆弱性与发展避暑旅游等政策建议，以期为应对高温热浪提供一些有益启示。主要结论如下。

完善应对高温热浪规划调控体系：提高规划师与政府主管部门对高温热浪的认识与重视度；主动融入"多规合一"的政府部门运作框架；合理布局与设置公共纳凉点；健全健康与医疗保障体系；改进城市规划管理与建筑设计；因地制宜，选择合理的应对方式。

缓解城市热岛效应：合理调控主城区人口规模，引导产业向周边地区转移；合理控制城市建筑密度，改善旧城人居环境；严格控制城市建设用地，合理开发土地发展空间；突出"山水围合"空间格局，构建完善的城市绿地系统；优化产业结构，从源头上减少二氧化碳排放。

保护城市居民免于高温热浪侵害：建立高温热浪预测预警系统；完善高温热浪灾害应急预案；重视高温热浪教育与宣传。

降低人群高温热浪脆弱性：降低流动人口的高温热浪脆弱性；降低大学生的高温热浪脆弱性。

发展避暑旅游：规划与完善避暑旅游专项产品体系；延伸与完善避暑产业链；建设与提升基础设施服务能力。

参考文献

白凯，马耀峰. 旅游者购物偏好行为研究——以西安入境旅游者为例. 旅游学刊，2007，22（11）：52-57.

蔡春光. 空气污染健康损失的条件价值评估与人力资本评估比较研究. 环境与健康杂志，2009，26（11）：960-961.

曹爱丽，张浩，张艳，等. 上海近50年气温变化与城市化发展的关系. 地球物理学报，2008，51（6）：663-1669.

查勇，倪绍祥. 一种利用TM图像自动提取城镇用地信息的有效方法. 遥感学报，2003，7（1）：37-40.

常跟应，李曼，黄夫朋. 陇中和鲁西南乡村居民对当地气候变化感知研究. 地理科学，2011，31（6）：708-714.

陈横，李丽萍，陈英凝. 沿海城市高温热浪与每日居民死亡关系的研究. 环境与健康杂志，2009，26（11）：988-991.

陈宏，周雪帆，戴菲，等. 应对城市热岛效应及空气污染的城市通风道规划研究. 现代城市研究，2014，28（7）：24-30.

陈慧，缪晶. 福州公共自行车租赁点选址研究. 闽江学院学报，2014，35（2）：128-134.

陈见，李艳兰，高安宁，等. 广西高温灾害评估. 灾害学，2007，22（3）：24-27.

陈磊，王式功，尚可政，等. 中国西北地区大范围极端高温事件的大气环流异常特征. 中国沙漠，2011，31（4）：1052-1058.

陈敏，耿福海，马雷鸣，等. 近138年上海地区高温热浪事件分析. 高原气象，2013，32（2）：597-607.

陈平，李旭东，王长科，等. 热带海岛居民对高温天气健康风险的感知．环境与健康杂志，2013，30（7）：639－640.

陈少勇，王劲松，郭俊庭，等．中国西北地区 1961—2009 年极端高温事件的演变特征．自然资源学报，2012，26（5）：832－844.

陈小蓉，谢红光，张勤，等．珠江三角洲农民工身体健康与体育行为调查研究．体育科学，2010，30（3）：11－21.

陈正江，汤国安，任晓东．地理信息系统设计与开发．北京：科学出版社，2005.

程胜龙．城市化对兰州气温变化影响的定量分析．气象，2005，31（6）：29－34.

程义斌，金银龙，李永红，等．武汉市高温对心脑血管疾病死亡的影响．环境与健康杂志，2009，26（3）：224－225.

迟文学，庞文静，陈瑶，等．基于 GIS 雷电监测预报服务信息系统的研究．测绘科学，2009，34（s1）：61－63.

崔亮亮，周敬文，耿兴义，等．2011—2014 年济南市高温中暑病例流行病学特征及风险分析．环境与健康杂志，2015，32（9）：809－812.

崔林丽，史军，周伟东．上海极端气温变化特征及其对城市化的响应．地理科学，2009，29（1）：93－97.

邓振镛，张宇飞，刘德祥，等．干旱气候变化对甘肃省干旱灾害的影响及防旱减灾技术的研究．干旱地区农业研究，2007，25（4）：94－99.

邓自旺，丁裕国，陈业国．全球气候变暖对长江三角洲极端高温事件概率的影响．南京气象学院学报，2000，23（1）：42－47.

丁华君，周玲丽，查贲，等．2003 年夏季江南异常高温天气分析．浙江大学学报（理学版），2007，34（1）：100－105，120.

丁婷，钱维宏．中国热浪前期信号及其模式预报．地球物理学报，2012，55（5）：1472－1486.

丁晓萍，刘寿东，许遐祯．小区域热浪风险性评估方法述评．内蒙古气象，2010，56（1）：24－28.

丁一汇，何建坤，林而达．中国气候变化：科学、影响、适应及对策研究．北京：中国环境科学出版社，2009.

方创琳，祁巍锋．紧凑城市理念与测度研究进展及思考．城市规划学刊，2007，50（4）：65 – 73.

冯妍，佀彬方，周后福.安徽省近45年最高气温时空变化特征.安徽农业科学，2009，37（31）：15316 – 15319.

福建省人口普查办公室，福建省统计局.福建省2010年人口普查资料.中国统计出版社，2012：107 – 120.

福建省统计局.福建省统计年鉴（2017），2017.

福建省卫生和计划生育委员会.福建省流动人口发展报告2014.福建省地图出版社，2015：209.

福州市便民呼叫中心12345.关于福州市纳凉点建设.http：//www. fuzhou. gov. cn/zfxxgk/bmxsq/bmxx/bmxx02/gkxx/201307/t20130710_ 702129. htm？type = szf，2013 – 07 – 10.

福州市城乡规划局.福州市城市总体规划（2008—2020）.2009.

福州市人民政府办公厅.福州市人民政府办公厅关于加强老年人夏季纳凉点建设有关工作的通知.http：//www. fz12345. gov. cn/detail. jsp？callId = FZ14082700111，2014 – 09 – 04.

福州市人民政府发展研究中心课题组，郭艳芳.以"五个统筹"加快福清、长乐、闽侯、连江四县（市）融入福州大都市区机制体制研究.发展研究，2012，（5）：40 – 45.

福州市台江区人民政府.福州市园林及城市绿化、城市公园分布信息统计信息.http：//www. taijiang. gov. cn/html/zxbs/ggfwpt/ggfw11/ggfw1103/ggfw110301/3370. html，2012 – 01 – 09.

福州市统计局，国家统计局福州调查队.福州统计年鉴.中国统计出版社，2015.

福州市统计局，国家统计局福州调查队.2015年福州市国民经济和社会发展统计公报.http：//tjj. fuzhou. gov. cn/tjjzwgk/tjxx/ndbg/201603/t20160331_ 1055067. htm，2016 – 04 – 10.

福州市鼓楼区政务网，福建发布高温橙色预警今起三天福州热浪滚滚，http：//www. gl. gov. cn/News/ArticleDetail. aspx？articleid =250619，2011 – 7 – 25。

高红燕，蔡新玲，贺皓，等.西安城镇化对气温变化趋势的影响.地理学报，2009，64（9）：1093 – 1102.

顾政华，李旭宏．主成分分析法在公路网综合评价中的应用．公路交通科技，2004，20（5）：71－74.

郭凌曜．城市化对局地气候的影响分析．气象与环境科学，2009，32（3）：37－42.

郭玉明，王佳佳，李国星，等．气温变化与心脑血管疾病急诊关系的病例交叉研究．中华流行病学杂志，2009，30（8）：810－815.

何春阳，史培军，李景刚，等．基于 DMSP/OLS 夜间灯光数据和统计数据的中国大陆 20 世纪 90 年代城市化空间过程重建研究．科学通报，2006，51（7）：856－861.

何萍，李宏波，马如彪．云南楚雄市的发展对气候及气象灾害的影响．广西科学院学报，2004，20（2）：113－115.

侯威，章大全，钱忠华，等．基于随机重排去趋势波动分析的极端高温事件研究及其综．高原气象，2012，31（2）：329－341.

侯向阳，韩颖．内蒙古典型地区牧户气候变化感知与适应的实证研究．地理研究，2011，30（10）：1753－1764.

侯依玲，陈葆德，陈伯民，等．上海城市化进程导致的局地气温变化特征．高原气象，2009，27（b12）：131－137.

黄崇福．自然灾害风险分析．北京：北京师范大学出版社，2001：23－26.

黄慧琳．杭州市高温灾害风险区划与评价．南京：南京信息工程大学，2012.

黄荣峰，徐涵秋．利用 Landsat ETM + 影像研究土地利用/覆盖与城市热环境的关系——以福州市为例．遥感信息，2005，19（5）：36－39.

黄晓军，黄馨，崔彩兰，等．社会脆弱性概念、分析框架与评价方法．地理科学进展，2014，33（11）：1512－1525.

黄卓，陈辉，田华．高温热浪指标研究．气象，2011，37（3）：345－351.

霍飞，陈海山．人为热源对城市热岛效应影响的数值模拟试验．气象与减灾研究，2010，33（3）：49－55.

纪忠萍，林钢，李晓娟，等．2003 年广东省夏季的异常高温天气及气候背景．热带气象学报，2005，21（2）：207－216.

季崇萍，刘伟东，轩春怡．北京城镇化进程对城市热岛的影响研究．地球物理学报，2006，49（1）：69-77.

季浏，殷恒婵，颜军．体育心理学．2版．北京：高等教育出版社，2010.

江晓欢，余明，丁凤．基于 GIS 的福州市医疗机构空间分布研究．亚热带资源与环境学报，2011，06（4）：70-74.

姜允芳，Eckart Lange，石铁矛，等．城市规划应对气候变化的适应发展战略——英国等国的经验．现代城市研究，2012，26（1）：13-20.

兰莉，王建，崔国权，等．热浪健康风险预警系统构建与应用．中国公共卫生，2014，30（6）：849-850.

李芙蓉，李丽萍．热浪对城市居民健康影响的流行病学研究进展．环境与健康杂志，2009，25（12）：1119-1121.

李国栋，张俊华，程弘毅，等．全球变暖和城市化背景下的城市热岛效应．气象科技进展，2012，2（6）：45-49.

李海鹰，余江华，唐仰华．热带气旋与珠江三角洲高温天气的关系．气象科技，2005，33（6）：501-504.

李鹤，张平宇，程叶青．脆弱性的概念及其评价方法．地理科学进展，2008，27（2）：18-25.

李华生，徐瑞祥，高中贵，等．城市尺度人居环境质量评价研究——以南京市为例．人文地理，2005，20（1）：1-5.

李景刚，何春阳，史培军，等．基于 DMSP/OLS 灯光数据的快速城市化过程的生态效应评价研究——以环渤海城市群地区为例．遥感学报，2007，11（1）：115-126.

李景宜，周旗，严瑞．国民灾害感知能力测评指标体系研究．自然灾害学报，2002，11（4）：129-134.

李军，黄俊．炎热地区风环境与城市设计对策——以武汉市为例．西部人居环境学刊，2012，26（6）：54-59.

李鹍，余庄．基于气候调节的城市通风道探析．自然资源学报，2006，21（6）：991-997.

李敏．从"见缝插绿"到"生态优先"——论现代城市绿地系统规划理念与方法的更新．中国科协 2002 年学术年会第 22 分会场论文集．2002．

李涛，邱忠洋，张辉．基于 GIS 的海洋气象综合观测应用平台系统设计．湖北农业科学，2015，54（6）：1492－1498．

李晓萌，孙永华，孟丹，等．近 10 年北京极端高温天气条件下的地表温度变化及其对城市化的响应．生态学报，2013，33（20）：6694－6703．

李旭东，陈平，王长科，等．海南居民对高温天气健康风险的感知．中国健康教育，2013，29（6）：513－516．

李轩，郭安红，庄立伟．基于 GIS 的主要农作物病虫害气象等级预报系统研究．国土资源遥感，2012，24（1）：104－109．

李雪丁，曾银东，任在常，等．福建省赤潮预警系统研究与应用．海洋预报，2014，31（4）：77－84．

李永红，陈晓东，林萍．高温对南京市某城区人口死亡的影响．环境与健康杂志，2005，22（1）：6－8．

李永红，程义斌，金银龙，等．气候变化及其对人类健康影响的研究进展．医学研究杂志，2008，37（9）：96－97．

李永红，杨念念，刘迎春，等．高温对武汉市居民死亡的影响．环境与健康杂志，2012，29（4）：303－305．

李珍，姜逢清，胡汝骥，等．1961—2004 年乌鲁木齐城市化过程中的冷化效应．干旱区地理，2007，30（2）：231－239．

历华，柳钦火，邹杰．基于 MODIS 数据的长株潭地区 NDBI 和 NDVI 与地表温度的关系研究．地理科学，2009，29（2）：262－267．

连志鸾，王丽荣．2002 年夏季石家庄两类历史极端高温成因分析．气象科技，2004，31（5）：284－288．

廉毅，沈柏竹，高枞亭，等．中国气候过渡带干旱化发展趋势与东亚夏季风、极涡活动相关研究．气象学报，2005，63（5）：740－749．

林雅茹．建设节约型的城市园林绿化——福州持续高温 36 天引发的思考．福建建筑，2008，25（9）：18－19．

刘建军，郑有飞，吴荣军．热浪灾害对人体健康的影响及其方法研究．自然灾害学报，2008，17（1）：151－156．

刘金平，周广亚，黄宏强．风险认知的结构，因素及其研究方法．心理科学，2006，29（2）：370 – 372.

刘柯. 基于主成分分析的 BP 神经网络在城市建成区面积预测中的应用——以北京市为例. 地理科学进展，2008，26（6）：129 – 137.

刘玲，张金良. 气温热浪与居民心脑血管疾病死亡关系的病例交叉研究. 中华流行病学杂志，2010a，31（2）：179 – 184.

刘玲，张金良. 热浪与非意外死亡和呼吸系统疾病死亡的病例交叉研究. 环境与健康杂志，2010b，27（2）：95 – 99.

刘学华，季致建，吴洪宝，等. 中国近40年极端气温和降水的分布特征及年代际差异. 热带气象学报，2006，22（6）：618 – 624.

刘雪娜，张颖，单晓英，等. 济南市热浪与心理疾病就诊人次关系的病例交叉研究. 环境与健康杂志，2012，29（2）：166 – 170.

刘亚萍，李罡，陈训，等. 运用 WTP 值与 WTA 值对游憩资源非使用价值的货币估价——以黄果树风景区为例进行实证分析. 资源科学，2008，30（3）：431 – 439.

刘志林，戴亦欣，董长贵，等. 低碳城市理念与国际经验. 城市发展研究，2009，16（6）：1 – 7.

陆琛莉，范晓红，宋文英，等. 杭州湾北岸持续热浪天气特点及城镇化发展的影响. 气象，2012，38（3）：329 – 335.

陆林. 山岳风景区旅游季节性研究——以安徽黄山为例. 地理研究，1994，13（4）：50 – 58.

罗成琳. 突发群体事件演化及其应对预案构建研究. 哈尔滨：哈尔滨工业大学，2009.

罗孳孳，阳园燕，唐余学，等. 气候变化背景下重庆水稻高温热害发生规律研究. 西南农业学报，2011，24（6）：2185 – 2189.

骆秉全，梁蕾，王子朴，等. 北京市弱势人群体育问题研究. 体育科学，2006，26（8）：10 – 16.

马伟，赵珍梅，刘翔，等. 植被指数与地表温度定量关系遥感分析——以北京市 TM 数据为例. 国土资源遥感，2010，22（4）：108 – 112.

马晓冬，李全林，沈一. 江苏省乡村聚落的形态分异及地域类型. 地理学报，2012，67（2）：516 – 525.

马奕鸣.紧凑城市理论的产生与发展.现代城市研究,2007,22(4):10-16.

马勇刚,黄粤,杨金龙.城市景观格局变化对城市热岛效应的影响——以乌鲁木齐市为例.干旱区研究,2006,23(1):172-176.

麦健华,罗乃兴,赖文锋,等.城市化对珠江三角洲热岛效应影响的模拟.热带地理,2011,31(2):187-192.

孟秀敬,张士锋,张永勇.河西走廊57年来气温和降水时空变化特征.地理学报,2012,76(11):1482-1492.

苗世光,王晓云,蒋维楣,等.城市规划中绿地布局对气象环境的影响——以成都城市绿地规划方案为例.城市规划,2013,37(6):41-46.

牟雪洁,赵昕奕.珠三角地区地表温度与土地利用类型关系.地理研究,2012,31(9):1589-1597.

潘杰,雷晓燕,刘国恩.医疗保险促进健康吗?——基于中国城镇居民基本医疗保险的实证分析.经济研究,2013,58(4):130-142,156.

庞文保,李建科,宋鸿,等.陕西省高温气象风险区划及其防御.陕西气象,2011,44(2):47-48.

彭保发,石忆邵,王贺封,等.城市热岛效应的影响机理及其作用规律——以上海市为例.地理学报,2013,68(11):1461-1471.

彭建,周尚意.公众环境感知与建立环境意识——以北京市南沙河环境感知调查为例.人文地理,2001,16(3):21-25.

彭少麟,周凯,叶有华,等.城市热岛效应研究进展.生态环境,2005,14(4):574-579.

祁新华,程煜,李达谋,等.西方高温热浪研究述评.生态学报,2016,36(9):2773-2778.

钱维宏,丁婷.中国热浪事件的大气扰动结构及其稳定性分析.地球物理学报,2012,55(5):1487-1500.

任春艳,吴殿廷,董锁成.西北地区城镇化对城市气候环境的影响.地理研究,2006,25(2):233-241.

任福民,翟盘茂.1951—1990年中国极端气温变化分析.大气科学,1998,22(2):217-227.

任素玲，刘屹岷，吴国雄. 西太平洋副热带高压和台风相互作用的数值试验研究. 气象学报，2007，65（3）：329 – 340.

任学慧，李元华. 大连市近50年气温变化与城市化进程的关系. 干旱区资源与环境，2007，21（1）：64 – 67.

任永建，万素琴，肖莺，等. 华中区域气温变化的模拟评估及未来情景预估. 气象学报，2012，70（5）：1098 – 1106.

沈永平，王国亚. IPCC第一工作组第五次评估报告对全球气候变化认知的最新科学要点. 冰川冻土，2013，35（5）：1068 – 1076.

施洪波. 华北地区高温日数的气候特征及变化规律. 地理科学，2012，32（7）：866 – 871.

史军，丁一汇，崔林丽. 华东极端高温气候特征及成因分析. 大气科学，2009，33（2）：347 – 358.

史培军，王静爱，陈婧，等. 当代地理学之人地关系相互作用研究的趋势 – 全球变化人类行为计划（IHDP）第六届开放会议透视. 地理学报，2006，61（2）：115 – 126.

税伟，陈志淳，邓捷铭，等. 耦合适应力的福州市高温脆弱性评估. 地理学报，2017，72（5）：830 – 849.

宋正娜，陈雯，张桂香，等. 公共服务设施空间可达性及其度量方法. 地理科学进展，2010，29（10）：1217 – 1224.

孙凤华，袁健，关颖. 东北地区最高、最低温度非对称变化的季节演变特征. 地理科学，2008，28（4）：532 – 536.

孙建奇，王会军，袁薇. 我国极端高温事件的年代际变化及其与大气环流的联系. 气候与环境研究，2011，16（2）：199 – 208.

孙庆华，班婕，陈晨，等. 高温热浪健康风险预警系统研究进展. 环境与健康杂志，2015，32（11）：1026 – 1030.

孙通，赵明华，韩荣青，等. 城市扩张与热岛效应下济南对夏季极端高温的适应性措施. 现代城市研究，2014，29（4）：67 – 72.

孙智辉，王春乙. 气候变化对中国农业的影响. 科技导报，2010，28（4）：110 – 117.

谈建国. 气候变暖、城市热岛与高温热浪及其健康影响研究. 南京：南京信息工程大学，2008a.

谈建国，黄家鑫. 热浪对人体健康的影响及其研究方法. 气候与环境研究，2004，9（4）：680-686.

谈建国，陆晨，陈正洪. 高温热浪与人体健康. 北京：气象出版社，2009.

谈建国，殷鹤宝，林松柏，等. 上海热浪与健康监测预警系统. 应用气象学报，2002，13（3）：356-363.

谈建国，郑有飞，彭丽，等. 城市热岛对上海夏季高温热浪的影响. 高原气象，2008b，27（s1）：144-149.

谈建国，郑有飞. 我国主要城市高温热浪时空分布特征. 气象科技，2013，41（2）：347-351.

覃志豪，李文娟，徐斌，等. 陆地卫星 TM6 波段范围内地表比辐射率的估计. 国土资源遥感，2004，16（3）：28-32，36，41.

谭红建，蔡榕硕. 2000 年以来福州地区夏季极端高温的新特征及成因探讨. 大气科学，2015，39（6）：1179-1190.

汤国杰，丛湖平. 社会分层视野下城市居民体育锻炼行为及影响因素的研究. 中国体育科技，2009，45（1）：139-143.

滕丽，王铮，蔡砥. 中国城市居民旅游需求差异分析. 旅游学刊，2004，19（4）：9-13.

天气网. 中国新四大火炉城市：福州排名第一. http：//fuzhou. tianqi. com/news/16152. html，2013-07-16.

田青，姚冬萍，苏桂武，等. 吉林省敦化市乡村人群气候变化感知的偏差及群体分异研究. 气候变化研究进展，2011，7（3）：217-223.

万仕全，顾承华，康建鹏，等. 中国月极端高温对大气涛动的响应. 物理学报，2010，59（1）：676-682.

汪庆庆，李永红，丁震，等. 南京市高温热浪与健康风险早期预警系统试运行效果评估. 环境与健康杂志，2014，31（5）：382-384.

王朝春. 城市气候高温化的成因与对策——以福州市城区为例. 城市问题，2006，29（9）：98-102.

王存美，姚新，廉保全，等. 基于 GIS 技术的突发环境事故应急系统.

水土保持研究，2008，15（4）：60 - 63.

王济川，郭志刚. Logistic 回归模型：方法与应用. 北京：高等教育出版社，2001.

王冀，江志红，宋洁，等. 基于全球模式对中国极端气温指数模拟的评估. 地理学报，2008，63（3）：227 - 236.

王佳佳，郭玉明，李国星，等. 日最高气温与医院心脑血管疾病急诊人次关系的病例交叉研究. 环境与健康杂志，2009，26（12）：1073 - 1076.

王金娜，王永杰，张颖，等. 高等院校大学生热浪认知及应对行为的现况调查. 环境与健康杂志，2012，29（9）：833 - 835.

王晶晶. 地震灾害应急管理中的政府协调问题研究. 上海：上海华东师范大学，2014.

王凯松，郭志华. 基于 GIS 的气象监测与预警系统的设计与实现. 计算机应用与软件，2015，32（9）：88 - 91.

王丽荣，雷隆鸿. 天气变化对人口死亡率的影响——以广州市和上海市为例. 生态科学，1997，16（2）：83 - 88.

王敏珍，郑山，王式功. 高温热浪对人类健康影响的研究进展. 环境与健康杂志，2012，29（7）：662 - 664.

王鹏祥，杨金虎. 中国西北近 45 年来极端高温事件及其对区域性增暖的响应. 中国沙漠，2007，27（4）：649 - 655.

王晓莉，陈海山. 武汉合肥南昌近 40a 夏季高温变化特征及其与前期海温异常的可能联系. 华中师范大学学报（自然科学版），2012，46（2）：250 - 255.

王晓婷，张军，孙洁，等. 2007—2012 年济南市高温中暑事件分析. 预防医学论坛，2013，19（10）：793 - 794.

王艳姣，任福民，闫峰. 中国区域持续性高温事件时空变化特征研究. 地理科学，2013，33（3）：314 - 321.

王艳霞，丁琨，黄晓园，等. 利用遥感瞬时温度场研究云南山地气温直减率. 遥感学报，2014，18（4）：912 - 22.

王义臣. 气候变化视角下城市高温热浪脆弱性评价研究. 北京：北京建筑大学，2015.

王应明．判断矩阵排序方法综述．决策与决策支持系统，1995，5（3）：101－114

王志英，潘安定．广州市夏季高温影响因素及防御对策研究．气象研究与应用，2007，28（1）：35－40.

温海龙．福州拉响史上首个高温红色预警，最高温达 40.9℃．http：//news. fznews. com. cn/jsxx/2013－8－5/201385sm9xmbrEjj214020. shtml，2013－08－05.

温亮，徐德忠，张治英．基于 GIS 的疟疾预警系统构建的初步分析．中国公共卫生，2004，20（5）：626－627.

吴必虎，唐俊雅，黄安民．中国城市居民旅游目的地选择行为研究．地理学报，1997，63（2）：97－103.

吴必虎．旅游系统对旅游活动与旅游科学的一种解释．旅游学刊，1998，12（1）：21－25.

吴凡，景元书，李雪源，等．南京地区高温热浪对心脑血管疾病日死亡人数的影响．环境与健康杂志．2013，3（4）：288－292.

吴宏安，蒋建军，周杰，等．西安城市扩张及其驱动力分析．地理学报，2005，60（1）：143－150.

吴吉东，傅宇，张洁，等．1949—2013 年中国气象灾害灾情变化趋势分析．自然资源学报，2014（9）：1520－1530.

吴普，葛全胜，齐晓波，等．气候因素对滨海旅游目的地旅游需求的影响——以海南岛为例．资源科学，2010，32（1）：157－162.

伍卉，吴泽民，吴文友．基于 GIS 的合肥市热环境动态变化研究．安徽农业大学学报，2010，37（3）：575－580.

郗小林，樊立宏，邓雪明．中国公众环境意识状况公众调查结果剖析．中国软科学，1998，12（9）：24－30.

夏俊士，杜培军，张海荣，等．基于遥感数据的城市地表温度与土地覆盖定量研究．遥感技术与应用，2010，25（1）：15－23.

谢盼，王仰麟，彭建，等．基于居民健康的城市高温热浪灾害脆弱性评价——研究进展与框架．地理科学进展，2015，34（2）：165－174.

谢晓非，徐联仓．风险认知研究概况及理论框架．心理学动态，1995，

3（2）：17-22.

谢志清，杜银，曾燕，等．上海城市集群化发展显著增强局地高温热浪事件．气象学报，2015（6）：1104-1113.

新华网．当"热灾"成为常态要应急机制更要主动预防．http：//news. 163. com/13/0809/19/95S2OIAF00014JB5. html？f=jsearch，2013-08-09.

新华网．官方发布内地"新四大火炉"福州成为高温王者．http：//news. xinhuanet. com/2013-07/16/c_125012838. htm，2013-12-05.

新华网．受权发布：国家综合减灾"十一五"规划．http：//news. xinhuanet. com/newscenter/2007-08/14/content_6530351. htm，2007-8-14.

新华网．武汉全市纳凉点免费向市民开放．http：//news. xinhuanet. com/photo/2013-06/19/c_124879418. htm，2013-06-19.

徐涵秋．利用改进的归一化差异水体指数（MNDWI）提取水体信息的研究．遥感学报，2005，9（5）：589-595.

徐金芳，邓振镛，陈敏．中国高温热浪危害特征的研究综述．干旱气象，2009，27（2）：163-167.

徐梦洁，陈黎，刘焕金，等．基于DMSP/OLS夜间灯光数据的长江三角洲地区城市化格局与过程研究．国土资源遥感，2011，23（3）：106-112.

徐永明，覃志豪，朱焱．基于遥感数据的苏州市热岛效应时空变化特征分析．地理科学，2009，29（4）：529-534.

许明佳，程薇．2010—2014年上海市金山区高温中暑流行特征及其与气温的关系．职业与健康，2015，31（19）：2657-2659.

许遐祯，郑有飞．南京市高温热浪特征及其对人体健康的影响．生态学志，2011，30（12）：2815-2820.

许燕君，刘涛，宋秀玲，等．广东省居民对热浪的健康风险认知及相关因素．中华预防医学杂志，2012，46（7）：613-618.

许吟隆，张勇，林一骅，等．利用PRECIS分析SRES B2情景下中国区域的气候变化响应．科学通报，2006，51（17）：2068-2074.

薛东前，黄晶，马蓓蓓，等．西安市文化娱乐业的空间格局及热点区模式研究．地理学报，2014，69（4）：541-552.

薛红喜，孟丹，吴东丽，等．1959—2009年宁夏极端温度阈值变化及其与 AO 指数相关分析. 地理科学, 2012, 32 (3): 380 - 385.

薛俊菲, 陈雯, 曹有挥. 2000 年以来中国城镇化的发展格局及其与经济发展的相关性——基于城市单元的分析. 长江流域资源与环境, 2012, 21 (1): 1 - 7.

严青华, 马文军. 风险认知理论及其在公众对热浪健康风险认知上的研究进展. 中华预防医学杂志, 2011, 45 (3): 270 - 273.

严青华. 广东省居民对热浪的健康风险认知及适应行为研究. 广州: 暨南大学, 2010.

颜梅, 郭敬天, 傅刚, 等. 青岛两次极端高温天气成因分析. 海洋湖沼通报, 2004, 26 (2): 10 - 15.

杨辰. 城市规划: 一种改善城市气候的工具——巴黎气候计划 (PCP) 简介. 国际城市规划, 2013, 28 (2): 75 - 80.

杨红龙, 许吟隆, 陶生才, 等. 高温热浪脆弱性与适应性研究进展. 科技导报, 2010, 28 (19): 98 - 102.

杨宏青, 陈正洪, 谢森, 等. 夏季极端高温对武汉市人口超额死亡率的定量评估. 气象与环境学报, 2013, 29 (5): 140 - 143.

杨虎, 张东戈, 黄匆, 等. 自组织应对"突发事件"协同模型. 系统工程与电子技术, 2012, 34 (10): 2069 - 2074.

杨辉, 李崇银. 2003 年夏季中国江南异常高温的分析研究. 气候与环境研究, 2005, 10 (1): 80 - 85.

尹洁, 张传江, 张超美. 江西 2003 年夏季罕见高温气候诊断分析. 南京气象学院学报, 2005, 28 (6): 855 - 861.

杨江鹏. 基于服务半径和空间承载力的城市公园服务力分析. 福建: 福建农林大学, 2014.

杨旺明, 蒋冲, 喻小勇, 等. 气候变化背景下人为热估算和效应研究. 地理科学进展, 2014, 33 (8): 1029 - 1038.

杨续超, 陈葆德, 胡可嘉. 城镇化对极端高温事件影响研究进展. 地理科学进展, 2015, 34 (10): 1219 - 1228.

姚凤梅, 张佳华. 1981 - 2000 年水稻生长季相对极端高温事件及其气候风险的变化. 自然灾害学报, 2009, 18 (6): 37 - 42.

叶殿秀，尹继福，陈正洪，等.1961—2010 年我国夏季高温热浪的时空变化特征.气候变化研究进展，2013，9（1）：15－20.

叶士琳，祁新华，程煜，等.城市居民对高温热浪的感知研究——基于福州市的调查.生态学报，2015，35（20）：1－9.

叶祖达.城市规划管理体制如何应对全球气候变化？.城市规划，2009，33（9）：31－37.

尹贻林，林广利，付聪，等.基于 GIS 天津市燃气管网预警系统的构建研究.中国安全科学学报，2009，19（6）：104－108.

于淑秋，卞林根，林学椿.北京城市热岛"尺度"变化与城市发展.中国科学，2006，35（A01）：97－106.

余兰英，谭婧，钟朝晖，等.特大高温干旱对门诊内科患者疾病谱的影响.中国全科医学，2009，12（11）：946－948.

余永江，林长城，王宏，等.福建省福州城市热岛效应与气象条件的关系研究.安徽农业科学，2009，37（3）：1165－1166，1174.

袁成松，严明良，王秋云，等.沪宁高速公路高温预警指标及预报模型的研究.气象科学，2012，32（2）：210－218.

袁贺，杨犇.中国低碳城市规划研究进展与实践解析.规划师，2011，27（5）：11－15.

袁涛.DMSP/OLS 数据支持的贫困地区测度方法研究.北京：中国地质大学，2013.

岳伟，杨太明，陈金华.安徽省夏季高温发生规律及对一季稻生长的影响.安徽农业科学，2008，36（36）：15811－15813.

曾贤刚.我国城镇居民对 CO_2 减排的支付意愿调查研究.中国环境科学，2011，31（2）：346－352.

张波，曲建升.城市对气候变化的影响、脆弱性与应对措施研究.开发研究，2011，26（5）：93－97.

张德二，G. Demaree.1743 年华北夏季极端高温：相对温暖气候背景下的历史炎夏事件研究.科学通报，2004，49（21）：2204－2210.

张国华，张江涛，金晓青，等.京津冀城市高温的气候特征及城市化效应.生态环境学报，2012，21（3）：455－463.

张华文，陈国华，颜伟文．城市社区应急文化体系构建研究．灾害学，2008，23（4）：101－105．

张会，张继权，韩俊山．基于GIS技术的洪涝灾害风险评估与区划研究——以辽河中下游地区为例．自然灾害学报，2005，14（6）：141－146．

张建明，王鹏龙，马宁，等．河谷地形下兰州市城市热岛效应的时空演变研究．地理科学，2012，32（12）：1530－1537．

张劲梅，鄢俊一．东莞市高温天气特征及高温预警．气象科技，2008，36（6）：755－759．

张井勇．陆－气耦合增加中国的高温热浪．科学通报，2011，56（23）：1905－1909．

张可慧，李正涛，刘剑锋，等．河北地区高温热浪时空特征及其对工业、交通的影响研究．地理与地理信息科学，2011，27（6）：90－95．

张立新．高温热浪的影响及其成因探讨//陕西省气象学会．陕西省气象学会2006年学术交流会论文集．汉中：汉中市气象局：2006，101－104．

张明军，汪宝龙，魏军林，等．近50年宁夏极端气温事件的变化研究．自然灾害学报，2012，21（4）：152－160．

张明顺，王义城．北京市高温热浪脆弱性评价．城市与环境研究，2015（1）：16－33．

张强，韩永翔，宋连春．全球气候变化及其影响因素研究进展综述．地球科学进展，2005，20（9）：990－998．

张尚印，宋艳玲，张德宽，等．华北主要城市夏季高温气候特征及评估方法．地理学报，2004，59（3）：383－390．

张尚印，张德宽，徐样德．长江中下游夏季高温灾害机理及预测．南京气象学院学报，2005，28（6）：840－847．

张书娟．华东地区高温灾害风险评估研究．上海：上海师范大学，2011．

张书余．干旱气象学．北京：气象出版社，2008．

张天宇，程炳岩，唐红玉，等．重庆极端高温指标的对比及其与区域性增暖的关系．热带气象学报，2005，23（5）：474－556．

张维平．关于突发公共事件和预警机制．兰州学刊，2006，（3）：156－161．

张文开. 福州城市地貌与城市气候关系分析. 福建师范大学学报（自然科学版），1998，14（4）：99 - 105.

张翼，班婕，陈晨，等. 居民对热浪健康防护相关措施的支付意愿调查研究. 环境与健康杂志，2015，32（8）：705 - 711.

张勇，曹丽娟，许吟隆，等. 未来我国极端温度事件变化情景分析. 应用气象学报，2008，47（3）：112 - 116.

赵雪雁，王伟军，万文玉. 中国居民健康水平的区域差异：2003 - 2013. 地理学报，2017，72（4）：685 - 698.

赵雪雁. 牧民对高寒牧区生态环境的感知——以甘南牧区为例. 生态学报，2009，29（5）：2427 - 2436.

郑山，王敏珍，尚可政. 高温热浪对北京 3 所医院循环系统疾病日急诊人数影响的病例 - 交叉研究. 卫生研究，2016，45（2）：246 - 251.

郑思轶，刘树华. 北京城市化发展对温度、相对湿度和降水的影响. 气候与环境研究，2008，13（2）：123 - 133.

郑雪梅，王怡，吴小影，等. 近 20 年福建省沿海与内陆城市高温热浪脆弱性比较. 地理科学进展，2016，35（10）：1197 - 1205.

郑艳. 适应型城市：将适应气候变化与气候风险管理纳入城市规划. 城市发展研究，2012，19（1）：47 - 51.

郑有飞，丁雪松，吴荣军，等. 近 50 年江苏省夏季高温热浪的时空分布特征分析. 自然灾害学报，2012，21（2）：43 - 50.

纳凉点，找你找得好辛苦. 郑州晚报，2012 - 07 - 31（A05）.

郑祚芳，高华，王在文，等. 城市化对北京夏季极端高温影响的数值研究. 生态环境学报，2012，21（10）：1689 - 1694.

中国旅游研究院. 2013 中国城市避暑旅游发展报告研究成果. http：// www. ctaweb. org/html/2013 - 6/2013 - 6 - 18 - 11 - 9 - 35590. html. 2016 - 04 - 10. Alexandris K.，Carroll B. An analysis of leisure constrains based on different recreational sport participation levels：results from a study in Greece. Leisure Sci，1997，19（1）：1 - 15.

中国气象局，中国旅游局. 2014 中国城市避暑旅游发展报告研究成果. 2014.

中国气象局气候变化中心. 中国气候变化监测公报 (2016 年). 2017.

中国天气网, 高温热浪下如何预防中暑, http：//www. weather. com. cn/shaanxi/tqxs/06/1907915. shtml, 2013 - 6 - 28。

中国网. 洛阳市区 18 处纳凉点开放能购物能纳凉座椅多. http：//henan. china. com. cn/news/2014/0708/40636. shtml, 2014 - 07 - 08.

中华人民共和国国家统计局. 中国统计年鉴 2016 年. 2017.

周旗, 郁耀闯. 关中地区公众气候变化感知的时空变异. 地理研究, 2009, 28 (1)：45 - 54.

朱红根, 周曙东. 南方稻区农户适应气候变化行为实证分析——基于江西省 36 县 (市) 346 份农户调查数据. 自然资源学报, 2011, 26 (7)：1119 - 1128.

竺乾威. 从新公共管理到整体性治理. 中国行政管理, 2008 (10)：52 - 58.

祝燕德. 重大气象灾害风险防范. 北京：中国财政经济出版社, 2009.

卓莉, 史培军, 陈晋. 20 世纪 90 年代中国城市时空变化特征——基于灯光指数 CNLI 方法的探讨. 地理学报, 2003, 58 (6)：893 - 902.

Abrahamson V. , Wolf J. , Lorenzoni I. , et al. , Perceptions of Heat Wave Risks to Health：Interview - based Study of Older People in London and Norwich, UK. Journal of Public Health, 2009, 31 (1)：119 - 126.

Akis S. A. , Compact Econometric Model of Tourism Demand for Turkey. Tourism Management, 1998, 19 (1)：99 - 102.

Alegre J. , Juaneda C. , Destination Loyalty：Comsumers' Economic Behavior. Annals of Tourism Research, 2006, 33 (3)：684 - 706.

Andrea S. , David M. , Richard B. , et al. , Emergency Department Visits, Ambulance Calls, and Mortality Associated with an Exceptional Heat Wave in Sydney, Australia, 2011：A Time - series Analysis. Environmental Health. 2012, 11 (1)：3.

Argüeso D. , Evans J. P. , Fita L. , et al. , Temperature Response to Future Urbanization and Climate Change. Climate Dynamics, 2014, 42 (7 - 8)：2183 - 2199.

Arthur H. R. , Hashem A. , Joseph J. R. , et al. , Cool Communities：

Strategies for Heat Island Mitigation and Smog Reduction. Energy and Buildings, 1998, 28 (1): 51 – 62.

Aubrecht C. , Özceylan D. , Identification of Heat Risk Patterns in the US-National Capital Region by Integrating Heat Stress and Related Vulnerability. Environment International, 2013, (56): 65 – 77.

Basu R. , Samet J. M. , Relation between Elevated Ambient Temperature and Mortality: a Review of the Epidemiologic Evidence. Epidemiologic Reviews, 2002, 24 (2): 190 – 202.

Beniston M. , Diaz H. F. , The 2003 Heat Wave as an Example of Summers in a Greenhouse Climate? Observations and Climate Model Simulations for Basel, Switzerland. Global and Planetary Change, 2004, 44 (1): 73 – 81.

Bernard S. M. , McGeehin M. A. , Municipal Heat Wave Response plans. American Journal of Public Health, 2004, 94 (9): 1520 – 1522.

Bigano A. , Hamilton J. M. , Tol R. S. J. , The Impact of Climate on Holiday Destination Choice. Climatic Change, 2006, 76 (3): 389 – 406.

Blakely E. J. , Urban Planning for Climate Change. Lincoln Institute of Land Policy Working Paper, Lincoln Institute Product Code: WP07EB1, 2007.

Bouchama A. , The 2003 European Heat Wave. Intensive Care Medicine, 2004, 30 (1): 1 – 3.

Brabson B. B. , Palutikof J. P. , The Evolution of Extreme Tempera – lures in the Central England Temperature Record. Geophysical Research Letters, 2002, 29 (24): 2163 – 2166.

Briony A. N. , Andrew M. C. , Stephen J. L. , et al. , Planning for Cooler Cities: A Framework to Prioritise Green Infrastructure to Mitigate High Temperatures in urban Landscapes. Landscape and Urban Planning, 2015, 29 (134): 127 – 138.

Chappells H. , Shove E. , Comfort: A Review of Philosophies and Paradigms. http: //www. lancs. ac. uk/fass/projects/futcom/fc litfinal1. pdf, 2009 – 12 – 20.

Cheng H. , The Mutation Study of Global Climate: Argue or Act. Chinese

Science Bulletin, 2004, 49 (13): 1339 – 1344.

Curriero F. C. , Heiner K. S. , Samet J. M. , et al. , Temperature and Mortality in 11 Cities of the Eastern United States. American Journal of Epidemiology, 2002, 155 (1): 80 – 87.

Cutter S. L. , Boruff B. J. , Shirley W. L. , Social Vulnerability to Environmental Hazards. Social Science Quarterly, 2003, 84 (2): 242 – 261.

Cutter S. L. , Christina F. , Temporal and Spatial Changes in Social Vulnerability to Natural Hazards . Proceedings of the National Academy of Sciences, 2008, 105 (7): 2301 – 2306.

Davis R. E. , Knappenberger P. C. , Novicoff W. M. , et al. , Decadal Changes in Summer Mortality in US Cities. International Journal of Biometeorology, 2003, 47 (3): 166 – 175.

Demuzere M. , Oleson K. , Coutts A. M. , et al. , Simulating the Surface Energy Balance Over Two Contrasting Urban Environments Using the Community Land Model Urban. International Journal of Climatology, 2013, 33 (15): 3182 – 3205.

Depietri Y. , Welle T. , Renaud F. G. , Social Vulnerability Assessment of the Cologne Urban Area (Germany) to Heat Waves: Links to Ecosystem Services. International Journal of Disaster Risk Reduction, 2013, (6): 98 – 117.

Díaz J. , Jordán A. , García R. , et al. , Heat Waves in Madrid 1986—1997: Effects on the Health of the Elderly. International Archives of Occupational and Environmental Health, 2002, 75 (3): 163 – 170.

Eakin H. , LuersA L. , Assessing the Vulnerability of Social Environmental Systems. Annual Review of Environment and Resources, 2006, 30 (31): 365 – 394.

Easterling D. R. , Meehl G. A. , Parmesan C. , et al. , Climate Extremes: Observations, Modeling, and Impacts. Science, 2000, 289 (5487): 2068 – 2074.

Eliasson I. , Svensson M. K. , Spatial Air Temperature Variations and Urban Land Use-a Statistical Approach. Meteorological Applications, 2003, 10 (02): 135 – 149.

El-Zein A. , Tonmoy F. N. , Assessment of Vulnerability to Climate Change

Using a Multi-criteria Outranking Approachwith Application to Heat Stress in Sydney. Ecological Indicators, 2015, 14 (48): 207 – 217.

Eriksen S. , Adger W. N. , Brooks N. , et al. , New Indicators of Vulnerability and Adaptive Capacity. Tyndall Centre for Climate Change Research, 2004.

Fischer E. M. , Seneviratne S. I. , Vidale P. L. , et al. , Soil Moisture-atmosphere Interactions during the 2003 European Summer Heat Wave. Journal of Climate, 2007, 20 (20): 5081 – 5099.

Flax L. K. , Jackson R. W. , Stein D. N. , Community Vulnerability Assessment Tool Methodology. Natural Hazards Review, 2002, 3 (4): 163 – 167.

Fùssel H. M. , Vulnerability: Agenerally Applicable Conceptual Framework for Climate Change Research. Global Environmental Change, 2007, 17 (2): 155 – 167.

Fùssel H. M. , Klein R. J. T. , Climate Change Vulnerability Assessments: an Evolution of Conceptual Thinking. Climatic Change, 2006, 75 (3): 301 – 329.

Gabriel K. M. , Endlicher W. R. , Urban and Rural Mortality Rates during Heat Waves in Berlin and Brandenburg, Germany. Environmental Pollution, 2011, 159 (8 – 9): 2044 – 2050.

Gosling S. N. , Lowe J. A. , Mcgregor G. R. , et al. , Associations between Elevated Atmospheric Temperature and Human Mortality: a Critical Review of the Literature. Climatic Change, 2009, 92 (3): 299 – 341.

Graves H. , Watkins R. , Westbury P. , et al. , Cooling Buildings in London: Overcoming the Heat Island. Building Research Establishment Report 431, London: CRC Ltd, 2001.

Grawe D. , Thompson H. L. , Salmond J. A. , et al. , Modelling the Impact of Urbanisation on Regional Climate in the Greater London Area. International Journal of Climatology, 2013, 33 (10): 2388 – 2401.

Griffiths G. M. , Chambe L. E. , Haylock M. R. , et al. , Change in Mean Temperature as a Predictor of Extreme Temperature Change in the Asia Pacific Region. International Journal of Climatology, 2005, 25 (10): 1301 – 1330.

Haines A. , Kovats R. S. , Campbell-Lendrum D. , et al. , Climate Change and Human Health: Impacts, Vulnerability, and Mitigation. The Lancet, 2006, 367 (9528): 2101 – 2109.

Hajat S. , Armstrong Bn, Baccini M. , et al. , Impact of High Temperatures on Mortality: Is There an Added Heat Wave Effect? Epidemiology. 2006, 17 (6): 632 – 638.

Hajat S. , Kovats R. S. , Atkinson R. W. , et al. , Impact of Hot Temperatures on Death in London: A Time Series Approach. Journal of Epidemiology and Community Health, 2002, 56 (5): 367 – 372.

Hanemann W. M. , Valuing the Environment Through Contingent Valuation. Journal of Economic Perspectives, 1994, 8 (4): 19 – 43.

Harlan S. L. , Declet-Barreto J. H. , Stefanov W. L. , et al. , Neighborhood Effects on Heat Deaths: Social and Environmental Predictors of Vulnerability in Maricopa County, Arizona. Environmental Health Perspectives, 2013, 121 (2): 197 – 204.

Hayhoe K. , Sheridan S. , Kalkstein L. , et al. , Climate Change, Heat Waves, and Mortality Projections for Chicago. Journal of Great Lakes Research, 2010, 36 (S2): 65 – 73.

Heaton M. J. , Sain S. R. , Greasby T. A. , et al. , Characterizing Urban Vulnerability to Heat Stress Using a Spatially Varying Coefficient Model. Spatial and Spatio-temporal Epidemiology, 2014, (8): 23 – 33.

Höppe P. R. , Heat Balance Modelling. Experientia, 1993, 49 (9): 741 – 746.

Huang C. R. , Vaneckova P. , Wang X. M. , et al. , Constraints and Barriers to Public Health Adaptation to Climate Change: A Review of the Literature. American Journal of Preventive Medicine, 2011, 40 (2): 183 – 190.

Huynen M. M. T. E. , Martens P. , Schram D. , et al. , The Impact of Heat Waves and Cold Spells on Mortality Rates in the Dutch Population. Environmental Health Perspectives, 2001, 109 (5): 463 – 470.

Intergovernmental Panel on Climate Change (IPCC) . Summary for Policymakers. In: Climate Change 2013: The Physical Science Basis. Contribution of Working Group I to the Fifth Assessment Report of the Intergovernmental Panel on

Climate Change. Cambridge University Press, Cambridge, United Kingdom and New York, NY, USA, 2013.

Intergovernmental Panel on Climate Change (IPCC). Climate Change 2001: The Scientific Basis //Contribution of Working Group I to the Third Assessment Report of the Intergovernmental Panel on Climate Change. Cambridge, UK: Cambridge University Press, 2001.

Intergovernmental Panel on Climate Change (IPCC). Climate Change 2007: The Physical Science Basis //Contribution of Working Group I to the Fourth Assessment Report of the Intergovernmental Panel on Climate Change. Cambridge, United Kingdom and New York, NY, USA: Cambridge University Press, 2007.

Intergovernmental Panel on Climate Change (IPCC). Climate Change: Impacts, Adaptation and Vulnerability. Cambridge: Cambridge University Press, 2001: 3 - 26.

International Energy Agency (IEA). World Energy Outlook 2008. http://www. iea. org/textbase/nppdf/free/2008 /weo2008. pdf, 2008 - 11 - 4.

IPCC. Summary for Policymakers//Climate Change 2013: The Physical Science Basis. Contribution of Working Group I to the Fifth Assessment Report of the Intergovernmental Panel on Climate Change. Cambridge, United Kingdom and New York, NY, USA: Cambridge University Press, 2013.

Janis I. L. , Psychological effects of warnings // Man and Society in Disaster. New York: Basic Books, 1962: 84 - 86.

Janssen M. A. , Schoon M. L. , Ke W. , et al. , Scholarly Networks on Resilience, Vulnerability and Adaptation within the Human Dimensions of Global Environ Mental Change. Global Environmental Change, 2006, 16 (3): 240 - 252.

Johnson D. P. , Stanforth A. , Lulla V. , et al. , Developing an Applied Extreme Heat Vulnerability Index Utilizing Socioeconomic and Environmental Data. Applied Geography, 2012, 35 (sl - 2): 23 - 31.

Kaim E. , Weather and Holiday Destination Preferences: Image Attitude and Experience. Tourist Review, 1999, 54 (2): 54 - 64.

Kalkstein A. J. , Sheridan S. C. , The Social Impacts of the Heat-health

Watch/Warning System in Phoenix, Arizona: Assessing the Perceived Risk and Response of the Public. International Journal of Biometeorology, 2007, 52 (1): 43 – 55.

Kalkstein L. S. , Jamason P. F. , Greene J. S. , et al. , The Philadelphia Hot Weather-Health Watch-Warning System: Development and Application, Summer 1995. Bulletin of the American Meteorological Society, 1996, 77 (7): 1519 – 1528.

Karl T. R. , Trenberth K. E. , Modern Global Climate Change. Science, 2003, 302 (5651): 1719 – 1723.

Kawamoto Y. , Yoshikado H. , Ooka R. , et al. , Sea Breeze Blowing into Urban Areas: Mitigation of the Urban Heat Island Phenomenon//Ventilating Cities. Springer Netherlands, 2012, 11 – 32.

Kilbourne E. , Choi T. , Jones P. D. , Risk Factors for Heatstroke. A Case Control Study. Journal of American Medical Association, 1982, 247 (24): 3332 – 3336.

Kriström B. , Spike Models in Contingent Valuation. American Journal of Agricultural Economics, 1997, 79 (3): 1013 – 1023.

Kug J. S, Ahn M. S. , Impact of Urbanization on Recent Temperature and Precipitation Trends in the Korean Peninsula. Asia-Pacific Journal of Atmospheric Sciences, 2013, 49 (2): 151 – 159.

Ledrans M. , Pirard P. , Tillaut H. , et al. , The Heat Wave of August 2003: What Happened? . Review Practice, 2004, 54 (12): 1289 – 1297.

Li H. , Berrens R. P. , Bohara A. K. , et al. , Would Developing Country Commitments Affect US Households' Support for A Modified Kyoto Protocol? Ecological Economics, 2004, 48 (3): 329 – 343.

Lindberg F. , Modelling the Urban Climate Using A Local Governmental Geo – database. Meteorological Applications, 2007, 14 (3): 263 – 273.

Lindley S. J. , Handley J. F. , Theuray N. , et al. , Adaptation Strategies for Climate Change in the Urban Environment: Assessing Climate Change Related Risk in UK Urban Areas. Journal of Risk Research, 2006, 9 (5): 543 – 568.

Lise W. , Tol R. S. J. , Impact of Climate on Tourist Demand. Climatic

Change, 2002, 55 (4): 429 – 449.

Lowe D, Ebi K. L. , Forsberg B. , Heatwave Early Warning Systems and Adaptation Advice to Reduce Human Health Consequences of Heatwaves. Int J Environ Res Public Health, 2011, 8 (12): 4623 – 4648.

Luber G. , McGeehin M. , Climate Change and Extreme Heat Events. American Journal of Preventive Medicine, 2008, 35 (5): 429 – 435.

Luterbacher J. , Dietrich D. , Xoplaki E. , et al. , European Seasonal and Annual Temperature Variability, Trends, and Extremes Since 1500. Science, 2004, 303 (5663): 1499 – 1503.

Lye M. , Kamal A. , Effects of A Heatwave on Mortality-rates in Elderly Inpatients. The Lancet, 1977, 309 (8010): 529 – 531.

Maier G. S. , Grundstein A. , Jang W. , et al. , Assessing the Performance of A Vulnerability Index During Oppressive Heat Across Georgia, United States. Weather, Climate, and Society, 2014, 6 (2): 253 – 263.

Manley G. , On the Frequency of Snowfall in Metropolitan England. Quarterly Journal of the Royal Meteorological Society, 1958, 84 (359): 70 – 72.

Markantonis V. , Bithas K. , The Application of the Contingent Valuation Method in Estimating the Climate Change Mitigation and Adaptation Policies in Greece. An Expert-Based Approach. Environment Development & Sustainability, 2010, 12 (5): 807 – 824.

Martinez B. F. , Annest J. L. , Kilbourne E. M. , et al. , Geographic Distribution of Heat-Related Deaths Among Elderly Persons. Journal of the American Medical Association, 1989, 262 (16): 2246 – 2250.

Masud M. M. , Al-Amin A. Q. , Akhtar R. , et al. , Valuing Climate Protection by Offsetting Carbon Emissions: Rethinking Environmental Governance. Journal of Cleaner Production, 2014, 89: 41 – 49.

Matzarakis A. , Mayer H. , Heat Stress in Greece. International Journal of Biometeorology, 1997, 41 (1): 34 – 39.

Mccarthy J. J. , Canziani O. F. , Leary N. A. , et al. , Climate Change 2001: Impacts, Adaptation and Vulnerability. A Contribution of Working Group II to the Third Assessment Report of the Intergovernmental Panel on Climate Change (IPCC) . Cambridge: Cambridge University. American Journal of Agricultural Economics, 2001, 14 (14): 277 – 283.

McCarthy M. P. , Harpham C, Goodess C. M. , et al. , Simulating Climate Change in UK Cities Using a Regional Climate Model, HadRM3. International Journal of Climatology, 2012, 32 (12): 1875 – 1888.

McGeehin M. A. , Mirabelli M. , The Potential Impacts of Climate Variability and Change on Temperature-related Morbidity and Mortality in the United States. Environmental Health Perspectives, 2001, 109 (S2): 185 – 189.

McMichael A. J. , Campbell-Lendrum D. , Kovats S. , Global Climate Change//Ezzati M, Lopez AD, Rodgers A, Mathers C. , eds. Comparative Quantification of Health Risks: Global and Regional Burden of Disease Due to Selected Major Risk Factors. Geneva: World Health Organization, 2004: 1543 – 164

McMichael A. J. , Woodruff R. E. , Hales S. , Climate Change and Human Health: Present and Future Risks. The Lancet, 2006, 367 (9513): 859 – 869.

Meehl G. A. , Tebaldi C. , More Intense, More Frequent, and Longer Lasting Heat Waves in the 21st Century. Science, 2004, 305 (5686): 994 – 997.

Morabito M. , Profili F. , Crisci A. , et al. , Heat-Related Mortality in the Florantine Area (Italy) Before and After the Exceptional 2003 Heat Wave in Europe: an Improved Public Health Response. Int Journal Biometeorol, 2012, 56 (5): 801 – 810.

Muñoz T. G. , German Demand for Tourism in Spain. Tourism Management, 2007, 28 (1): 12 – 22.

Neal D. T. , Wood W. , Labrecque J. S. , How do Habits Guide Behavior? Perceived and Actual Triggers of Habitsin Dailylife . Journal of Experimental Social Psychology, 2012, 48 (2): 492 – 498.

Newell B. , Crumley C. L. , Hassan N. , et al. , A Conceptual Template for Integrative Human-environment Research. Global Environmental Change, 2005, 15 (4): 299 – 307.

Nogaj M. , Yiou P. , Parey S. , et al. , Amplitude and Frequency of Temperature Extremes Over the North Atlantic Region. Geophysical Research Letters, 2006, 33 (10): 328 – 340.

Norton S. B. , Rodier D. J. , Schalie W. H. , et al. , A Framework for Ecological Risk Assessment at the EPA. Environmental Toxicology & Chemistry , 1992, 11 (12): 1663 – 1672.

O'Neill M. S. , Zanobetti A. , Schwartz J. , Modifiers of the Temperature and Mortality Association in Seven US Cities. American Journal of Epidemiology, 2003, 157 (12): 1074 – 1082.

Oke T. R. , Boundary Layer Climates. Great Britain at the University Press, Cambridge. 1987.

Oke T. R. , Principles and Practices// Thompson R D, Perry A, eds. Applied Climatology: Principles and Practice. London: Routledge, 1997: 273 – 287.

Oleson K. W. , Monaghan A. , Wilhelmi O. , et al. , Interactions Between Urbanization, Heat Stress, and Climate Change. Climatic Change, 2015, 129 (3 – 4): 525 – 541.

Paavola J. , Adger W. N. , Fair Adaptation to Climate Change. Ecological Economics, 2006, 56 (4): 594 – 609.

Palecki M. A. , Changnon S. A, Kunkel K E. , The Nature and Impacts of the July 1999 Heat Wave in the Midwestern United States: Learning From the Lessons of 1995. Bulletin of the American Meteorological Society, 2001, 82 (7): 1353 – 1367.

Parmesan C. , Root T. L. , Willig M. R. , Impacts of Extreme Weather and Climate on Terrestrial Biota. Bulletin of the American Meteorological Society, 2000, 81 (3): 443 – 450.

Polsky C. , Assessing Vulnerabilities to the Effects of Global Change: an Eight-step Approach. Belfer Center for Science and International Affairs, John F. Kennedy School of Government, Harvard University, 2003.

Polsky C. , Neff R. , Yarnal B. , Building Comparable Global Change Vulnerability Assessments: the Vulnerability Scoping Diagram. Global Environmental

Change, 2007. 17 (3 – 4): 472 – 485.

Poumadère M. , Mays C. , Mer S. L. , et al. , The 2003 Heat Wave in France: Dangerous Climate Change Here and Now. Risk Analysis, 2005, 25 (6): 1483 – 1494.

Professor Perri, Leat D. , Seltzer K. , et al. , Towards Holistic Governance: the New Reform Agenda. Palgrave, 2002.

Reid C. E. , O'Neill M. S. , Gronlund C. J. , et al. , Mapping Community Determinants of Heat Vulnerability. Environmental Health Perspectives, 2009, 117 (11): 1730 – 1736.

Rinner C. , Taranu J. P. , Map-Based Exploratory Evaluation of Non-Medical Determinants of Population Health. Transactions in GIS, 2006, 10 (4): 633 – 649.

Robinson P. J. , On the Definition of a Heat Wave. Journal of Applied Meteorology, 2001, 40 (4): 762 – 775.

Rogot E. , Sorlie P. D. , Backlund E. , Air-Conditioning and Mortality in Hot Weather. American Journal of Epidemiology, 1992, 136 (1): 106 – 116.

-Schär C. , Luigi-Vidale P. , Lüthi D. , et al. , The Role of Increasing Temperature Variability in European Summer Heatwaves. Nature, 2004, 427 (6972): 332 – 336. 2004, 305 (5686): 994 – 997.

Sheridan S. C. , A Survey of Public Perception and Response to Heat Warnings Across Four North American Cities: an Evaluation of Municipal Effectiveness. International Journal of Biometeorology, 2007, 52 (1): 3 – 15.

Sheridan S. C. , Dolney T. J. , Heat, Mortality, and Level of Urbanization: Measuring Vulnerability across Ohio, USA. Climate Research, 2003, 24 (3): 255 – 265.

Shevky E. , Bell W. , Social Area Analysis. Journal of the American Statistical Association, 1956, 51 (273): 195 – 197.

Skoufias E. , Rabassa M. , Olivieri S. , The Poverty Impacts of Climate Change: A Review of the Evidence. Policy Research Working Paper 5622 for the World Bank, Poverty Reduction and Equity Unit, 2011.

Smoyer K. E. , Putting Risk in Its Place: Methodological Considerations for

Investigating Extreme Event Health Risk. Social Science & Medicine, 1998, 47 (11): 1809 - 1824.

Smoyer K. E. , Rainham D. G. C. , Hewko J. N. , Heat-Stress-Related Mortality in Five Cities in Southern Ontario: 1980 - 1996. International Journal of Biometeorology, 2000, 44 (4): 190 - 197.

Spence A. , Poortinga W. , Butler C. , et al. , Perceptions of Climate Change and Willingness to Save Energy Related to Flood Experience. Nature Climate Change, 2011, 1 (1): 46 - 49.

Steven F. , Crisis Management: Planning for the Invisible. New York: American Management Association, 1986: 245 - 278.

Stott P. A. , Stone D. A. , Allen M. R. , Human Contribution to the European Heatwave of 2003. Nature, 2004, 432 (7017): 610 - 614.

Sullivan C. Calculating a Water Poverty Index. World Development, 2002, 30 (7): 1195 - 1210.

Tank A. , Kunnen G. P. , Trends in Indices of Daily Temperature and Precipitation Extremes in Europe, 1946 - 1999. Journal of Climate, 2003, 16 (22): 3665 - 3680.

Tao L. , Jun XY. , Hui ZY. , et al. , Associations Between Risk Perception, Spontaneous Adaptation Behavior to Heat Waves and Heatstroke in Guangdong Province, China. Bmc Public Health, 2013, 13 (1): 913.

Turner B. L. , Matson P. A. , Mccarthy J. J. , et al. , Illustrating the Coupled Human-Environment System for Vulnerability Analysis: Three Case Studies. Proceedings of the National Academy of Sciences, 2003, 100 (14): 8080 - 8085.

Uejio C. K. , Wilhelmi O. V. , Golden J. S. , et al. , Intra-Urban Societal Vulnerability to Extreme Heat: The Role of Heat Exposure and the Built Environment, Socioeconomics, and Neighborhood Stability. Health & Place, 2011, 17 (2): 498 - 507.

Vescovi L. , Rebetez M. , Rong F. , Assessing Public Health Risk Due to Extremely High Temperature Events: Climate and Social Parameters. Climate Research, 2005, 30 (1): 71 –78.

Vitek J. D. , Berta S. M. , Improving Perception of and Response to Natural Hazards: the Need for Local Education. Journal of Geography, 1982, 81 (6): 225 –228.

Weber E. U. , Stern P. C. , Public Understanding of Climate Change in the United States. American Psychologist, 2011, 66 (4): 315 –328.

Wolf J. , Adger W. N. , Lorenzoni I. , et al. , Social Capital, Individual Responses to Heat Waves and Climate Change Adaptation: An Empirical Study of Two UK Cities. Global Environmental Change, 2010, 20 (1): 44 –52.

Wolf T. , McGregor G. , The Development of A Heat Wave Vulnerability Index for London, United Kingdom. Weather and Climate Extremes, 2013, 1 (1): 59 –68.

World Health Organization, Improving Public Health Responses to Extreme Weather Heat-Waves EuroHEAT. Copenhagen, Denmark: World Health Organization, 2009.

World Health Organization, The Health Impacts of 2003 Summer Heat Waves //WHO Briefing Note for the Delegations of the 53rd Session of the WHO Regional Committee for Europe. Vienna, Austria: WHO, 2003.

Xoplaki E. , González-Rouco J. F. , Luterbacher J. , et al. , Mediterranean Summer Air Temperature Variability and its Connection to the Large-scale Atmospheric Circulation and SSTs. Climate Dynamics, 2003, 20 (7 –8): 723 –739.

Yip F. Y. , Flanders W. D. , Wolkin A. , et al. , The Impact of Excess Heat Events in Maricopa County, Arizona: 2000 –2005. International Journal of Biometeorology, 2008, 52 (8): 765 –772.

Yusuf A. , Francisco H. , Climate Change Vulnerability Mapping for Southeast Asia. Herminia Francisco, 2009.

Zhu Q. , Liu T. , Lin H. , et al. , The Spatial Distribution of Health Vulnerability to Heat Waves in Guangdong Province, China. Global Health Action, 2014, 7 (1): 25051.

附　　录

附录1：民众对高温热浪的感知与适应问卷调查表

访问员编号：□□□□□　　　　　　　　　问卷编号：□□□

一审督导	二审督导	QC督导	编码督导

访问员保证：

　　我保证此次的访问都是正确和完整、真实的，并且是按照访问指示和市场调查国际惯例准则而实施的。如有一份问卷作假，同意将所有问卷作废处理，并承担一切责任。

　　　　　　　　　　　　　　　　　　　　　　　　　　　　访问员签名：

民众对高温热浪的感知与适应调查问卷

女士/小姐/先生：

　　您好！不好意思打扰了，我是福建师范大学地理科学学院研究生，我们正在进行一项有关"民众对高温（热浪）的感知与适应"研究项目，就有关问题，很想听一听您的宝贵意见，您反映的情况和意见，将为我们的研究提供重要依据。谢谢您的支持和配合！

　　（访问员注意：如果被访者犹豫，则读出"这绝不是任何形式的推销，我们只是希望收集汇总您的意见。同时，也请您放心，我们将会对您的意见和资料做严格的保密处理。请您不要有任何顾虑。"）

被访者住址：_____市（县）_____镇（乡）_____村（居委会）或_____市_____区_____街道_____居委会		
被访者联系电话（手机）：	被访者Email信箱：	
访问日期：月日星期	访员姓名及联系电话：	
访问开始时间：	访问结束时间：	

S 部分：甄别问卷

S1. 请问，最近 3 个月内，您是否接受过任何形式的类似调查访问？（单选）

    有 1 …………………………………………………… 1 - ［致谢并终止访问］

    没有 ………………………………………………………………… 2

S2. 请问，您或您的亲人有没有在以下所列的行业和单位工作的？（单选）

    广播/电视/报社/杂志社/互联网等新闻媒介行业 …………………………

    …………………………………………… 1 - ［致谢并终止访问］

    广告/公共关系/策划/市场研究/管理咨询行业 …………………………

    …………………………………………… 2 - ［致谢并终止访问］

    气象部门/气候变化教学科研部门 ………… 3 - ［致谢并终止访问］

    以上都没有 ………………………………………………………… 4

S3. 请问，您在福州市居住多久了？（单选）

    6 个月或以上 ……………………………………………………… 1

    不到 6 个月 ……………………………………… 2 - ［致谢并终止访问］

S4. 请问，您的年龄是多少？（单选）

    18 岁以上 ………………………………………………………… 1

    18 岁以下 ……………………………………… 2 - ［致谢并终止访问］

A 主体部分：民众对高温（热浪）的感知

A1. 请问，您认为近 5 年气温与您孩童时期（5 ~ 10 岁）的气温相比：（单选）

    明显降低 ……………………………………………………………… 1

    降低 …………………………………………………………………… 2

    没什么变化 …………………………………………………………… 3

    升高 …………………………………………………………………… 4

    明显升高 ……………………………………………………………… 5

  有的季节升高，有的季节降低……………………………………… 6

  不知道………………………………………………………………… 7

A2. 请问，您认为近 5 年的降水与您的孩童时期（5～10 岁）的降水相比：
（单选）

  明显增多……………………………………………………………… 1

  增多…………………………………………………………………… 2

  没什么变化…………………………………………………………… 3

  减少…………………………………………………………………… 4

  明显减少……………………………………………………………… 5

  有的季节增加有的季节减少………………………………………… 6

  不知道………………………………………………………………… 7

A3. 请问，您认为全球气候变暖真的发生了吗？（多选）

  本地已经变热………………………………………………………… 1

  将来或许会变得更热………………………………………………… 2

  其他地方会变热……………………………………………………… 3

A4. 请问，如果你感觉当地气候有变暖，那么，在什么时候发生了明显变
化？（单选）

  2000 年至今 ………………………………………………………… 1

  1991～2000 年 ……………………………………………………… 2

  1981～1990 年 ……………………………………………………… 3

  1980 年以前 ………………………………………………………… 4

  不知道………………………………………………………………… 5

A5. 请问，您同意"人类活动是过去 50 年全球气候变暖的主要原因"吗？
（单选）

  非常同意……………………………………………………………… 1

  同意…………………………………………………………………… 2

  不能确定……………………………………………………………… 3

  不同意………………………………………………………………… 4

  非常不同意…………………………………………………………… 5

  不知道………………………………………………………………… 6

A6. 请问，您认为气候变暖的原因包括：（多选）

工业…………………………………………………………… 1

农业…………………………………………………………… 2

城市…………………………………………………………… 3

农村…………………………………………………………… 4

汽车…………………………………………………………… 5

自然环境……………………………………………………… 6

个人与家庭…………………………………………………… 7

不确定………………………………………………………… 8

A7. 请问，近期，您是否经历了高温（热浪）天气？（单选）

是……………………………………………………………… 1

否……………………………………………………………… 2

不知道………………………………………………………… 3

A8. 请问，您认为气候变化包括哪些方面？（多选）

气温变化（如夏季与冬季）………………………………… 1

高温热浪……………………………………………………… 2

降水变化……………………………………………………… 3

干旱…………………………………………………………… 4

洪水…………………………………………………………… 5

海平面上升…………………………………………………… 6

不知道………………………………………………………… 7

B 主体部分：高温（热浪）对民众的影响

B1. 请问，您觉得高温（热浪）对您个人和家人的工作或学习有没有影响？（单选）

影响非常大…………………………………………………… 1

影响比较大…………………………………………………… 2

有一些影响…………………………………………………… 3

影响不大……………………………………………………… 4

丝毫没有影响……………………………………………………………… 5

不知道…………………………………………………………………… 6

B2. 请问，您觉得高温（热浪）对您个人和家人的生活有没有影响？
（单选）

影响非常大……………………………………………………………… 1

影响比较大……………………………………………………………… 2

有一些影响……………………………………………………………… 3

影响不大………………………………………………………………… 4

丝毫没有影响…………………………………………………………… 5

不知道…………………………………………………………………… 6

B3. 请问，您觉得高温（热浪）对您个人和家人的健康有没有影响？（单选）

影响非常大……………………………………………………………… 1

影响比较大……………………………………………………………… 2

有一些影响……………………………………………………………… 3

影响不大………………………………………………………………… 4

丝毫没有影响…………………………………………………………… 5

不知道…………………………………………………………………… 6

B5. 请问，您和您的家人夏季（近期）是否因高温（热浪）天气而遭受经
济损失？（单选）

是………………………………………………………………………… 1

否………………………………………………………………………… 2

不知道…………………………………………………………………… 3

B6. 请问，您和您的家人夏季（近期）是否因高温（热浪）天气而出现以
下现象？（多选）

血压不正常升高或降低………………………………………………… 1

脉搏不正常……………………………………………………………… 2

中暑……………………………………………………………………… 3

口渴、大量出汗（脱水）……………………………………………… 4

四肢无力、面色苍白…………………………………………………… 5

不舒服、焦虑…………………………………………………………… 6

头晕···7

昏厥···8

恶心或呕吐··9

头痛··10

热中风···11

热痉挛···12

肠胃不适···13

夏季皮炎···14

过敏··15

红眼病···16

因吹空调引起感冒··17

某些慢性病的急性发作（如呼吸系统和心脑血管系统疾病等）···18

某些传染病的流行（如感冒与咳嗽等）····································19

其他疾病（请说明_____）···20

不知道···21

B7. 请问，您和您的家人夏季（近期）是否因高温（热浪）天气而出现以下变化？（多选）

情绪低落···1

容易走神···2

焦虑··3

烦躁不安···4

冲动易怒···5

睡眠不好···6

其他症状（请说明_____）···································7

C 主体部分：民众应对高温（热浪）

C1. 请问，您通过哪些渠道了解高温（热浪）信息？（多选）

电视··1

收音机···2

报纸·· 3

网络·· 4

聊天·· 5

广告标语·· 6

学校老师·· 7

自我感觉·· 8

其他·· 9

C2. 请问，您遇到高温（热浪）天气采取何种降温方式？（多选）

空调·· 1

电风扇·· 2

纳凉·· 3

外地避暑·· 4

忍受·· 5

不知道·· 6

C3. 请问，您遇到高温（热浪）天气时如何从生计方式上进行应对？（多选）

减少消费·· 1

使用银行存款渡过难关···································· 2

购买养老保险、失业保险、医疗保险等···················· 3

向亲戚朋友借钱·· 4

向银行借贷·· 5

借高利贷·· 6

出售房屋、车辆等资产···································· 7

申请政府补助·· 8

求神仙、菩萨保佑·· 9

不知道 ·· 10

C4. 请问，您遇到高温（热浪）天气时如何调整生活方式以保护您的健康？（多选）

买凉快衣服或遮阳设备（如太阳镜或太阳帽等） ············ 1

调整饮食结构、多吃些清淡的食品·························· 2

多喝水 ………………………………………………………… 3

吃冷饮 ………………………………………………………… 4

喝凉茶或消暑的中药 ……………………………………… 5

安装空调 …………………………………………………… 6

买电风扇 …………………………………………………… 7

购买冰箱 …………………………………………………… 8

调整睡眠时间（迟睡早起）……………………………… 9

坐有空调的车 ……………………………………………… 10

多在家上网或看电视 ……………………………………… 11

减少出门访亲问友的次数 ………………………………… 12

外出旅游度假避暑 ………………………………………… 13

到乡下或老家避暑 ………………………………………… 14

调整出门时间 ……………………………………………… 15

调整户外运动时间与次数 ………………………………… 16

游泳 ………………………………………………………… 17

购买养老保险、医疗保险或人寿保险等 ………………… 18

在家看书、看报 …………………………………………… 19

多花时间陪孩子 …………………………………………… 20

培养兴趣爱好（如书法、绘画等）……………………… 21

推迟或避免在炎热天气嫁娶 ……………………………… 22

推迟或避免在炎热天气中生育孩子 ……………………… 23

不知道 ……………………………………………………… 24

C5. 请问，您认为您个人与您家庭有能力做点事情阻止气温升高吗？
（单选）

有很强能力 ………………………………………………… 1

有一定能力 ………………………………………………… 2

基本没有能力 ……………………………………………… 3

完全没有能力 ……………………………………………… 4

不知道 ……………………………………………………… 5

C6. 请问，您认为是什么原因阻碍您应对高温（热浪）天气？（多选）

经济能力不足……………………………………………………………… 1

没有人手………………………………………………………………… 2

高温（热浪）信息不足 ………………………………………………… 3

高温（热浪）信息获取困难 …………………………………………… 4

信息太复杂、专家说的不一致………………………………………… 5

对高温（热浪）影响不确定 …………………………………………… 6

缺少相关技术…………………………………………………………… 7

缺少政策支持…………………………………………………………… 8

不知道获得应对技术与政策支持的渠道……………………………… 9

有些媒体会故意夸大其词……………………………………………… 10

自己不想应对 ………………………………………………………… 11

不知道…………………………………………………………………… 12

C7. 请问，您认为政府有能力阻止气温升高吗？（单选）

有很强能力……………………………………………………………… 1

有一定能力……………………………………………………………… 2

基本没有能力…………………………………………………………… 3

完全没有能力…………………………………………………………… 4

不知道…………………………………………………………………… 5

C8. 请问，您认可政府在应对高温方面所做的努力吗？

做得不够，不认可……………………………………………………… 1

做了一些，基本认可…………………………………………………… 2

做了很多，很认可……………………………………………………… 3

不了解…………………………………………………………………… 4

C9. 请问，您认为是什么原因阻碍政府应对高温（热浪）天气？（多选）

腐败……………………………………………………………………… 1

投资不足………………………………………………………………… 2

重视不够（其他事更重要）…………………………………………… 3

对危害严重性认识不足………………………………………………… 4

缺少相应的政策………………………………………………………… 5

缺少相关技术…………………………………………………………… 6

没有法律法规···7

政策与法律未能实施···8

缺乏部门协调···9

不知道···10

C10. 请问，您认为人类行为能够阻止气温升高吗？（单选）

完全能够···1

能够···2

基本能够···3

基本不能够···4

完全不能够···5

不知道···6

C11. 请问，您家中空调数量：＿＿＿＿＿＿＿（台）

C12. 请问，您家中电风扇数量：＿＿＿＿＿＿＿（台）

D 主体部分：民众对适应高温（热浪）的支付意愿

D1. 请问，您认为您个人与您家庭有义务采取措施抑制气温升高吗？（单选）

完全有义务···1

有些义务···2

基本没有义务···3

没有义务···4

不知道···5

D2. 请问，您认为谁应该为高温（热浪）天气负主要责任：（多选）

个人和家庭···1

工业企业···2

各级政府···3

民间环保组织···4

国际组织···5

不知道···6

D3. 请问，您愿意以哪种形式减缓气温升高？（多选）

政府为了减缓气温升高而提高电、汽油、煤炭等价格……………… 1

每月以纳税的形式支付一部分费用来支持减缓气温升高………… 2

减少交通出行以节约能源…………………………………………… 3

减少空调使用以节约能源…………………………………………… 4

减少汽车使用以节约能源…………………………………………… 5

减少塑料袋使用以节约能源………………………………………… 6

为减少碳排放而花更多的钱买混合动力车………………………… 7

将房子中的灯泡都换成节能灯（价格比白炽灯稍贵）…………… 8

改坐公交车、电动车、自行车或步行……………………………… 9

不知道 ………………………………………………………………… 10

D4. 请问，如果您愿意支付，以家庭为单位，您每月愿意支付的最大金额大约是多少？（单选）

20 元及以下 ………………………………………………………… 1

21 ~ 50 元 …………………………………………………………… 2

51 ~ 100 元 ………………………………………………………… 3

101 ~ 300 元 ………………………………………………………… 4

301 ~ 500 元 ………………………………………………………… 5

500 元以上 …………………………………………………………… 6

不知道………………………………………………………………… 7

D5. 请问，如果您不愿意支付或采取措施，您的原因是什么？（多选）

减缓气候变暖是政府的责任，应该政府支付…………………………… 1

气候变暖是西方发达国家造成的，应该他们支付……………………… 2

气候变暖是工业造成的，应该他们支付………………………………… 3

气候变暖是有钱人造成的，应该他们支付……………………………… 4

气候变暖是穷人造成的，应该他们支付………………………………… 5

气候变暖是有车的人造成的，应该他们支付…………………………… 6

不确认气候变化已经发生………………………………………………… 7

不相信人类努力会阻止气候变暖………………………………………… 8

担心其他人不愿意支付…………………………………………………… 9

代价太大，负担不起 …………………………………………………… 10

担心不方便或丢面子（如坐公交车）……………………… 11

不知道 ………………………………………………………… 12

D6. 请问，当前您最关心的问题是：（多选）（请按重要性进行排序）

腐败问题…………………………………………………………… 1

环境污染问题（如水污染、空气污染）……………………… 2

交通问题（如堵车、停车难）………………………………… 3

气候变化问题（一般理解为气候变暖）……………………… 4

社会公平问题（如教育、医疗、法制等）…………………… 5

收入问题（如收入不足或差距加大）………………………… 6

就业稳定问题……………………………………………………… 7

社会治安问题……………………………………………………… 8

不知道……………………………………………………………… 9

［最后，我想问您几个有关您个人的一些信息资料，仅供我们分析参考，不会透露出去，希望您不要介意！］

P 背景资料：民众的基本状况

P1. 记录被访者性别：（单选）

男…………………………………………………………………… 1

女…………………………………………………………………… 2

P2. 请问，您的周岁年龄是多少呢？（单选）

18 岁以下 ………………………………………………………… 1

18～25 岁 ………………………………………………………… 2

26～35 岁 ………………………………………………………… 3

36～55 岁 ………………………………………………………… 4

56～60 岁 ………………………………………………………… 5

61～80 岁 ………………………………………………………… 6

80 岁以上 ………………………………………………………… 7

P3. 请问，您目前的受教育水平或最终学历状况？

不识字或识字很少···1

小学···2

初中···3

高中···4

中专···5

大专及以上···6

其他（请说明）_____ ·····································7

P4. 请问，您的政治面貌？（单选）

中共党员··1

民主党派··2

群众···3

P5. 请问，您的婚姻状况？（单选）

未婚···1

已婚···2

离婚···3

丧偶···4

P6. 请问，您的主要职业是什么？（单选）

建筑···1

运输···2

制造业··3

生产、运输设备操作人员及有关人员·······································4

装修···5

保洁···6

家政···7

餐饮···8

商贩···9

经商···10

商业···11

办事人员和有关人员···12

专业技术人员（计算机）··13

国家机关、党群组织、企事业单位负责人 …………………… 14

农、林、牧、渔、水利生产人员 …………………………… 15

教师 …………………………………………………………… 16

已经退休 ……………………………………………………… 17

无固定职业 …………………………………………………… 18

其他 …………………………………………………………… 19

P7. 请问，您在福州生活、工作、学习的时间为？（单选）

0. 5 ~ 1 年 …………………………………………………… 1

1 ~ 3 年 ……………………………………………………… 2

3 ~ 5 年 ……………………………………………………… 3

5 ~ 10 年 …………………………………………………… 4

10 ~ 20 年 …………………………………………………… 5

20 年以上 …………………………………………………… 6

P8. 请问，您的家庭月收入是？（单选）

400 元及以下 ………………………………………………… 1

401 ~ 800 元 ………………………………………………… 2

801 ~ 1600 元 ……………………………………………… 3

1601 ~ 3000 元 ……………………………………………… 4

3001 ~ 6000 元 ……………………………………………… 5

6001 ~ 10000 元 …………………………………………… 6

10001 ~ 20000 元 …………………………………………… 7

20000 元以上 ………………………………………………… 8

P9. 请问，您的家庭月支出是？（单选）

400 元以下 …………………………………………………… 1

401 ~ 800 元 ………………………………………………… 2

801 ~ 1600 元 ……………………………………………… 3

1601 ~ 3000 元 ……………………………………………… 4

3001 ~ 6000 元 ……………………………………………… 5

6001 ~ 10000 元 …………………………………………… 6

10001 ~ 20000 元 …………………………………………… 7

20000 元以上 ··· 8

P10. 请问，您购买了以下几种保险或公积金？（多选）

养老保险 ·· 1

医疗保险 ·· 2

失业保险 ·· 3

工伤保险 ·· 4

生育保险 ·· 5

住房公积金 ··· 6

P11. 请问，您认为您自己的健康状况如何？（单选）

很好 ··· 1

一般 ··· 2

不好 ··· 3

很糟糕 ·· 4

P12. 请问，您家里有身体不好的病人吗？（单选）

有 ··· 1

没有 ··· 2

P13. 请问，您家总人口_____人，劳动力_____人，读书_____人。

P14. 请问，您的户籍所在地：_____

P15. 请问，您的现居住地址：_____区_____街道/小区

– ［访问结束］

『结束语』 谢谢您对我们调查工作的支持与配合！谢谢！

附录2：大学生高温热浪的感知与适应问卷调查表

一审督导	二审督导	QC 督导	编码督导

访问员保证：

我保证此次的访问都是正确和完整、真实的，并且是按照访问指示和市场调查国际惯例准则
而实施的。如有一份问卷作假，同意将所有问卷作废处理，并承担一切责任。

访问员签名：

大学生对高温热浪的感知与适应调查问卷

女士/小姐/先生：

　　您好！不好意思打扰了，我是福建师范大学地理科学学院研究生，我们正在进行一项有关"大学生对高温热浪的感知与适应"研究项目，就有关问题，很想听一听您的宝贵意见，您反映的情况和意见，将为我们的研究提供重要依据。谢谢您的支持和配合！

　　（访问员注意：如果被访者犹豫，则读出"这绝不是任何形式的推销，我们只是希望收集汇总您的意见。同时，也请您放心，我们将会对您的意见和资料做严格的保密处理。请您不要有任何顾虑。"）

被访者住址：福州市闽侯县大学城_____（学校）	
被访者联系电话（手机）：	被访者 Email 信箱：
访问日期：月日星期	访员姓名及联系电话：
访问开始时间：	访问结束时间：

S 部分：甄别问卷

S1. 请问，最近 3 个月内，您是否接受过任何形式的类似调查访问？（单选）

有 ……………………………………………… 1 – ［致谢并终止访问］

没有…………………………………………………………… 2

S2. 请问，您或您的亲人有没有人在以下所列的行业和单位工作的？（单选）

广播/电视/报社/杂志社/互联网等新闻媒介行业 ………………………

…………………………………………………… 1 – ［致谢并终止访问］

广告/公共关系/策划/市场研究/管理咨询行业 …………………………

…………………………………………………… 2 – ［致谢并终止访问］

气象部门/气候变化教学科研部门 …………… 3 – ［致谢并终止访问］

以上都没有………………………………………………………… 4

S3. 请问，您在福州市居住多久了？（单选）

6 个月或以上 …………………………………………………… 1

不到 6 个月 ………………………………… 2 – ［致谢并终止访问］

S4. 请问，您是大学生吗？（单选）

是 ……………………………………………………………………… 1

否 ………………………………………………… 2 – ［致谢并终止访问］

A 主体部分：大学生对高温（热浪）的感知

A1. 请问，您认为近 5 年气温与您的孩童时期（5～10 岁）的气温相比：（单选）

明显降低 ………………………………………………………… 1

降低 ………………………………………………………………… 2

没什么变化 ……………………………………………………… 3

升高 ………………………………………………………………… 4

明显升高 ………………………………………………………… 5

有的季节升高，有的季节降低 ……………………………… 6

不知道 ……………………………………………………………… 7

A2. 请问，您认为近 5 年的降水与您的孩童时期（5～10 岁）的降水相比：（单选）

明显增多 ………………………………………………………… 1

增多 ………………………………………………………………… 2

没什么变化 ……………………………………………………… 3

减少 ………………………………………………………………… 4

明显减少 ………………………………………………………… 5

有的季节增加有的季节减少 ………………………………… 6

不知道 ……………………………………………………………… 7

A3. 请问，您认为全球气候变暖真的发生了吗？（多选）

本地已经变热 …………………………………………………… 1

将来或许会变得更热 ………………………………………… 2

其他地方会变热 ………………………………………………… 3

A4. 请问，如果你感觉当地气候有变暖，那么，在什么时候发生了明显变化？（单选）

2010 年至今 ……………………………………………………………………………… 1

2005 ~ 2010 年 …………………………………………………………………………… 2

2000 ~ 2005 年 …………………………………………………………………………… 3

不知道……………………………………………………………………………………… 4

A5. 请问，您同意 "人类活动是过去 50 年全球气候变暖的主要原因" 吗？（单选）

非常同意……………………………………………………………………………………… 1

同意…………………………………………………………………………………………… 2

不能确定……………………………………………………………………………………… 3

不同意………………………………………………………………………………………… 4

非常不同意…………………………………………………………………………………… 5

不知道………………………………………………………………………………………… 6

A6. 请问，您认为气候变暖的原因包括：（多选）

工业…………………………………………………………………………………………… 1

农业…………………………………………………………………………………………… 2

城市…………………………………………………………………………………………… 3

农村…………………………………………………………………………………………… 4

汽车…………………………………………………………………………………………… 5

自然环境……………………………………………………………………………………… 6

个人与家庭…………………………………………………………………………………… 7

不确定………………………………………………………………………………………… 8

A7. 请问，近期，您是否经历了高温（热浪）天气？（单选）

是……………………………………………………………………………………………… 1

否……………………………………………………………………………………………… 2

不知道………………………………………………………………………………………… 3

A8. 请问，您认为气候变化包括哪些方面？（多选）

气温变化（如夏季与冬季） …………………………………………………………………… 1

高温热浪……………………………………………………………………………………… 2

降水变化……………………………………………………………………………………… 3

干旱…………………………………………………………………………………………… 4

洪水·· 5

海平面上升··· 6

不知道·· 7

B 主体部分：高温（热浪）对大学生的影响

B1. 请问，您觉得高温（热浪）对您个人的工作或学习有没有影响？（单选）

影响非常大··· 1

影响比较大··· 2

有一些影响··· 3

影响不大·· 4

丝毫没有影响·· 5

不知道·· 6

B2. 请问，您觉得高温（热浪）对您个人的生活有没有影响？（单选）

影响非常大··· 1

影响比较大··· 2

有一些影响··· 3

影响不大·· 4

丝毫没有影响·· 5

不知道·· 6

B3. 请问，您觉得高温（热浪）对您个人的健康有没有影响？（单选）

影响非常大··· 1

影响比较大··· 2

有一些影响··· 3

影响不大·· 4

丝毫没有影响·· 5

不知道·· 6

B4. 请问，您夏季（近期）是否因高温（热浪）天气而出现以下现象？（多选）

血压不正常升高或降低 …………………………………………… 1

脉搏不正常 …………………………………………………………… 2

中暑 …………………………………………………………………… 3

口渴，大量出汗（脱水） ………………………………………… 4

四肢无力，面色苍白 ……………………………………………… 5

不舒服，焦虑 ……………………………………………………… 6

头晕 …………………………………………………………………… 7

昏厥 …………………………………………………………………… 8

恶心或呕吐 …………………………………………………………… 9

头痛 ………………………………………………………………… 10

热中风 ……………………………………………………………… 11

热痉挛 ……………………………………………………………… 12

肠胃不适 …………………………………………………………… 13

夏季皮炎 …………………………………………………………… 14

过敏 ………………………………………………………………… 15

红眼病 ……………………………………………………………… 16

因吹空调引起感冒 ………………………………………………… 17

某些慢性病的急性发作（如呼吸系统和心脑血管系统疾病等） … 18

某些传染病的流行（如感冒与咳嗽等） ………………………… 19

其他疾病 …………………………………………………………… 20

不知道 ……………………………………………………………… 21

B5. 请问，您夏季（近期）是否因高温（热浪）天气而出现以下变化？
（多选）

情绪低落 …………………………………………………………… 1

容易走神 …………………………………………………………… 2

焦虑 ………………………………………………………………… 3

烦躁不安 …………………………………………………………… 4

冲动易怒 …………………………………………………………… 5

睡眠不好 …………………………………………………………… 6

其他症状 …………………………………………………………… 7

C 主体部分：大学生应对高温（热浪）

C1. 请问，您通过哪些渠道了解高温（热浪）信息：（多选）

电视 ·· 1

收音机 ··· 2

报纸 ·· 3

网络 ·· 4

聊天 ·· 5

广告标语 ··· 6

学校老师 ··· 7

自我感觉 ··· 8

其他 ·· 9

C2. 请问，您遇到高温（热浪）天气时如何调整生活方式？（多选）

买凉快衣服或遮阳设备（如太阳镜或太阳帽等） ········· 1

调整饮食结构，多吃些清淡的食品 ···························· 2

多喝水 ··· 3

吃冷饮 ··· 4

喝凉茶或消暑的中药 ··· 5

安装空调 ··· 6

买电风扇 ··· 7

购买冰箱 ··· 8

调整睡眠时间（迟睡早起） ···································· 9

坐有空调的车 ·· 10

躲在宿舍上网或看电视 ··· 11

减少出门访亲问友的次数 ·· 12

外出旅游度假避暑 ··· 13

到乡下或老家避暑 ··· 14

调整出门时间 ·· 15

调整户外运动时间与次数 ·· 16

游泳 ……………………………………………………………… 17

购买养老保险、医疗保险或人寿保险等 …………………… 18

在家看书、看报 …………………………………………… 19

培养兴趣爱好（如书法、绘画等）………………………… 20

不知道 ……………………………………………………… 21

C3. 请问，您认为是什么原因阻碍您应对高温（热浪）天气？（多选）

经济能力不足…………………………………………………… 1

没有人手………………………………………………………… 2

高温（热浪）信息不足 ……………………………………… 3

高温（热浪）信息获取困难 ………………………………… 4

信息太复杂，专家说的不一致 ……………………………… 5

对高温（热浪）影响不确定 ………………………………… 6

缺少相关技术…………………………………………………… 7

缺少政策支持…………………………………………………… 8

不知道获得应对技术与政策支持的渠道 …………………… 9

有些媒体会故意夸大其词 …………………………………… 10

自己不想应对 ………………………………………………… 11

不知道 ………………………………………………………… 12

C4. 请问，您认可政府在应对高温方面所做的努力吗？

做得不够，不认可…………………………………………… 1

做了一些，基本认可………………………………………… 2

做了很多，很认可…………………………………………… 3

不了解………………………………………………………… 4

C5. 请问，您认为是什么原因阻碍政府应对高温（热浪）天气？（多选）

腐败…………………………………………………………… 1

投资不足……………………………………………………… 2

重视不够（其他事更重要）………………………………… 3

对危害严重性认识不足……………………………………… 4

缺少相应的政策……………………………………………… 5

缺少相关技术………………………………………………… 6

没有法律法规·······························7

政策与法律未能实施·····················8

缺乏部门协调·····························9

不知道·································10

C6. 请问，您宿舍中是否有空调：_____

C7. 请问，您宿舍中电风扇数量：_____（台）

D 主体部分：大学生对适应高温（热浪）的支付意愿

D1. 请问，您认为谁应该为高温（热浪）天气负主要责任：（多选）

个人和家庭·······························1

工业企业·································2

各级政府·································3

民间环保组织·····························4

国际组织·································5

不知道·································6

D2. 请问，您愿意以哪种形式减缓气温升高？（多选）

政府为了减缓气温升高而提高电、汽油、煤炭等价格·············1

每月以纳税的形式支付一部分费用来支持减缓气温升高···········2

减少交通出行以节约能源·····················3

减少空调使用以节约能源·····················4

减少汽车使用以节约能源·····················5

减少塑料袋使用以节约能源···················6

为减少碳排放而花更多的钱买混合动力车···········7

将房子中的灯泡都换成节能灯（价格比白炽灯稍贵）·······8

改坐公交车、电动车、自行车或步行·············9

不知道·································10

D3. 请问，您是否愿意支付一些费用用于减缓气温升高？（单选）

愿意·································1

不愿意·······························2（跳转到 D5）

　　　　不知道　……………………………………………………　3（跳转到 D6）

D4. 请问，如果您愿意支付，您每月愿意支付的最大金额大约是多少？（单选）

　　　　20 元以下　……………………………………………………………　1

　　　　20～50 元　………………………………………………………………　2

　　　　51～100 元　………………………………………………………………　3

　　　　101～300 元　……………………………………………………………　4

　　　　301～500 元　……………………………………………………………　5

　　　　500 元以上　………………………………………………………………　6

　　　　不知道………………………………………………………………………　7

D5. 请问，如果您不愿意支付或采取措施，您的原因是什么？（多选）

　　　减缓气候变暖是政府的责任，应该政府支付…………………………　1

　　　气候变暖是西方发达国家造成的，应该他们支付……………………　2

　　　气候变暖是工业造成的，应该他们支付…………………………………　3

　　　气候变暖是有钱人造成的，应该他们支付………………………………　4

　　　气候变暖是穷人造成的，应该他们支付…………………………………　5

　　　气候变暖是有车的人造成的，应该他们支付……………………………　6

　　　不确认气候变化已经发生………………………………………………　7

　　　不相信人类努力会阻止气候变暖………………………………………　8

　　　担心其他人不愿意支付…………………………………………………　9

　　　代价太大，负担不起　……………………………………………………　10

　　　担心不方便或丢面子（如坐公交车）　…………………………………　11

　　　不知道　……………………………………………………………………　12

D6. 请问，当前您最关心的问题是：（多选）

　　　腐败问题……………………………………………………………………　1

　　　环境污染问题（如雾霾、水污染等）　…………………………………　2

　　　交通问题（如堵车、停车难）　…………………………………………　3

　　　气候变化问题（一般理解为气候变暖）　………………………………　4

　　　社会公平问题（如教育、医疗、法制等）　……………………………　5

　　　升学问题……………………………………………………………………　6

　　　就业稳定问题………………………………………………………………　7

社会治安问题 ·· 8

不知道 ·· 9

[最后，我想问您几个有关您个人的一些信息资料，仅供我们分析参考，不会透露出去，希望您不要介意！]

P 背景资料：大学生基本状况

P1. 记录被访者性别：（单选）

男 ··· 1

女 ··· 2

P2. 请问，您是大学几年级的学生呢？（单选）

大学一年级 ·· 1

大学二年级 ·· 2

大学三年级 ·· 3

大学四年级 ·· 4

P3. 请问，您在福州生活、学习的时间为？（单选）

0.5 年左右 ·· 1

1～1.5 年 ·· 2

2～2.5 年 ·· 3

3～3.5 年 ·· 4

3.5 年以上 ·· 5

P4. 请问，您的个人月支出是？（单选）

800 元及以下 ·· 1

801～1600 元 ·· 2

1601～3000 元 ·· 3

3001～6000 元 ·· 4

6000 元以上 ·· 5

P5. 请问，您有购买学生医疗保险吗？（单选）

有 ··· 1

无 ··· 2

P6. 请问，您认为您自己的健康状况如何？（单选）

很好··· 1

一般··· 2

不好··· 3

很糟糕··· 4

P7. 您的户籍所在地：＿＿＿＿＿＿＿＿＿＿

－［访问结束］

『结束语』谢谢您对我们调查工作的支持与配合！谢谢！

附录3：城市公共纳凉点满意度问卷调查表

尊敬的女士们、先生们：

　　您好！我们是福建师范大学地理科学学院的学生，正在进行一项关于大城市公共纳凉点的社会调查，以了解福州市居民对纳凉点的满意度，为公共纳凉点的建设提供科学依据和合理化建议。对您提供的信息仅用于有关学术研究使用，并按照国家的统计法规对统计资料进行保密，请您在百忙中抽空如实填写这份问卷。在此，我们对您表示衷心的感谢！

福建师范大学地理科学学院

第一部分：城市公共纳凉点需求度调查

1. 您最常去的避暑地点是：

□家中　□公共纳凉点　□住宅旁和小区附近公园　□大商场或购物中心

2. 您是否愿意在政府指定设立的公共纳凉点中纳凉：

□是　□否（请跳转至7题）　□视情况而定

3. 您觉得公共纳凉点最合适的面积为：

□＜1000平方米　□1000平方米～10000平方米　□＞10000平方米

4. 您认为公共纳凉点距您所在住宅的最合适距离是多少：

□10分钟以内　□10～15分钟　□15～20分钟　□20分钟以上

5. 您希望在公共纳凉点中主要进行什么活动（可多选）：

□散步　□带孩子玩　□看书读报　□体育锻炼　□聚会聊天

□静坐休息　□娱乐休闲　□其他（请填写）＿＿＿＿＿＿＿＿

6. 您认为您的生活质量与公共纳凉点是否有关系：

□非常有关系　□较有关系　□一般　□没多大关系

□没有关系

第二部分：城市公共纳凉点满意度调查

7. 您夏季（6~8 月）多长时间前往公共纳凉点一次？

□每天至少一次　□每周 2~6 次　□一周一次　□一个月一次

□一个月不到一次

□从来不去（请跳转至第 16 题）

8. 从您的住宅前往您目前经常前往的公共纳凉点的方式：

□步行　□自行车　□电动车　□公交车　□出租车

□私家车

9. 从您的住宅前往您目前经常前往的公共纳凉点大概需要多长时间：

□10 分钟以内　□10~15 分钟　□15~20 分钟　□20 分钟以上

10. 您一般在公共纳凉点停留多长时间：

□30 分钟以内　□30 分钟~1 小时　□1 小时~2 小时

□2 小时以上

11. 您对目前利用的公共纳凉点各个方面满意程度如何？

评价项目	您的满意程度				
	很满意	满意	一般	不满意	很不满意
纳凉点数量					
纳凉点位置					
可活动区域面积					
座椅数量					
座椅位置					
避暑降温设施					
其他基础设施					
卫生保洁					
治安管理					

12. 您在公共纳凉点中主要进行什么活动（可多选）：

☐散步　☐带孩子玩　☐看书读报　☐体育锻炼　☐聚会聊天

☐静坐休息　☐娱乐休闲

☐其他（请填写）＿＿＿＿＿＿＿

13. 您认为公共纳凉点的利用是否方便：

☐非常方便　☐方便　☐一般　☐不太方便　☐很不方便

14. 您认为公共纳凉点是否使您的生活更加舒适：

☐是　☐否　☐变化不大

15. 您认为公共纳凉点还有哪些其他方面需要改进？

第三部分：受访者基本资料

16. 您的性别：

☐男　☐女

17. 您的年龄：

☐8～18 岁　☐19～30 岁　☐31～45 岁　☐46～60 岁　☐60 岁以上

18. 您的学历：

☐初中及以下　☐高中/中专　☐大专/本科　☐研究生及以上

19. 您的职业：

☐公务员　☐企事业单位人员　☐个体户　☐服务人员

☐专业技术人员　☐工人　☐农民　☐教师　☐学生

☐离退休人员　☐军人/警察　☐自由职业者　☐其他（请填写）

20. 您的收入：

☐1000 元及以下　☐1001～2000 元　☐2001～3000 元　☐3000 元以上

21. 您在此地的居住年数：

☐5 年以下　☐5～10 年　☐10～15 年　☐15 年以上

再次感谢您的参与！祝您生活愉快！

附录 4：避暑旅游偏好问卷调查表

避暑旅游偏好调查

尊敬的女士/先生：

您好！不好意思打扰了。我是福建师范大学地理科学学院的学生，正在进行一项有关避暑旅游偏好的调查，您反馈的信息将对我们的研究提供极大的帮助，同时也请您放心，我们将会对您的意见和资料做严格的保密处理，谢谢支持！

S 部分：甄别问卷

S1. 请问您是否为旅游公司职员或有家人从事与旅游相关的职业？

是 …………………………………………………… 1 –［终止问卷］

否………………………………………………………………… 2

S2. 请问您在本地居住多久了？

不到 6 个月 …………………………………………… 1 –［终止问卷］

6 个月或 6 个月以上 …………………………………………… 2

A 部分：问卷主体

A1. 每年旅游频率（单选）：

0 次 ……………………………………………………… 1 –［终止问卷］

1 次 ……………………………………………………………… 2

2 ~ 3 次 ………………………………………………………… 3

4 ~ 5 次 ………………………………………………………… 4

5 次以上 ………………………………………………………… 5

A2. 避暑旅游出游时间（多选）：

周末 ……………………………………………………………… 1

暑假……………………………………………………………… 2

　　　　法定假日 ·· 3

　　　　非节假日 ·· 4

A3. 请问您是否有高温假或者暑假（单选）?

　　　　有 ·· 1

　　　　没有 ·· 2

A4. 当温度超过多少度时，您会选择出游避暑（单选）：

　　　　30℃ ·· 1

　　　　35℃ ·· 2

　　　　38℃ ·· 3

　　　　40℃ ·· 4

A5. 避暑出游方式（多选）：

　　　　朋友结伴游 ·· 1

　　　　家庭自助游 ·· 2

　　　　参加旅行社 ·· 3

　　　　班级、公司集体出游 ·· 4

　　　　个人出行 ·· 5

A6. 避暑出游目的地一般为（单选）：

　　　　市郊 ·· 1

　　　　省内 ·· 2

　　　　省外 ·· 3

A7. 您避暑旅游的开支每人为（单选）：

　　　　200 元及以内 ·· 1

　　　　201～500 元 ··· 2

　　　　501～1000 元 ··· 3

　　　　1001～3000 元 ·· 4

　　　　3000 元以上 ··· 5

A8. 避暑旅游最重视的旅游因素（多选）：

　　　　交通条件 ·· 1

　　　　住宿条件 ·· 2

　　　　景点环境 ·· 3

饮食卫生 ……………………………………………… 4

服务质量 ……………………………………………… 5

景区物价 ……………………………………………… 6

景点活动 ……………………………………………… 7

安全保障 ……………………………………………… 8

A9. 避暑旅游你一般选择怎样的交通方式？（单选）

徒步 …………………………………………………… 1

自行车 ………………………………………………… 2

公共交通 ……………………………………………… 3

包车或自驾 …………………………………………… 4

火车 …………………………………………………… 5

飞机 …………………………………………………… 6

A10. 您避暑出游时偏好哪类住宿方式？（单选）

自带帐篷 ……………………………………………… 1

农家或当地家庭旅馆 ………………………………… 2

经济快捷酒店 ………………………………………… 3

1~3 星宾馆 …………………………………………… 4

4~5 星宾馆 …………………………………………… 5

A11. 下列哪些娱乐项目最吸引您？（多选）

农家乐采摘 …………………………………………… 1

温泉养生 ……………………………………………… 2

夏季音乐节 …………………………………………… 3

登山露营 ……………………………………………… 4

草原骑马滑草 ………………………………………… 5

溪涧漂流 ……………………………………………… 6

海浴冲浪 ……………………………………………… 7

水乡民俗 ……………………………………………… 8

竹林氧吧 ……………………………………………… 9

花海徜徉 ……………………………………………… 10

湿地生态体验 ………………………………………… 11

其他 …………………………………………………………………………… 12

A12. 下列哪一个避暑旅游目的地更吸引您（市内/郊）？（多选）

鼓山 …………………………………………………………………………… 1

青云山 ………………………………………………………………………… 2

大樟溪 ………………………………………………………………………… 3

十八重溪 ……………………………………………………………………… 4

江滨公园 ……………………………………………………………………… 5

长乐下沙 ……………………………………………………………………… 6

贵安水世界/温泉 …………………………………………………………… 7

旗山森林公园 ………………………………………………………………… 8

A13. 下列哪一个避暑旅游地更吸引您（省内）？（多选）

南平武夷山 …………………………………………………………………… 1

厦门鼓浪屿 …………………………………………………………………… 2

平潭海岸 ……………………………………………………………………… 3

长泰漂流 ……………………………………………………………………… 4

福鼎九鲤溪 …………………………………………………………………… 5

屏南白水洋 …………………………………………………………………… 6

泉州石狮黄金海岸 …………………………………………………………… 7

A14. 下列哪些避暑旅游地更吸引您（省外）？（多选）

青海湖 ………………………………………………………………………… 1

江西庐山 ……………………………………………………………………… 2

广西桂林 ……………………………………………………………………… 3

山东青岛 ……………………………………………………………………… 4

四川九寨沟 …………………………………………………………………… 5

湖北神农架 …………………………………………………………………… 6

吉林长白山 …………………………………………………………………… 7

湖南张家界 …………………………………………………………………… 8

黑龙江哈尔滨 ………………………………………………………………… 9

内蒙古草原 …………………………………………………………………… 10

云南丽江、香格里拉 ………………………………………………………… 11

A15. 问您认为对避暑旅游产生阻碍的有哪些因素？（多选）

时间不足 ……………………………………………………… 1

交通不便 ……………………………………………………… 2

花费太高 ……………………………………………………… 3

缺乏相关的避暑旅游线路和产品 ……………………… 4

目的地设施不理想 ………………………………………… 5

服务不够人性化 …………………………………………… 6

A16. 您获得避暑旅游信息的途径：（多选）

广播电视 ……………………………………………………… 1

报纸杂志 ……………………………………………………… 2

网络媒体 ……………………………………………………… 3

朋友介绍 ……………………………………………………… 4

旅行社宣传 ………………………………………………… 5

B 背景资料：受访者基本情况

B1. 性别：

男 …………………………………………………………………… 1

女 …………………………………………………………………… 2

B2. 年龄：

15～18 岁 ……………………………………………………… 1

19～22 岁 ……………………………………………………… 2

23～30 岁 ……………………………………………………… 3

31～60 岁 ……………………………………………………… 4

60 岁以上 ……………………………………………………… 5

B3. 请问您的职业是：

学生 …………………………………………………………………… 1

教师 …………………………………………………………………… 2

公务员或其他事业编制人员 ……………………………… 3

企业职工 ………………………………………………………… 4

　　　　自由职业者···5

　　　　农林牧渔业生产人员···6

　　　　退休或离职···7

　　　　家庭主妇···8

B4. 请问您的常居住地是

　　　　鼓楼区···1

　　　　仓山区···2

　　　　晋安区···3

　　　　台江区···4

　　　　马尾区···5

　　【访问结束】 谢谢您对我调查工作的支持与配合！

附录5：高温热浪对城市居民体育锻炼的影响及其健康效应问卷调查表

女士/小姐/先生：

　　您好！不好意思打扰了，我是<u>福建师范大学研究生</u>，我们正在进行一项有关"高温热浪对城市居民体育锻炼的影响及其健康效应"研究项目，就有关问题，很想听一听您的宝贵意见，您反映的情况和意见，将为我们的研究提供重要依据。谢谢您的支持和配合！

　　（访问员注意：如果被访者犹豫，则读出"这绝不是任何形式的推销，我们只是希望收集汇总您的意见。同时，也请您放心，我们将会对您的意见和资料做严格的保密处理。请您不要有任何顾虑。"）

样本的基本属性

Q1. 您的性别？（单选）

　　　　男···1

　　　　女···2

Q2. 请问，您的周岁年龄是多少呢？（单选）（按世界卫生组织关于不同年龄段划分）

　　　　18 周岁以下 ···1

19～30 周岁 ·· 2

31～35 周岁 ·· 3

36～50 周岁 ·· 4

51～65 周岁 ·· 5

65～80 周岁 ·· 6

81 周岁以上 ·· 7

Q3. 请问，您目前的受教育水平或已取得最终学历状况？（单选）

小学以下·· 1

小学·· 2

初中·· 3

高中、中专·· 4

大专、本科·· 5

研究生及以上·· 6

Q4. 请问，您的婚姻情况？（单选）

未婚·· 1

已婚·· 2

离异·· 3

丧偶·· 4

Q5. 请问，您的主要职业？（单选）

商业、服务业人员·· 1

国家机关、党群组织、企事业单位人员···························· 2

教师·· 3

医务人员·· 4

学生·· 5

商贩·· 6

专业技术人员·· 7

办事人员和有关人员·· 8

农、林、牧、渔、水利生产人员···································· 9

生产、运输设备操作人员及有关人员······························ 10

离退休人员·· 11

　　　无固定职业 ·· 12

　　　其他 ·· 13

Q6. 请问，您个人月收入多少（税后）？（单选）（参照福州 2015 最低工资标准，国家税收标准）

　　　1050 元以下 ··· 1

　　　1051～2500 元 ·· 2

　　　2501～3500 元 ·· 3

　　　3501～4500 元 ·· 4

　　　4501～6000 元 ·· 5

　　　6001～10000 元 ··· 6

　　　10000 元以上 ··· 7

Q7. 请问，您对自己的健康状况满意吗？（单选）

　　　满意 ··· 1

　　　较满意 ·· 2

　　　一般 ··· 3

　　　不满意 ·· 4

　　　很不满意 ·· 5

Q8. 请问，您在福州生活、工作、学习的时间为？（单选）

　　　1 年以下 ··· 1

　　　1～5 年 ·· 2

　　　6～10 年 ·· 3

　　　11～20 年 ··· 4

　　　20 年以上 ·· 5

Q9. 请问，您的现居住地：　　　　　　　区：　　　　　　　街道/小区

城市居民参加体育锻炼的基本情况调查

Q1. 请问，您一周参加几次体育锻炼？（单选）

　　　几乎不参加 ·· 1

　　　1～2 次 ·· 2

  3～5 次 ……………………………………………………………………… 3

  5 次以上 …………………………………………………………………… 4

Q2. 请问，您一般选择哪一（几）种体育项目作为体育锻炼的方式？（可多选）

  篮球……………………………………………………………………………… 1

  足球……………………………………………………………………………… 2

  羽毛球…………………………………………………………………………… 3

  网球……………………………………………………………………………… 4

  乒乓球…………………………………………………………………………… 5

  （气）排球 …………………………………………………………………… 6

  高尔夫球………………………………………………………………………… 7

  打门球…………………………………………………………………………… 8

  游泳……………………………………………………………………………… 9

  瑜伽 ………………………………………………………………………… 10

  跑步 ………………………………………………………………………… 11

  健身走 ……………………………………………………………………… 12

  散步 ………………………………………………………………………… 13

  拳剑武术 …………………………………………………………………… 14

  操舞秧歌 …………………………………………………………………… 15

  太极 ………………………………………………………………………… 16

  登山 ………………………………………………………………………… 17

  攀岩 ………………………………………………………………………… 18

  跳绳 ………………………………………………………………………… 19

  其他 ………………………………………………………………………… 20

Q3. 请问，在通常情况下，您每次参加体育锻炼的强度多大？ （单选）（PARS‐3 量表）

  呼吸急促出汗很多大强度持久运动…………………………………………… 1

  呼吸急促出汗很多大强度不持久运动………………………………………… 2

  中等强度较激烈持久运动……………………………………………………… 3

  小强度不太紧张运动…………………………………………………………… 4

轻微运动……………………………………………………… 5

Q4. 请问，您每次参加体育活动的时间多长？（单选）（PARS - 3 量表）

10 分钟以内 ………………………………………………… 1

11 ~ 20 分钟 ………………………………………………… 2

21 ~ 30 分钟 ………………………………………………… 3

31 ~ 59 分钟 ………………………………………………… 4

60 分钟以上 ………………………………………………… 5

Q5. 请问，您一个月进行几次上述体育活动？（单选）（PARS - 3 量表）

一个月 1 次以下 …………………………………………… 1

一个月 2 至 3 次 …………………………………………… 2

每周 1 至 2 次 ……………………………………………… 3

每周 3 至 5 次 ……………………………………………… 4

大约每天 1 次 ……………………………………………… 5

Q6. 请问，您参加体育活动的时间安排在一天的哪个时间段？（单选）

6：00 之前 …………………………………………………… 1

6：00 - 7：00 ………………………………………………… 2

7：00 - 8：00 ………………………………………………… 3

8：00 - 9：00 ………………………………………………… 4

9：00 - 10：00 ……………………………………………… 5

15：00 - 16：00 …………………………………………… 6

16：00 - 17：00 …………………………………………… 7

17：00 - 18：00 …………………………………………… 8

18：00 - 19：00 …………………………………………… 9

19：00 以后 ………………………………………………… 10

其他时间 …………………………………………………… 11

Q7 请问，您参加体育活动时的场地选择？（单选）

室内…………………………………………………………… 1

室外…………………………………………………………… 2

有时室内，有时室外………………………………………… 3

城市居民对高温热浪的感知

Q1. 请问，您认为气候变化包括哪些方面？（可多选）

全球气候变暖……………………………………………………… 1

高温热浪…………………………………………………………… 2

海平面的上升……………………………………………………… 3

积雪融化…………………………………………………………… 4

降水的变化（如干旱、洪水）………………………………… 5

其他………………………………………………………………… 6

Q2. 请问，您认为福州近 5 年的气温与您青少年时期（15 岁左右岁）相比，有什么变化？（单选）

明显升高…………………………………………………………… 1

升高………………………………………………………………… 2

没关注……………………………………………………………… 3

看具体年份而定…………………………………………………… 4

没什么变化………………………………………………………… 5

明显降低…………………………………………………………… 6

降低………………………………………………………………… 7

Q3. 请问，您认为全球气候变暖真的发生了吗？（单选）

发生了，并且本地已经变热……………………………………… 1

有报道变暖，但是在本地还没有察觉出来……………………… 2

不知道……………………………………………………………… 3

没有发生…………………………………………………………… 4

Q4. 请问，您是否经历过高温热浪天气？（单选）

是…………………………………………………………………… 1

否…………………………………………………………………… 2

高温热浪环境下城市居民体育行为的适应

Q1. 请问，您觉得夏季高温（热浪）对您参与体育锻炼有没有影响？（单选）

非常有影响 ⋯⋯⋯⋯⋯⋯⋯⋯⋯⋯⋯⋯⋯⋯⋯⋯⋯⋯⋯⋯⋯ 1

有影响 ⋯⋯⋯⋯⋯⋯⋯⋯⋯⋯⋯⋯⋯⋯⋯⋯⋯⋯⋯⋯⋯⋯⋯ 2

有一些影响 ⋯⋯⋯⋯⋯⋯⋯⋯⋯⋯⋯⋯⋯⋯⋯⋯⋯⋯⋯⋯⋯ 3

影响不大 ⋯⋯⋯⋯⋯⋯⋯⋯⋯⋯⋯⋯⋯⋯⋯⋯⋯⋯⋯⋯⋯⋯ 4

一点影响都没有 ⋯⋯⋯⋯⋯⋯⋯⋯⋯⋯⋯⋯⋯⋯⋯⋯⋯⋯⋯ 5

不确定 ⋯⋯⋯⋯⋯⋯⋯⋯⋯⋯⋯⋯⋯⋯⋯⋯⋯⋯⋯⋯⋯⋯⋯ 6

Q2. 请问，在夏季高温热浪环境下，您在体育锻炼的项目选择上会改变吗？（单选）

会 ⋯⋯⋯⋯⋯⋯⋯⋯⋯⋯⋯⋯⋯⋯⋯⋯⋯⋯⋯⋯⋯⋯⋯⋯⋯ 1

可能会 ⋯⋯⋯⋯⋯⋯⋯⋯⋯⋯⋯⋯⋯⋯⋯⋯⋯⋯⋯⋯⋯⋯⋯ 2

不会 ⋯⋯⋯⋯⋯⋯⋯⋯⋯⋯⋯⋯⋯⋯⋯⋯⋯⋯⋯⋯⋯⋯⋯⋯ 3

Q3. 请问，在夏季高温热浪环境下，您锻炼会选择哪些体育项目？（可多选）

篮球 ⋯⋯⋯⋯⋯⋯⋯⋯⋯⋯⋯⋯⋯⋯⋯⋯⋯⋯⋯⋯⋯⋯⋯⋯ 1

足球 ⋯⋯⋯⋯⋯⋯⋯⋯⋯⋯⋯⋯⋯⋯⋯⋯⋯⋯⋯⋯⋯⋯⋯⋯ 2

羽毛球 ⋯⋯⋯⋯⋯⋯⋯⋯⋯⋯⋯⋯⋯⋯⋯⋯⋯⋯⋯⋯⋯⋯⋯ 3

网球 ⋯⋯⋯⋯⋯⋯⋯⋯⋯⋯⋯⋯⋯⋯⋯⋯⋯⋯⋯⋯⋯⋯⋯⋯ 4

乒乓球 ⋯⋯⋯⋯⋯⋯⋯⋯⋯⋯⋯⋯⋯⋯⋯⋯⋯⋯⋯⋯⋯⋯⋯ 5

（气）排球 ⋯⋯⋯⋯⋯⋯⋯⋯⋯⋯⋯⋯⋯⋯⋯⋯⋯⋯⋯⋯⋯ 6

高尔夫球 ⋯⋯⋯⋯⋯⋯⋯⋯⋯⋯⋯⋯⋯⋯⋯⋯⋯⋯⋯⋯⋯⋯ 7

打门球 ⋯⋯⋯⋯⋯⋯⋯⋯⋯⋯⋯⋯⋯⋯⋯⋯⋯⋯⋯⋯⋯⋯⋯ 8

游泳 ⋯⋯⋯⋯⋯⋯⋯⋯⋯⋯⋯⋯⋯⋯⋯⋯⋯⋯⋯⋯⋯⋯⋯⋯ 9

瑜伽 ⋯⋯⋯⋯⋯⋯⋯⋯⋯⋯⋯⋯⋯⋯⋯⋯⋯⋯⋯⋯⋯⋯⋯ 10

跑步 ⋯⋯⋯⋯⋯⋯⋯⋯⋯⋯⋯⋯⋯⋯⋯⋯⋯⋯⋯⋯⋯⋯⋯ 11

健身走 ⋯⋯⋯⋯⋯⋯⋯⋯⋯⋯⋯⋯⋯⋯⋯⋯⋯⋯⋯⋯⋯⋯ 12

散步 ⋯⋯⋯⋯⋯⋯⋯⋯⋯⋯⋯⋯⋯⋯⋯⋯⋯⋯⋯⋯⋯⋯⋯ 13

拳剑武术 ⋯⋯⋯⋯⋯⋯⋯⋯⋯⋯⋯⋯⋯⋯⋯⋯⋯⋯⋯⋯⋯ 14

操舞秧歌 …………………………………………………………………… 15

太极 ………………………………………………………………………… 16

登山 ………………………………………………………………………… 17

攀岩 ………………………………………………………………………… 18

跳绳 ………………………………………………………………………… 19

其他 ………………………………………………………………………… 20

Q4. 请问，在夏季高温热浪环境下，您每次参加体育活动的强度多大？（单选）（PARS－3 量表）

呼吸急促出汗很多大强度持久运动 ……………………………………… 1

呼吸急促出汗很多大强度不持久运动 …………………………………… 2

中等强度较激烈持久运动 ………………………………………………… 3

小强度不太紧张运动 ……………………………………………………… 4

轻微运动 …………………………………………………………………… 5

Q5. 请问，在夏季高温热浪环境下您每次参加体育活动的时间多长？（单选）（PARS－3 量表）

10 分钟以内 ……………………………………………………………… 1

11～20 分钟 ……………………………………………………………… 2

21～30 分钟 ……………………………………………………………… 3

31～59 分钟 ……………………………………………………………… 4

60 分钟及以上 …………………………………………………………… 5

Q6. 请问，在夏季高温热浪环境下，您一个月进行几次上述体育活动？（单选）（PARS－3 量表）

一个月 1 次以下 ………………………………………………………… 1

一个月 2 至 3 次 ………………………………………………………… 2

每周 1 至 2 次 …………………………………………………………… 3

每周 3 至 5 次 …………………………………………………………… 4

大约每天 1 次 …………………………………………………………… 5

Q7. 请问，在夏季高温热浪环境下，一般情况下您在参加体育活动时间段上的选择？（单选）

6：00 之前 ………………………………………………………………… 1

    6：00 – 7：00 ··· 2

    7：00 – 8：00 ··· 3

    8：00 – 9：00 ··· 4

    9：00 – 10：00 ··· 5

    15：00 – 16：00 ··· 6

    16：00 – 17：00 ··· 7

    17：00 – 18：00 ··· 8

    18：00 – 19：00 ··· 9

    19：00 以后 ··· 10

    其他时间 ··· 11

Q8. 请问，在夏季高温热浪环境下，您在体育活动的场地选择上有影响吗？（单选）

    很有影响·· 1

    有影响·· 2

    有一些影响·· 3

    影响不大·· 4

    丝毫没有影响·· 5

Q9. 请问，在夏季高温热浪环境下，您在体育活动时的场地选择方面会做出怎样的调整？（单选）

    场地由室外到室内·· 1

    场地由室内到室外·· 2

    场地不变·· 3

Q10. 请问，在夏季高温热浪环境下，您在运动强度方面做出调整吗？（单选）

    一定会·· 1

    会·· 2

    可能会·· 3

    不会·· 4

Q11. 请问，在夏季高温热浪环境下，您的身体状态有哪些变化？（可多选）

    心脑血管疾病发作·· 1

呼吸系统疾病发作·····································2

易中暑···3

头晕、头痛··4

四肢乏力··5

肠胃不舒服··6

身体容易疲劳·······································7

视力、听力变差····································8

身体其他部位明显不适····························9

Q12. 请问，在夏季高温热浪环境下，您的生活状态有哪些变化？（可多选）

生活作息无规律····································1

食欲不振···2

精力不集中··3

睡眠质量不好·······································4

无明显变化··5

不知道··6

Q13. 请问，在夏季高温热浪环境下，您通过体育锻炼之后身体和生活不适状态是否有改善？（单选）

肯定有改善··1

有改善··2

一定程度上有改善·································3

改善一些···4

基本没改善··5

无改善··6

不知道··7

Q14. 请问，在夏季高温热浪环境下，您更会出现哪些不良情绪状态？（可多选）

烦躁不安···1

心神不宁···2

情绪低落···3

空虚···4

焦虑···5

愤怒·· 6

孤独·· 7

紧张·· 8

慌乱·· 9

害怕·· 10

其他表现·· 11

无不良情绪··· 12

Q15. 请问，在夏季在高温热浪环境下，您参加完体育锻炼后您的心理感觉？（可多选）（EFI 量表 12 个指标）

精神振奋·· 1

精力充沛·· 2

恢复活力·· 3

平静·· 4

放松·· 5

安宁·· 6

疲劳·· 7

厌倦·· 8

筋疲力尽·· 9

充满激情·· 10

快乐·· 11

愉快·· 12

【访问结束】 谢谢您对我调查工作的支持与配合！

图书在版编目（CIP）数据

高温热浪的人文因素研究／祁新华等著．－－北京：
社会科学文献出版社，2018.12
ISBN 978 - 7 - 5201 - 3495 - 8

Ⅰ.①高…　Ⅱ.①祁…　Ⅲ.①全球变暖 - 社会因素 -
研究　Ⅳ.①P467

中国版本图书馆 CIP 数据核字（2018）第 214927 号

高温热浪的人文因素研究

著　　者／祁新华　程　煜　程顺祺　等

出 版 人／谢寿光
责任编辑／姚冬梅　易　卉
文稿编辑／许文文

出　　版／社会科学文献出版社
　　　　　地址：北京市北三环中路甲 29 号院华龙大厦　邮编：100029
　　　　　网址：www.ssap.com.cn
发　　行／市场营销中心（010）59367081　59367083
印　　装／三河市尚艺印装有限公司

规　　格／开　本：787mm × 1092mm　1/16
　　　　　印　张：19.75　字　数：310 千字
版　　次／2018 年 12 月第 1 版　2018 年 12 月第 1 次印刷
书　　号／ISBN 978 - 7 - 5201 - 3495 - 8
审 图 号／闽 S［2018］98 号
定　　价／79.00 元

本书如有印装质量问题，请与读者服务中心（010 - 59367028）联系